# 人工智能（大学版）

杨清平　编著

北京航空航天大学出版社

## 内容简介

本书由人工智能的数学基础、编程基础、基础理论和典型算法以及经典案例共4个部分组成。根据目标读者的数学基础安排全书的内容，使读者不仅能够比较系统地学习人工智能的基本技术和经典算法，而且能够在人工智能的技术中学习如何运用数学知识解决实际问题。

本书适合对人工智能感兴趣的读者阅读。

**图书在版编目(CIP)数据**

人工智能 ：大学版 / 杨清平编著. -- 北京 ：北京航空航天大学出版社，2022.8

ISBN 978-7-5124-3802-6

Ⅰ. ①人… Ⅱ. ①杨… Ⅲ. ①人工智能－高等学校－教材 Ⅳ. ①TP18

中国版本图书馆 CIP 数据核字(2022)第079460号



人工智能（大学版）
杨清平 编著
责任编辑 胡晓柏 张楠
*
北京航空航天大学出版社出版发行
北京市海淀区学院路37号(邮编100191) http://www.buaapress.com.cn
发行部电话：(010)82317024 传真：(010)82328026
读者信箱：emsbook@buaacm.com.cn 邮购电话：(010)82316936
艺堂印刷（天津）有限公司印装 各地书店经销
*
开本：710×1 000 1/16 印张：18 字数：384千字
2022年8月第1版 2022年8月第1次印刷 印数：3 000册
ISBN 978-7-5124-3802-6 定价：79.00元

若本书有倒页、脱页、缺页等印装质量问题，请与本社发行部联系调换。联系电话：(010)82317024

# 前言

人类正在步入人工智能的时代，这是继互联网、移动互联网之后的又一次大的技术变革，而且在国际和国内形势发生深刻变化的环境下，中国在未来的 20 年必将成为世界范围内技术革命和技术创新的领导者。在这其中，人工智能领域又是最活跃、最具爆发性成长和对社会生活方方面面影响最为深刻的领域，因而对国家培养和储备人工智能领域的后继人才具有极其重要的战略意义，这已经是所有业内人士的共识。国家相关部门最近几年也密集出台了许多相关政策，以图从人工智能的基础教育开始，依托社会治理的力量逐渐构建人工智能教育生态。

在此大环境下，我们进行了大学生和高中生的人工智能的基础教育和普及教育的教学实践，并且进行了自己的反思，本书就是在这个基础上形成的。

人工智能系列图书分为高中版和大学版两个版本，在内容结构上，这两个版本都由以下 4 个部分组成而只是内容的深度有所不同：人工智能的数学基础（高中版）/认识数学（大学版）；人工智能的编程基础；人工智能的基础理论和经典算法；人工智能的典型案例。我们需要对这 4 部分的教学设计和教学目标做一个说明。

人工智能的数学基础（高中版）主要包括以下几个方面的基础知识：微积分、线性代数、概率论和优化理论。在这些课程中，我们力求用最简洁和最通俗易懂的语言，引导学生对所涉及的数学知识有一个初步的理解。但是这部分内容不是单纯的数学讲解，而是为后续学习人工智能进行知识准备，具有先导课的性质，也具有普及课的性质。因此，我们在教学中不片面追求所讲知识的完整性和严谨性，因为这样会篇幅过长，会增加学生在理解上的负担，其效果是适得其反的。

认识数学（大学版）同样包括以下几个方面的基础知识：微积分、线性代数、概率论和优化理论。由于大学生在大学数学中已经学习过微积分、线性代数和概率论，所以这部分内容会与他们学习过的教材有很大的不同，我们要带领学生从应用的角度对这些知识进行再认识，为学习本书后续的内容打好基础。

人工智能的数学基础（高中版）/认识数学（大学版）这一部分的内容对于学生

具有极其重要的意义，也可以说是全书最重要的章节，因为我们要运用这些数学知识来解决人工智能领域的相关问题，而在运用中学习数学是学习数学最有效的方式。我们教学的基本观点是：对于高中生和大学生来讲，进行人工智能教学的最重要的目的在于培养学生的数学思维，培养学生运用数学方法解决实际问题的能力；这个数学思维和数学能力对于学生今后在各个专业的学习和研究中所起到的作用，应该是要远远大于人工智能的知识本身。

在人工智能的编程基础这一部分的内容中，我们要学习一些 Python 语言的知识，为学习本书第 4 部分的内容做准备。但是同样，本书不是一门 Python 语言教材，不会系统地讲授 Python 语言，而只是讲授与人工智能编程相关的 Python 语言的基础知识以及一些重要而基础的编程知识。学生通过这些知识的学习，获得一定的编程能力，对于学生同样是很重要的。

在人工智能的基础理论和经典算法这一部分的内容中，我们不追求把众多的人工智能算法都介绍一遍，而是追求以下两个目标：一是使学生对于人工智能中机器学习的基本方法和基本套路有所了解，使学生认识到机器学习是怎样工作的；二是使学生尽可能多地见识到怎样运用数学知识来解决机器学习算法中的问题，让学生学习到其中的数学方法。我们是按照这两个目标来选择和安排这部分内容的。考虑到大学生和高中生的不同的数学基础和学习能力，大学版在这部分要比高中版增加了较多的内容。对于非人工智能专业的学生来说，大学版的这部分内容足以使他们对于人工智能的基础理论有比较充分的认识。

在人工智能的典型案例这一部分的内容中，我们要求学生亲自动手实现几个经典的人工智能项目，这几个项目涉及人工智能的三个基本领域：计算机视觉、语音技术和自然语言处理。在大学版中，我们还增加了深度学习框架 TensoFlow 相关的内容。人工智能是一门实践性非常强的学科，只有通过亲自动手实践，学生才可能对所学的知识有比较深刻的认知和掌握，同时才可能产生比较强的获得感和成就感，激发他们继续探索人工智能技术奥秘的兴趣和意愿。

以上是关于这两本书的内容结构以及教学设计、教学目标的一个介绍。如前所述，这两本书是我们前期教学实践的产物，然而我们深深地知道，我们对于人工智能的基础教育和普及教育的实践和认知还非常的肤浅，非常希望同行的专家们能够对书中所暴露的缺陷和错误进行大力斧正；我们也非常希望能与同行的专家们一起努力，共同为建设我国的人工智能基础教育和普及教育体系做出自己的贡献！

作　者

2022 年 5 月

# 目　录

## 第 1 部分　认识数学

## 第 3 部分 人工智能的基础理论和经典算法

## 第 4 部分 人工智能的典型案例

# 第 1 部分

# 认识数学

# 导 读

我们从小学或者更早就开始学习数学，这个过程至少要持续到大学阶段，对于有些人来说，数学可能还会伴随他更长的时间甚至终生。因而对于“什么是数学？”“数学的本质是什么？”这些关于数学的最基本的问题，我们不得不认真考察。

我们在学习数学的过程中，应该比较容易体会到“数学的抽象性”这个特点。比如，在学习乘法的时候，我们只是学习抽象的数字以及数字的乘法表，而不总是学习男孩的人数乘上苹果的个数，或者苹果的个数乘上苹果的价格等。在几何中也是如此，比如我们学习直线而并不是学习拉紧了的绳子。

在学习比较初级的数学知识时，数学的这种抽象与它所涉及的具体问题之间建立联系是比较容易的，但是随着学习的深度不断增加，这种建立联系的过程变得越来越困难。因而在很多情况下，我们可能会忽视数学的最基本的性质：

**数学来源于现实生活，并且研究它的唯一目的是解决现实生活中的问题。**

我们应该认识到，这个忽视对于学习数学是十分不利的。本书将会试图改变这一点。我们会看到，对人工智能领域的问题进行抽象就是数学问题，而我们也会大量运用数学知识来解决人工智能领域的问题。“通过学习人工智能学习数学”是本书的重要目的，读者应该将数学与实际应用结合起来进行学习，应该通过学习本课程，逐步认识到在运用中学习数学的重要性，逐步培养运用数学的能力，逐步建立数学思维和数学头脑，这是读者在学习本课程时应有的基本态度。

# 第 1 章

# 微积分基础

本章我们将复习一下微积分中最基础的几个内容，包括一元函数的导数和多元函数的偏导数。虽然这些内容很基础，但是它们在人工智能中有着极其重要的应用。

## 1.1 导　数

导数的概念是建立在极限的思想上的，如图 1.1 所示，函数 $y = f(x)$ 在 $x_0$ 的导数为：

$$\lim_{\Delta x \to 0} \frac{f(x_0 + \Delta x) - f(x_0)}{\Delta x} \tag{1.1}$$

导数记作 $\frac{\mathrm{d}y}{\mathrm{d}x}|_{x=x_0}$，或者 $y'|_{x=x_0}$，或者 $f'(x_0)$，因此

$$\frac{\mathrm{d}y}{\mathrm{d}x}\Big|_{x=x_0} = y'\Big|_{x=x_0} = f'(x_0) = \lim_{\Delta x \to 0} \frac{f(x_0 + \Delta x) - f(x_0)}{\Delta x} \tag{1.2}$$

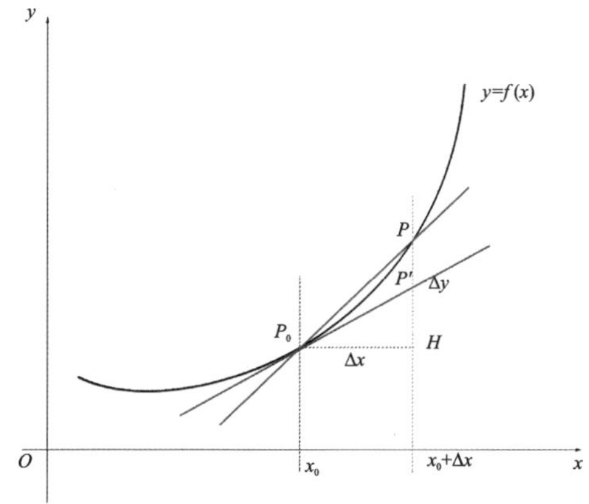


图 1.1　导数的定义

当 $x_0$ 发生变化时，函数 $y = f(x)$ 在 $x_0$ 点的导数也会发生相应的变化，所以函数 $y = f(x)$ 的导数本身也是 $x$ 的函数，我们称为函数 $y = f(x)$ 的导函数，记作：

$$\frac{dy}{dx}，\text{或者 } y'，\text{或者 } f'(x) \tag{1.3}$$

函数的导数是函数的一个重要性质，它表示的是函数在 $x_0$ 的瞬间变化率，从其几何意义上来说，它表示的是函数的曲线在 $x_0$ 的切线的斜率。

根据导数的定义，我们很容易得到以下的结论：

(1) 函数 $y = C$（其中 $C$ 是常数）的导函数是 $y = 0$。

(2) 函数 $y = Cx$（其中 $C$ 是常数）的导函数是 $y = C$。

(3) 函数 $y = Cx^2$（其中 $C$ 是常数）的导函数是 $y = 2Cx$。

我们还有以下导数的四则运算法则：

(1) $[u(x) \pm v(x)]' = u'(x) \pm v'(x)$

(2) $[u(x)v(x)]' = u'(x)v(x) + u(x)v'(x)$

(3) $\left[\dfrac{u(x)}{v(x)}\right]' = \dfrac{u'(x)v(x) - u(x)v'(x)}{v^2(x)}, v(x) \neq 0$

以及复合函数的求导法则：

$$\{f[g(x)]\}' = f'(u)g'(x)，\text{其中 } u = g(x)$$

怎样求各种函数的导函数是一个重要而内容丰富的话题，我们在这里只做了最简单的介绍，更多的内容请参考各种教科书。

关于导数，有一个重要的费马定理：设函数 $f(x)$ 在 $x_0$ 的某邻域 $U(x_0)$ 内有定义，在 $x_0$ 处取得极值，且 $f'(x_0)$ 存在，则 $f'(x_0) = 0$。

如图 1.2 所示，函数 $f(x)$ 在 $A,B,C$ 出取得极值，此时 $f'(x_A) = f'(x_B) = f'(x_C) = 0$。

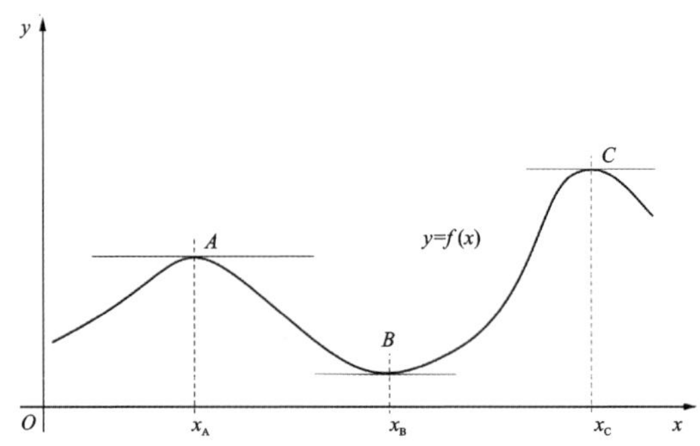


**图 1.2　函数的局部最大或最小值**

我们继续考察一下图中在函数取得局部最大或最小值附近的情形。

先看 $A$ 点，$A$ 点左边的点的导数是大于 0 的，$A$ 点右边的点的导数是小于 0 的，而在 $A$ 点附近，导数的值会变得非常小。

再看 $B$ 点，$B$ 点左边的点的导数是小于 0 的，$B$ 点右边的点的导数是大于 0 的，而在 $B$ 点附近，导数的值会变得非常小。

因此我们总结得到：当导数大于 0 时，曲线上升；导数小于 0 时，曲线下降；导数为 0 时，函数在该点取得局部最大或最小值，并且在该点附近，导数的值变得非常小。

虽然上面的结论非常明显，但是它在学习梯度下降算法中有极重要的作用。

## 1.2 偏导数

现在我们来复习一下多元函数的偏导数的问题。为简单起见，我们只以二元函数 $z = f(x, y)$ 来讲解我们的内容。

对于二元函数 $z = f(x, y)$ 来说，它有两个自变量：$x$，$y$。我们可以求这个函数在 $(x_0, y_0)$ 点的导数，该导数可以对变量 $x$ 来求，也可以对变量 $y$ 来求。

对变量 $x$ 来求导数就是

$$\lim_{\Delta x \to 0} f(x_0 + \Delta x, y_0) - \frac{f(x_0, y_0)}{\Delta x} \tag{1.4}$$

它称为函数 $z = f(x, y)$ 在 $(x_0, y_0)$ 点对于 $x$ 的偏导数，记作

$$\left.\frac{\partial z}{\partial x}\right|_{x=x_0, y=y_0}，\text{或者 } z_{x|x=x_0, y=y_0}，\text{或者 } f_x(x_0, y_0) \tag{1.5}$$

对变量 $y$ 来求导数就是

$$\lim_{\Delta y \to 0} \frac{f(x_0, y_0 + \Delta y) - f(x_0, y_0)}{\Delta y} \tag{1.6}$$

它称为函数 $z = f(x, y)$ 在 $(x_0, y_0)$ 点对于 $y$ 的偏导数，记作

$$\left.\frac{\partial z}{\partial x}\right|_{x=x_0, y=y_0}，，\text{或者 } z_{y|x=x_0, y=y_0}，\text{或者 } f_y(x_0, y_0) \tag{1.7}$$

与导数类似，函数 $z = f(x, y)$ 对于变量 $x$ 的偏导数也是 $x$，$y$ 的函数，称为函数 $z = f(x, y)$ 对于变量 $x$ 的偏导函数，记作

$$\frac{\partial z}{\partial x}，\text{或者 } z_x，\text{或者 } f_x(x, y) \tag{1.8}$$

同样，函数 $z = f(x, y)$ 对于变量 $y$ 的偏导数也是 $x$，$y$ 的函数，称为函数 $z = f(x, y)$ 对于变量 $x$ 的偏导 $y$ 函数，记作

$$\frac{\partial z}{\partial y}，\text{或者 } z_y，\text{或者 } f_y(x, y) \tag{1.9}$$

最后我们看一下偏导数的意义：函数 $z = f(x, y)$ 在 $(x_0, y_0)$ 点对于变量 $x$ 的偏导数是变量 $y$ 不变情况下变量 $x$ 在 $(x_0, y_0)$ 点的瞬间变化率；函数 $z = f(x, y)$ 在 $(x_0, y_0)$ 点对于变量 $y$ 的偏导数是变量 $x$ 不变情况下变量 $y$ 在 $(x_0, y_0)$ 点的瞬间变化率。

多元函数的偏导数同样是理解梯度下降算法的重要基础。

# 第 2 章

# 线性代数

我们在大学课程中已经学习过《线性代数》，在本章我们对其中的一些知识作一个回顾。线性代数在整个人工智能领域发挥着非常基础的作用，没有这些基础理论的支撑，整个人工智能的理论和技术都是不可能建立的。这一点我们在后续的学习中将会体会到。

## 2.1 对线性代数的基本认识

首先我们问自己一个问题：什么是线性代数？

如果对于线性代数，你首先想到的是矩阵和行列式，那么很抱歉，你对线性代数可能还缺乏最基本的认识。

要搞清楚什么是线性代数，需要从《算术》和《代数》这两门数学课程出发。

《算术》的内容是学习各种数以及它们的各种运算，比如整数、小数、有理数、无理数、实数、虚数等等各种数，它们的运算包括加、减、乘、除、乘方、开方等等，《算术》的特点是它研究的是各种具体的数。在这之后，我们学习了《代数》，在《代数》这门课里，我们不再研究这些具体的数了，而是对这些数进行“抽象”，用某些符号来代替它们，比如 $a,b,x,y$，用这些符号来代替某个具体的数，并且研究它们之间的普遍规律。《代数》研究的主要内容是方程和函数。比如方程 $ax^2+bx+c=0$，函数 $y=x^2$，等等。

> 我们学习任何一门课程，首先要弄懂课程名称的基本含义，比如《算术》这个名称的基本含义，是指“数的计算的技术”，《代数》这个名称的基本含义，是用各种符号来“代替”具体的数。

那么大学中学习的《线性代数》，跟它们是什么关系呢？上面说，《代数》里面是用某些符号来代替具体的数，这里我们的研究对象是单个的数，我们用一个符号表示的是单个的数。而《线性代数》里面，我们不再研究单个的数了，而是研究多个数，我们用一个符号表示多个数。单个数和多个数是初等代数和高等代数的分水岭，而线性代数属于高等代数。

那么,《线性代数》这个名称中的“线性”是什么意思呢？我们知道,在代数中函数 $y = ax$ 在笛卡尔坐标系下的图形是一条直线,这个时候我们就说变量 $x$ 和变量 $y$ 之间呈线性关系,而函数 $y = ax^2 + bx + c$,$y = e^x$,$y = \sin x$ 等等,它们在笛卡尔坐标系下的图形都不是一条直线,所以我们说在这些函数中变量 $x$ 和变量 $y$ 之间都不是线性关系。上面这些函数（线性的和非线性的）都是《代数》的研究内容,而在《线性代数》中,由于我们研究的是多个数,如果再研究它们之间的各种线性的和非线性的关系,就会非常复杂,但是这其中最基本也是最重要的关系就是线性关系,《线性代数》只研究线性关系,这就是《线性代数》这个名称中“线性”两个字的含义。

在数学上,“线性”指的是如下的两种数学关系：

$$f(x + y) = f(x) + f(y) \tag{2.1}$$

$$f(kx) = kf(x) \tag{2.2}$$

如果将这两种数学关系进行组合,则得到：

$$f(k_1x + k_2y) = k_1f(x) + k_2f(y) \tag{2.3}$$

> 在数学上,上面这个式子中的 $x$ 和 $y$ 所代表的内容可以更广,比如它们不仅可以代表单个的数或者多个的数,还可以代表一个函数。其中的 $f$ 也不仅可以代表一个函数,还可以代表其他的内容。

在本书的第 1 章,我们讲到了“以直代曲”是人们处理数学问题的一种重要的思想,如果进入科研领域,你就会发现,只要不是线性的东西,我们基本上都拿它没有办法,线性是人类少数可以研究得非常透彻的数学基础性框架。所以,将非线性的问题转化为线性的问题,然后利用线性代数的知识来解决几乎是我们一定要走的方向。有人说过这样一句话:不学线性代数,你就漏过了 95% 的人类智慧。从中足可以看出线性代数对于科学研究有着多么重要的地位。

接下来,我们关注一下上面提到的“多个数”。首先,单个的数,例如 2,1.5 等等,在线性代数中被称为标量（Scaler）。如果我们把多个标量放成一排,例如（1,3,4.5),我们称之为向量（Vector）。一个向量中标量的个数称为向量的维度（Dimension)。比如（1,2）是一个二维向量,(1,2,3）是一个三维向量。如果我们将同一维度的多个向量进行组合,得到下面形式的一种量,我们称之为矩阵（Matrix)：

$$\begin{bmatrix} 1 & 2 & 3 & 4 \\ 5 & 6 & 7 & 8 \\ 9 & 10 & 11 & 12 \end{bmatrix}$$

上面的这个矩阵是由 3 个 4 维的向量组成的,它们是（1,2,3,4),(5,6,7,8),(9,10,11,12)。

为了进一步理解这些数的组合规律,我们需要借助张量（Tensor）的概念。我们称标量为 0 阶张量；向量为 1 阶张量，它是由 0 阶张量组成的；矩阵为 2 阶张量，它是由 1 阶张量组成的。进而，多个形状相同的矩阵就可以组成 3 阶张量，多个形状相同的 3 阶张量又可以组合成 4 阶张量。

对于这些数的组合规律，我们可以用一个形象的比喻来加深理解：一个字可以看做是 0 阶张量（标量）；一行字可以看做是 1 阶张量（向量）；一页纸上的所有的字（多行字）可以看做是 2 阶张量（矩阵）；一本书上的所有的字（多页纸上的字）可以看做是 3 阶张量；一摞书中所有的字（多本书中的字）可以看作是 4 阶张量。

因而我们得出结论：线性代数最基本的概念是张量，我们学习线性代数，当然应该从一阶张量-向量开始。所以，线性代数最核心的概念绝不是矩阵。

> 在人工智能领域，我们经常看到高阶的张量。比如，一张黑白照片中的一个像素点是一个数值（它表示这个点的灰度），所以它是 0 阶张量；一张彩色照片中的一个像素点是 3 个数值（它表示的是这个点的红、绿、蓝三原色的数值），所以它是 1 阶张量；而一张黑白照片中所有的像素点的数值是按行和列排列的，所以它是一个 2 阶张量；同样，一张彩色照片中所有像素点的数值是一个 3 阶的张量；而在很多场合，我们需要将多张黑白或者彩色的图片作为一个数据来处理，这个时候这个数据就是 3 阶或者 4 阶的张量。谷歌公司著名的深度学习框架 TensorFlow，它所处理的基本数据就是这些高阶的张量。

## 2.2 向　量

### 2.2.1 数　轴

在复习向量之前，我们先来复习一下数轴。

数轴是一条规定了原点、正方向和单位长度的直线，任何一个实数，在这条直线上都有唯一的一个点与之对应，如图 2.1 所示。

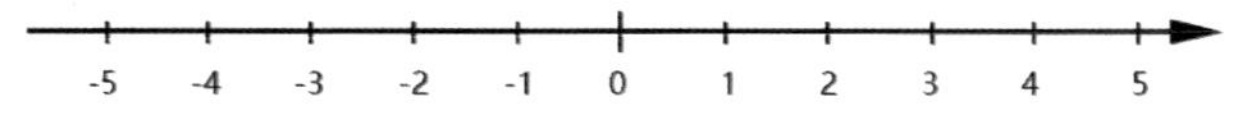


图 2.1　数　轴

数轴上的数（实数）有以下的性质：

（1）右边的数比左边的数大。

（2）一个数所对应的点与原点的距离等于该数的绝对值。

（3）两个正数相加时，它们的和到原点的距离等于这两个正数到原点的距离之和。

值得注意的是，数轴是有方向的，它有两个方向，右边为正方向，左边为负方向。虽然数轴的这个特点很明显，但是它很重要，需要我们重点关注。

## 2.2.2　向量的定义及其几何意义

上一节讲了，向量是多个标量的组合，其中含有的标量的个数称为向量的维度。例如，(1,2) 就是一个 2 维向量，(1,2,3) 就是一个 3 维向量等。下面是向量的定义：多个数 $a_1, a_2, \cdots, a_n$ 组成的有序数组称为向量。数的个数称为向量的维数。

向量的几何意义是：一个二维向量是一个二维坐标系中的一个矢量，如图 2.2 所示，一个三维向量是一个三维坐标系中的一个矢量。

需要注意的是，二维向量是有方向的，它的方向可以用与 $x$ 轴的夹角来描述；三维向量也是有方向的，它的方向可以用分别绕 $x$ 轴、$y$ 轴、$z$ 轴的夹角来描述。

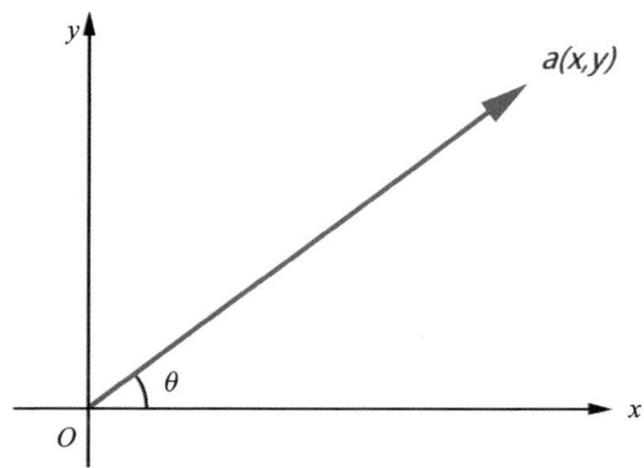


图 2.2　二维向量的几何意义

## 2.2.3　向量的运算及其几何意义

设 $\alpha = (a_1, a_2, \cdots, a_n)$，$\beta = (b_1, b_2, \cdots, b_n)$，则有

$$\alpha + \beta = (a_1 + b_1, a_2 + b_2, \cdots, a_n + b_n) \tag{2.4}$$

$$k\alpha = (ka_1, ka_2, \cdots, ka_n) \tag{2.5}$$

向量运算的几何意义是：

(1) $k\alpha$ 相当于将向量伸缩 $k$ 倍，而方向不变（$k$ 为负数时方向相反）。

(2) $\alpha + \beta$ 的几何意义如图 2.3 所示。

## 2.2.4　向量的内积、长度、夹角

设有 $n$ 维向量 $\boldsymbol{x} = (x_1, x_2, \cdots, x_n)$，$\boldsymbol{y} = (y_1, y_2, \cdots, y_n)$，令

$$[\boldsymbol{x}, \boldsymbol{y}] = x_1 y_1 + x_2 y_2 + \cdots + x_n y_n \tag{2.6}$$

称为 $[\boldsymbol{x}, \boldsymbol{y}]$ 为向量 $\boldsymbol{x}$ 与 $\boldsymbol{y}$ 的内积。

向量的内积是一个实数。

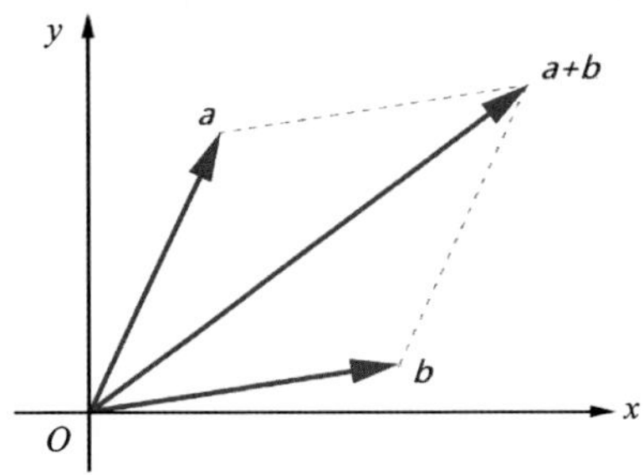


图 2.3　向量加法的几何意义

设有 $n$ 维向量 $\boldsymbol{x}=(x_1,x_2,\cdots,x_n)$，令

$$\|\boldsymbol{x}\|=\sqrt{[\boldsymbol{x},\boldsymbol{x}]}=\sqrt{x_1^2+x_2^2+\cdots+x_n^2} \tag{2.7}$$

称 $\|\boldsymbol{x}\|$ 为向量 $\boldsymbol{x}$ 的长度(或范数)。

当 $\boldsymbol{x}\neq 0,\boldsymbol{y}\neq 0$ 时，

$$\theta=\arccos\frac{[\boldsymbol{x},\boldsymbol{y}]}{\|\boldsymbol{x}\|\ \|\boldsymbol{y}\|} \tag{2.8}$$

称为 $n$ 维向量 $x$ 与 $y$ 的夹角。

其实这是向量内积的另一个定义（它和上述定义是等价的）：

$$[\boldsymbol{x},\boldsymbol{y}]=\|\boldsymbol{x}\|\ \|\boldsymbol{y}\|\cos\theta \tag{2.9}$$

向量内积的几何意义是：向量内积就是一个向量在另一个向量上的投影的积。

当内积值为正值时，两个向量大致指向相同的方向（方向夹角小于 90°）；当内积值为负值时，两个向量大致指向相反的方向（方向角大于 90°）；当内积值为 0 时，两个向量互相垂直。

如果 $\boldsymbol{a}$ 是向量空间中一个坐标轴上的单位向量，则内积 $\boldsymbol{ab}$ 就是向量 $\boldsymbol{b}$ 在 $\boldsymbol{a}$ 方向的坐标。

以上两种向量内积的定义是等价的，下面给出证明。

根据和差化积公式，有

$$[\boldsymbol{x},\boldsymbol{y}]=\|\boldsymbol{x}\|\ \|\boldsymbol{y}\|\cos\theta$$

$$\cos(\alpha-\beta)=\cos\alpha\cdot\cos\beta+\sin\alpha\cdot\sin\beta \tag{2.10}$$

如图 2.4 所示，

$$\begin{aligned}\cos\theta&=\cos(\alpha-\beta)\\&=\cos\alpha\cdot\cos\beta+\sin\alpha\cdot\sin\beta\\&=\frac{\boldsymbol{A}_x}{\|\boldsymbol{A}\|}\cdot\frac{\boldsymbol{B}_x}{\|\boldsymbol{B}\|}+\frac{\boldsymbol{A}_y}{\|\boldsymbol{A}\|}\cdot\frac{\boldsymbol{B}_y}{\|\boldsymbol{B}\|}\\&=\frac{\boldsymbol{A}\cdot\boldsymbol{B}}{\|\boldsymbol{A}\|\ \|\boldsymbol{B}\|}\end{aligned} \tag{2.11}$$

证毕。

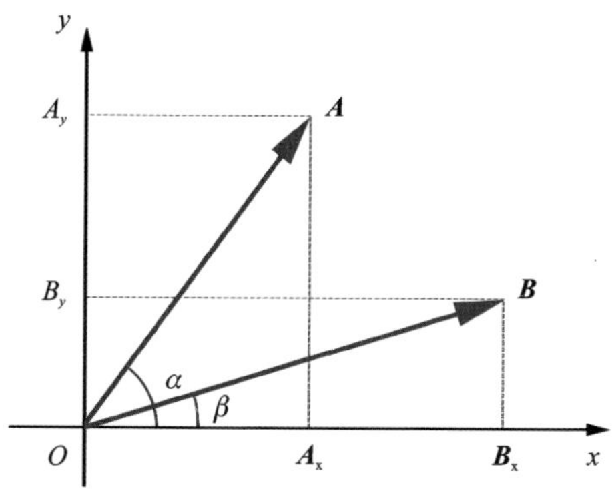


图 2.4　两种向量内积定义等价的证明

## 2.3　向量组

由若干个维数相同的向量构成的集合，称为向量组。注意：向量组就是矩阵，矩阵就是向量组。

### 2.3.1　向量组的线性相关性

设有 $m$ 个 $n$ 维向量构成的向量组 $\boldsymbol{\alpha}_1,\boldsymbol{\alpha}_2,\cdots,\boldsymbol{\alpha}_m$，如果存在一组不全为零的数 $k_1,k_2,\cdots,k_m$，使得

$$k_1\alpha_1+k_2\boldsymbol{\alpha}_2+\cdots+k_m\boldsymbol{\alpha}_m=0 \tag{2.12}$$

则称向量组 $\boldsymbol{\alpha}_1,\boldsymbol{\alpha}_2,\cdots,\boldsymbol{\alpha}_m$ 线性相关；若当且仅当 $k_1=k_2=\cdots=k_m=0$ 时，才有 $k_1\boldsymbol{\alpha}_1+k_2\boldsymbol{\alpha}_2+\cdots+k_m\boldsymbol{\alpha}_m=0$，则称向量组 $\boldsymbol{\alpha}_1,\boldsymbol{\alpha}_2,\cdots,\boldsymbol{\alpha}_m$ 线性无关。

给定 $n$ 维向量组 $\boldsymbol{\alpha}_1,\boldsymbol{\alpha}_2,\cdots,\boldsymbol{\alpha}_m$ 和一个 $n$ 维向量 $\beta$，如果存在一组数 $k_1,k_2,\cdots,k_m$，使得

$$\boldsymbol{\beta}=k_1\boldsymbol{\alpha}_1+k_2\boldsymbol{\alpha}_2+\cdots+k_m\boldsymbol{\alpha}_m \tag{2.13}$$

则称向量 $\beta$ 可由向量组 $\boldsymbol{\alpha}_1,\boldsymbol{\alpha}_2,\cdots,\boldsymbol{\alpha}_m$ 线性表示。

向量组的线性相关性的几何意义是：

(1) 两个二维向量线性相关当且仅当它们共线。

(2) 两个二维向量线性无关当且仅当它们不共线。

(3) 三个三维向量线性相关当且仅当它们共面。

(4) 三个三维向量线性无关当且仅当它们不共面。

(5) 任意三个二维向量必线性相关。

(6) 任意四个三维向量必线性相关。

### 2.3.2 向量组的秩（也就是矩阵的秩）

设 $\boldsymbol{A}$ 是一个 $n$ 维向量组，如果在 $\boldsymbol{A}$ 中取出 $r$ 个向量 $\boldsymbol{\alpha}_1,\boldsymbol{\alpha}_2,\cdots,\boldsymbol{\alpha}_r$，满足条件：

(1) 向量组 $\boldsymbol{\alpha}_1,\boldsymbol{\alpha}_2,\cdots,\boldsymbol{\alpha}_r$ 线性无关；

(2) 对于 $\boldsymbol{A}$ 中任意的向量 $\boldsymbol{\beta}$，向量组 $\boldsymbol{\alpha}_1,\boldsymbol{\alpha}_2,\cdots,\boldsymbol{\alpha}_r,\boldsymbol{\beta}$ 线性相关。

则称向量组 $\boldsymbol{\alpha}_1,\boldsymbol{\alpha}_2,\cdots,\boldsymbol{\alpha}_r$ 为向量组 $\boldsymbol{A}$ 的一个极大线性无关组，其向量的个数 $r$ 称为向量组 $\boldsymbol{A}$ 的秩。

向量组的秩的几何意义是：

(1) 任意二维向量组的秩不大于 2。

(2) 任意三维向量组的秩不大于 3。

## 2.4 线性空间

### 2.4.1 线性空间的定义

设 $\boldsymbol{V}$ 是 $n$ 维向量的集合，如果对于任意 $\boldsymbol{\alpha}\in\boldsymbol{V},\beta\in\boldsymbol{V}$，都有 $\boldsymbol{\alpha}+\beta\in\boldsymbol{V}$，则称 $\boldsymbol{V}$ 对向量的加法封闭；如果对任意 $\boldsymbol{\alpha}\in\boldsymbol{V}$ 及任意 $k\in\mathscr{R}$，都有 $k\boldsymbol{\alpha}\in\boldsymbol{V}$，则称 $\boldsymbol{V}$ 对向量的数乘封闭。

设 $\boldsymbol{V}$ 是 $n$ 维向量的集合，且 $\boldsymbol{V}$ 非空，如果 $\boldsymbol{V}$ 对向量的加法和数乘两种运算都封闭，则称集合 $\boldsymbol{V}$ 为线性空间。

### 2.4.2 线性空间的基、维数与坐标

线性空间 $\boldsymbol{V}$ 中的 $r$ 个向量 $\boldsymbol{\alpha}_1,\boldsymbol{\alpha}_2,\cdots,\boldsymbol{\alpha}_r$ 如果满足下列条件：

(1) $\boldsymbol{\alpha}_1,\boldsymbol{\alpha}_2,\cdots,\boldsymbol{\alpha}_r$ 线性无关。

(2) 线性空间 $\boldsymbol{V}$ 中任一向量都可以由 $\boldsymbol{\alpha}_1,\boldsymbol{\alpha}_2,\cdots,\boldsymbol{\alpha}_r$ 线性表示。

则称 $\boldsymbol{\alpha}_1,\boldsymbol{\alpha}_2,\cdots,\boldsymbol{\alpha}_r$ 为线性空间 $\boldsymbol{V}$ 的一个基，数 $r$ 称为线性空间的维数，并称 $\boldsymbol{V}$ 为 $r$ 维线性空间。

如果 $\boldsymbol{\alpha}_1,\boldsymbol{\alpha}_2,\cdots,\boldsymbol{\alpha}_r$ 是线性空间 $\boldsymbol{V}$ 的一个基，则 $\boldsymbol{V}$ 中任一向量 $\beta$ 可唯一线性表示为

$$\boldsymbol{\beta}=\lambda_1\boldsymbol{\alpha}_1+\lambda_2\boldsymbol{\alpha}_2+\cdots+\lambda_r\boldsymbol{\alpha}_r \tag{2.14}$$

则称向量 $(\boldsymbol{\lambda}_1,\boldsymbol{\lambda}_2,\cdots,\boldsymbol{\lambda}_r)$ 为向量 $\boldsymbol{\beta}$ 在线性空间 $\boldsymbol{V}$ 中的坐标。

### 2.4.3 线性空间的几何意义

(1) $\mathbb{R}^2$ 是一个二维的线性空间，(1,0)，(0,1) 是它的一个基(规范正交基)。

(2) $\mathbb{R}^2$ 是一个三维的线性空间，(1,0,0)，(0,1,0)，(0,0,1) 是它的一个基(规范正交基)。

### 2.4.4　正交向量组

由一组两两正交的非零向量组成的向量组，称为正交向量组。

### 2.4.5　规范正交基

设 $n$ 维向量组 $\xi_1,\xi_2,\cdots,\xi_r$ 是向量空间 $\boldsymbol{V}(\boldsymbol{V}\subseteq\mathbb{R}^n)$ 的一个基，如果 $\xi_1,\xi_2,\cdots,\xi_r$ 两两正交，且都是单位向量，则称 $\xi_1,\xi_2,\cdots,\xi_r$ 是 $\boldsymbol{V}$ 的一个规范正交基。

### 2.4.6　线性变换

#### 1. 线性变换的定义

设 $\boldsymbol{V}_n,\boldsymbol{U}_m$ 分别是 $n$ 维和 $m$ 维线性空间，如果映射 $T:\boldsymbol{V}_n\to\boldsymbol{U}_m$ 满足

(1) 任给 $\boldsymbol{\alpha}_1,\boldsymbol{\alpha}_2\in\boldsymbol{V}_n$，有

$$T(\boldsymbol{\alpha}_1+\boldsymbol{\alpha}_2)=T(\boldsymbol{\alpha}_1)+T(\boldsymbol{\alpha}_2) \tag{2.15}$$

(2) 任给 $\boldsymbol{\alpha}\in\boldsymbol{V}_n,\lambda\in\mathbb{R}$（从而 $\lambda\boldsymbol{\alpha}\in\boldsymbol{V}_n$），有

$$T(\lambda\boldsymbol{\alpha})=\boldsymbol{\lambda}T(\boldsymbol{\alpha}) \tag{2.16}$$

那么，$\boldsymbol{T}$ 就称为从 $\boldsymbol{V}_n$ 到 $\boldsymbol{U}_m$ 的线性映射，或称为线性变换。

例如，

$$T:\mathbb{R}^n\to\mathbb{R}^m \tag{2.17}$$

就确定了一个从 $\boldsymbol{V}_n$ 到 $\boldsymbol{U}_m$ 的映射，并且是线性映射。

特别地，如果在上述定义中取 $\boldsymbol{V}_n=\boldsymbol{U}_m$，那么 $\boldsymbol{T}$ 是一个从线性空间 $\boldsymbol{V}_n$ 到自身的线性变换，称为线性空间 $\boldsymbol{V}_n$ 中的线性变换。

下面我们只涉及线性空间 $\boldsymbol{V}_n$ 中的线性变换。

#### 2. 线性变换的矩阵表示

如果给定线性空间 $\boldsymbol{V}_n$ 的一个基 $\boldsymbol{\alpha}_1,\boldsymbol{\alpha}_2,\cdots,\boldsymbol{\alpha}_n$，则对 $\boldsymbol{V}_n$ 中任意向量 $\boldsymbol{\alpha}$，有

$$\boldsymbol{\alpha}=k_1\boldsymbol{\alpha}_1+k_2\boldsymbol{\alpha}_2+\cdots+k_n\boldsymbol{\alpha}_n \tag{2.18}$$

由线性变换的性质得

$$T(\boldsymbol{\alpha})=k_1T(\boldsymbol{\alpha}_1)+k_2T(\boldsymbol{\alpha}_2)+\cdots+k_nT(\boldsymbol{\alpha}_n) \tag{2.19}$$

于是 $\boldsymbol{\alpha}$ 在 $T$ 下的像就由基的像 $T(\boldsymbol{\alpha}_1),T(\boldsymbol{\alpha}_2),\cdots,T(\boldsymbol{\alpha}_n)$ 所唯一确定。而 $T(\boldsymbol{\alpha}_i)\in\boldsymbol{V}_n(i=1,2,\cdots,n)$，所以 $T(\boldsymbol{\alpha}_i)$ 也可以由基 $\boldsymbol{\alpha}_1,\boldsymbol{\alpha}_2,\cdots,\boldsymbol{\alpha}_n$ 来线性表示，即有

$$\begin{cases}T(\boldsymbol{\alpha}_1)=a_{11}\boldsymbol{\alpha}_1+a_{21}\boldsymbol{\alpha}_2+\cdots+a_{n1}\boldsymbol{\alpha}_n\\T(\boldsymbol{\alpha}_2)=a_{12}\boldsymbol{\alpha}_1+a_{22}\boldsymbol{\alpha}_2+\cdots+a_{n2}\boldsymbol{\alpha}_n\\T(\boldsymbol{\alpha}_n)=a_{1n}\boldsymbol{\alpha}_1+a_{2n}\boldsymbol{\alpha}_2+\cdots+a_{nn}\boldsymbol{\alpha}_n\end{cases} \tag{2.20}$$

由上式得

$$T(\boldsymbol{\alpha}_1,\boldsymbol{\alpha}_2,\cdots,\boldsymbol{\alpha}_n)=(\boldsymbol{T}(\boldsymbol{\alpha}_1),\boldsymbol{T}(\boldsymbol{\alpha}_2),\cdots,T(\boldsymbol{\alpha}_n))=(\boldsymbol{\alpha}_1,\boldsymbol{\alpha}_2,\cdots,\boldsymbol{\alpha}_n)\mathbf{A} \tag{2.21}$$

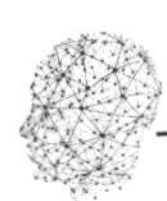



其中

$$\boldsymbol{A}=\begin{bmatrix} a_{11} & a_{12} & \cdots & a_{1n} \\ a_{21} & a_{22} & \cdots & a_{2n} \\ \cdots & \cdots & & \\ a_{n1} & a_{n2} & \cdots & a_{nn} \end{bmatrix} \tag{2.22}$$

矩阵 $\boldsymbol{A}$ 称为线性变换 $T$ 在基 $(\boldsymbol{\alpha}_1,\boldsymbol{\alpha}_2,\cdots,\boldsymbol{\alpha}_n)$ 下的矩阵。

若给定线性空间 $\mathbf{V}_n$ 的一个基，则 $\mathbf{V}_n$ 中任一线性变换 $T$ 都对应一个 $n$ 阶方阵 $\boldsymbol{A}$，方阵 $\boldsymbol{A}$ 由基在线性变换 $\boldsymbol{T}$ 下的像唯一确定。

这是我们的课程第一次提到矩阵。如果问矩阵是什么？我们首先想到的应该是：矩阵表示一个线性变换。

设线性变换 $\boldsymbol{T}$ 在基 $(\boldsymbol{\alpha}_1,\boldsymbol{\alpha}_2,\cdots,\boldsymbol{\alpha}_n)$ 下的矩阵是 $\boldsymbol{A}$，向量 $\boldsymbol{\alpha}$ 与 $T(\boldsymbol{\alpha})$ 在基 $(\boldsymbol{\alpha}_1,\boldsymbol{\alpha}_2,\cdots,\boldsymbol{\alpha}_n)$ 下的坐标分别为 $\begin{bmatrix} x_1 \\ x_2 \\ \cdots \\ x_n \end{bmatrix}$ 和 $\begin{bmatrix} y_1 \\ y_2 \\ \cdots \\ y_n \end{bmatrix}$，则有

$$\begin{bmatrix} y_1 \\ y_2 \\ \cdots \\ y_n \end{bmatrix}=\boldsymbol{A}\begin{bmatrix} x_1 \\ x_2 \\ \cdots \\ x_n \end{bmatrix} \tag{2.23}$$

按坐标表示，有

$$T(\boldsymbol{\alpha})=\boldsymbol{A}\boldsymbol{\alpha} \tag{2.24}$$

### 3. 线性变换的几何意义

如上所述，方阵乘以一个向量，结果仍然是一个同维向量。矩阵乘法对应了一个变换，把一个向量变成了同维数的另一个向量。这种变换分为两种：旋转和伸缩。下面是几个例子：

例 1：方阵 $\begin{bmatrix} 1 & 0 \\ 0 & 1 \end{bmatrix}$ 将所有的（二维）向量都线性变换到它自身。即

$$\begin{bmatrix} 1 & 0 \\ 0 & 1 \end{bmatrix}\boldsymbol{\alpha}=\boldsymbol{\alpha}$$

例 2：方阵 $\begin{bmatrix} 0 & -1 \\ 1 & 0 \end{bmatrix}$ 将所有的（二维）向量都逆时针旋转 90°。（该方阵的特征值是 $\pm i$，不是实数的例子。）

例 3：方阵 $\begin{bmatrix} \cos\theta & -\sin\theta \\ \sin\theta & \cos\theta \end{bmatrix}$ 将所有的（二维）向量都逆时针旋转 $\theta$ 度。

例 4：针对 $x$ 轴反射：$\begin{bmatrix} 1 & 0 \\ 0 & -1 \end{bmatrix}$。

例 5:在所有方向上放大 $\begin{bmatrix} 2 & 0 \\ 0 & 2 \end{bmatrix}$。

例 6:垂直错切:$\begin{bmatrix} 1 & m \\ 0 & 1 \end{bmatrix}$。

例 7:挤压:$\begin{bmatrix} k & 0 \\ 0 & 1/k \end{bmatrix}$。

例 8:向 $y$ 轴投影:$\begin{bmatrix} 0 & 0 \\ 0 & 1 \end{bmatrix}$。

## 2.5　矩阵的基本运算

在向量部分,我们学习了向量的加法、减法、数乘、内积等运算。在这一节里,我们要学习矩阵相关的一些基本运算,包括加法、减法、数乘、点乘(对应于向量的内积)、转置和逆。

### 2.5.1　矩阵的加法和减法

两个同型(也就是行数和列数相同)的矩阵可以进行加法和减法运算,其结果是一个同型的矩阵,它的每个元素的值等于前面两个矩阵对应位置的元素的和或者差,即:

$$\begin{bmatrix} a_{11} & a_{12} & \cdots & a_{1n} \\ a_{21} & a_{22} & \cdots & a_{2n} \\ \cdots & & & \\ a_{m1} & a_{m2} & \cdots & a_{mn} \end{bmatrix} + \begin{bmatrix} b_{11} & b_{12} & \cdots & b_{1n} \\ b_{21} & b_{22} & \cdots & b_{2n} \\ \cdots & & & \\ b_{m1} & b_{m2} & \cdots & b_{mn} \end{bmatrix} = \begin{bmatrix} a_{11}+b_{11} & a_{12}+b_{12} & \cdots & a_{1n}+b_{1n} \\ a_{21}+b_{21} & a_{22}+b_{22} & \cdots & a_{2n}+b_{2n} \\ \cdots & & & \\ a_{m1}+b_{m1} & a_{m2}+b_{m2} & \cdots & a_{mn}+b_{mn} \end{bmatrix}$$

$$\begin{bmatrix} a_{11} & a_{12} & \cdots & a_{1n} \\ a_{21} & a_{22} & \cdots & a_{2n} \\ \cdots & & & \\ a_{m1} & a_{m2} & \cdots & a_{mn} \end{bmatrix} + \begin{bmatrix} b_{11} & b_{12} & \cdots & b_{1n} \\ b_{21} & b_{22} & \cdots & b_{2n} \\ \cdots & & & \\ b_{m1} & b_{m2} & \cdots & b_{mn} \end{bmatrix} = \begin{bmatrix} a_{11}-b_{11} & a_{12}-b_{12} & \cdots & a_{1n}-b_{1n} \\ a_{21}-b_{21} & a_{22}-b_{22} & \cdots & a_{2n}-b_{2n} \\ \cdots & & & \\ a_{m1}-b_{m1} & a_{m2}-b_{m2} & \cdots & a_{mn}-b_{mn} \end{bmatrix}$$

### 2.5.2　矩阵的数乘

与向量类似,一个数(标量)也可以跟一个矩阵相乘,其结果是一个矩阵,其中各个元素的值等于该数乘以原来矩阵中对应位置的值,即:

$$k * \begin{bmatrix} a_{11} & a_{12} & \cdots & a_{1n} \\ a_{21} & a_{22} & \cdots & a_{2n} \\ \cdots & & & \\ a_{m1} & a_{m2} & \cdots & a_{mn} \end{bmatrix} = \begin{bmatrix} k*a_{11} & k*a_{12} & \cdots & k*a_{1n} \\ k*a_{21} & k*a_{22} & \cdots & k*a_{2n} \\ \cdots & & & \\ k*a_{m1} & k*a_{m2} & \cdots & k*a_{mn} \end{bmatrix}$$

### 2.5.3 矩阵的点乘

两个矩阵，当第一个矩阵的列数与第二个矩阵的行数相等时，可以用第一个矩阵点乘第二个矩阵，其结果是一个新的矩阵，它的行数是第一个矩阵的行数，列数是第二个矩阵的列数，它的位于第 $i$ 行第 $j$ 列的元素，等于第一个矩阵的第 $i$ 行（它是一个向量）与第二个矩阵的第 $j$ 列（它也是一个向量）这两个向量的内积。矩阵的点乘运算的运算符用 * 表示。所以：

$$\begin{bmatrix} a_{11} & a_{12} & \cdots & a_{1n} \\ a_{21} & a_{22} & \cdots & a_{2n} \\ \cdots & & & \\ a_{m1} & a_{m2} & \cdots & a_{mn} \end{bmatrix} * \begin{bmatrix} b_{11} & b_{12} & \cdots & b_{1k} \\ b_{21} & b_{22} & \cdots & b_{2k} \\ \cdots & & & \\ b_{m1} & b_{m2} & \cdots & b_{nk} \end{bmatrix} = \begin{bmatrix} c_{11} & c_{12} & \cdots & c_{1k} \\ c_{21} & c_{22} & \cdots & c_{2k} \\ \cdots & & & \\ c_{m1} & c_{m2} & \cdots & c_{nk} \end{bmatrix}$$

其中

$$c_{ij} = (a_{i1}, a_{i2}, \cdots, a_{in}) * (b_{1j}, b_{2j}, \cdots, b_{nk}) \qquad i = 1,2,\cdots,m; j = 1,2,\cdots,k$$

> 我们为什么不定义一种矩阵的乘法，使得结果为一个新的矩阵，并且各个元素的值等于前两个矩阵对应元素的乘积呢？原因很简单：这样的定义没什么用。

### 2.5.4 矩阵的转置

矩阵的转置是一个矩阵，它的第 $i$ 行第 $j$ 列的值等于原矩阵的第 $j$ 行第 $i$ 列的值。矩阵 $\boldsymbol{A}$ 的转置用 $\boldsymbol{A}^{\mathrm{T}}$ 表示，所以：

$$\begin{bmatrix} a_{11} & a_{12} & \cdots & a_{1n} \\ a_{21} & a_{22} & \cdots & a_{2n} \\ \cdots & & & \\ a_{m1} & a_{m2} & \cdots & a_{mn} \end{bmatrix}^{\mathrm{T}} = \begin{bmatrix} a_{11} & a_{21} & \cdots & a_{m1} \\ a_{12} & a_{22} & \cdots & a_{m2} \\ \cdots & & & \\ a_{1n} & a_{2n} & \cdots & a_{mn} \end{bmatrix}$$

### 2.5.5 矩阵的逆

矩阵的逆类似于数的倒数。矩阵 $\boldsymbol{A}$ 的逆用 $\boldsymbol{A}^{-1}$ 表示。

为了定义矩阵的逆，我们先定义单位矩阵：单位矩阵是所有元素的值都为 1 的方阵。单位矩阵用 $\boldsymbol{E}$ 表示。

对于一个 $n$ 阶方阵 $\boldsymbol{A}$，如果存在另一个 $n$ 阶方阵 $\boldsymbol{B}$，使得 $\boldsymbol{A} * \boldsymbol{B} = \boldsymbol{B} * \boldsymbol{A} = \boldsymbol{E}$，则称矩阵 $\boldsymbol{B}$ 为矩阵 $\boldsymbol{A}$ 的逆，或者称矩阵 $\boldsymbol{B}$ 为矩阵 $\boldsymbol{A}$ 的逆矩阵。如果矩阵 $\boldsymbol{A}$ 的逆矩阵存在，则称矩阵 $\boldsymbol{A}$ 是可逆矩阵。

很容易证明：

(1) 矩阵可逆当且仅当它是满秩矩阵。

(2) 如果 $\boldsymbol{B}$ 是 $\boldsymbol{A}$ 的逆矩阵，则 $\boldsymbol{A}$ 是 $B$ 的逆矩阵。

(3) 如果矩阵 $\boldsymbol{A}$ 可逆，则它的逆矩阵是唯一的。

(4) 矩阵 $\boldsymbol{A}$ 的逆矩阵的逆矩阵还是 $\boldsymbol{A}$，也就是 $(\boldsymbol{A}^{-1})^{-1}=\boldsymbol{A}$。

(5) 矩阵 $\boldsymbol{A}$ 的逆矩阵的转置等于矩阵 $\boldsymbol{A}$ 的转置的逆，即 $(\boldsymbol{A}^{-1})^{\mathrm{T}}=(A^{\mathrm{T}})^{-1}$。

关于线性代数部分，我们先是讲这些内容，在本书的第 21 章，我们将继续回顾线性代数的以下知识：

- 矩阵的特征值和特征向量；
- 方差、协方差和协方差矩阵。

# 第3章

# 概率论

大家都学过《概率论》这门课程，本章来复习一下这部分内容。但是我们不会系统地讲解《概率论》的全部内容，而只是根据本书后面学习的需要有针对性地进行讲解。这部分《概率论》的知识对于我们理解人工智能的许多基础算法同样是非常重要的。

## 3.1 什么是概率

首先我们问自己一个问题：提到概率论，你首先想到什么？

如果你的回答是硬币或者骰子，那么很抱歉，你对概率的认识可能还非常的狭隘，你可能被最开始所学到的那点概率论的知识所误导了。

为了对概率有一个准确的认识，最重要的是要理解概率的公理化定义。该定义如下：

设随机实验 $E$ 的样本空间为 $\Omega$。若按照某种方法，对 $E$ 的每一事件 $A$ 赋予一个实数 $P(A)$，且满足以下公理：

(1) 非负性：$P(A)>0$；

(2) 规范性：$P(\Omega)=1$；

(3) 可列（完全）可加性：对于两两互不相容的可列无穷多个事件 $A_1,A_2,\cdots,A_n,\cdots$ 有 $P(A_1\cup A_2\cup\cdots\cup A_n\cup\cdots)=P(A_1)+P(A_2)+\cdots+P(A_n)+\cdots$，则称实数 $P(A)$ 为事件 $A$ 的概率。

理解这个定义对于我们正确地理解概率非常重要。这个定义说的是：概率 $P(A)$ 只满足以上的三个性质。这里所隐含的一个重要事实是：我们不知道概率的值是多少，概率的值具体是多少并没有定义。这一点对于我们认识概率非常重要。

那么，上面提到的硬币或者骰子的例子跟这里的概率是什么关系呢？

硬币或者骰子的例子在概率论中被称为古典概型，它是这样定义的：

(1) 样本空间中样本的个数是有限的；

(2) 每个基本事件发生的可能性相同，即概率相等。

根据这个古典概型的定义，按照上面概率的定义，古典概型的概率的值是可以计算的。也就是，硬币投出任何一面的概率是 0.5，骰子投出任何一个点的概率都是 1/6。

需要特别注意的是：古典概型只是大量的随机现象中的一种特殊的模型，为了对概率有正确的认识，我们必须先抛弃古典概型，而不能把特殊当做一般来认识。

上面的这一点对于我们正确认识概率特别重要。接下来我们继续增加对概率的认识。

## 3.2 概率的性质

根据随机事件及其概率的定义，我们很容易得到概率的以下性质：

**性质 1：不可能事件的概率为零，即 $P(\varnothing)=0$。**

**性质 2：（有限可加性）若 $A_1,A_2,\cdots,A_n$ 是两两互不相容的事件，则有**

$$P(A_1\cup A_2\cup\cdots\cup A_n)=P(A_1)+P(A_2)+\cdots+P(A_n)$$

**性质 3：设 $A,B$ 是两个事件，若 $A\subset B$，则有**

$$P(B-A)=P(B)-P(A)$$

$$P(B)\geqslant P(A)$$

**性质 4：对于任一事件 $A$，**

$$P(A)\leqslant 1$$

**性质 5：（逆事件的概率）对于任一事件 $A$，有**

$$P(\overline{A})=1-P(A)$$

**性质 6：对于事件空间 $S$ 中的任意两个事件 $A$ 和 $B$，有**

$$P(A\cup B)=P(A)+P(B)-P(A\cap B)$$

## 3.3 条件概率

假设 $A,B$ 是两个事件，并且 $P(A)>0$，则事件 $A$ 已经发生的条件下（$A$ 的逆事件不发生），事件 B 发生的概率称为事件 $A$ 发生条件下事件 $B$ 发生的条件概率，即为 $P(B|A)$。我们知道条件概率的计算公式是：

$$P(B\mid A)=\frac{P(AB)}{P(A)} \tag{3.1}$$

其中 $P(AB)$ 也称为事件 $A$ 和事件 $B$ 同时发生的概率，称为事件 $A$ 和事件 $B$ 的联合概率，有时候也记为 $P(A\cdot B)$ 或者 $P(A\cap B)$。

从上式我们可以马上得到：

$$P(AB)=P(B\mid A)P(A) \tag{3.2}$$

这个公式称为概率的乘法公式。

## 3.4 全概率公式

$n$ 个事件 $H_1, H_2, \cdots, H_n$ 相互独立，且共同组成整个事件空间 $S$。即 $H_i \cup H_j = \varnothing$，$H_1 \cup H_2 \cup \cdots \cup H_n$，则

$$P(A) = \sum_{i=1}^{n} P(A \mid H_i) * P(H_i) \tag{3.3}$$

这就是全概率公式。全概率公式是比较容易理解的：如果将样本空间划分成了 $n$ 份，则事件 $A$ 发生的概率就等于它在这 $n$ 份中发生的概率的加权和。

## 3.5 贝叶斯公式

贝叶斯公式是由英国数学家贝叶斯（Thomas Bayes，1702—1761）最早提出来的。它的提出是为了解决所谓后验概率的问题。所谓后验概率，它是“执果寻因”的问题，也就是，事情已经发生，要求这件事情发生的原因是由某个因素引起的可能性的大小的问题。（而先验概率是事情还没有发生，要求这件事情发生的可能性的大小的问题。）举一个例子来说明：如果一个人总做好事，那么他是好人的可能性就很大，这就是一个后验概率的问题。

贝叶斯

以下是贝叶斯公式的推导过程：由于事件 $A$ 和 $B$ 的联合概率为

$$P(AB) = P(A \mid B)P(B) \tag{3.4}$$

也就是

$$P(AB) = P(B \mid A)P(A) \tag{3.5}$$

因此

$$P(A \mid B)P(B) = P(B \mid A)P(A) \tag{3.6}$$

因此

$$P(B \mid A) = \frac{P(A \mid B)P(B)}{P(A)} \tag{3.7}$$

这个公式就是贝叶斯公式。

> 这个方法称为“算两次”，通过将一个问题算两次，往往可以得出一些重要的结论。在一些数学竞赛题中，“算两次”的方法也经常用到。

将全概率公式带入贝叶斯公式，则有：

$$P(B \mid A) = \frac{P(A \mid B) * P(B)}{\sum_{i=1}^{n} P(A \mid H_i) * P(H_i)} \tag{3.8}$$

贝叶斯公式在机器学习领域有极其重要的地位，有很多的机器学习算法都是基于这个公式。

## 3.6 概率的计算

在复习完上述内容之后，我们来关注关于概率的最基础最重要的问题：概率的值怎么计算呢？以下为计算概率的值的几类方法。

### 3.6.1 第一类方法：求频率

概率的定义，以及全部概率论的理论，都是基于这样的一个事实：虽然说在一个随机试验中，随机事件的发生是事先无法预测的，但是大量的试验证实，如果我们将一个随机试验进行多次，当重复试验的次数 $n$ 逐渐增大时，事件 $A$ 发生的频率 $f_n(A) = n_k/n$（其中 $n_k$ 是事件 $A$ 发生的次数）逐渐稳定与某个常数。这种“频率稳定性”就是通常所说的统计规律性。

而频率，具有下面的基本性质：

(1) $0 \leqslant f_n(A) \leqslant 1$；

(2) $f_n(S) = 1$；

(3) 若 $A_1, A_2, \cdots, A_n$ 是两两互不相容的事件，则

$$f_n(A_1 \cup A_2 \cup \cdots \cup A_k) = f_n(A_1) \cup f_n(A_2) \cup \cdots \cup f_n(A_k)$$

这就是概率的定义的理论基础。

在概率论这门学科中，有一个伯努利大数定理，它证明了：当试验次数很大时，事件发生的频率会趋近事件的概率，因而可以用事件的频率来代替事件的概率。（它也证明了：在上述的概率的定义下，概率确实就是频率的稳定值。）

因而，如果我们将试验重复大量次数，计算频率 $f_n(A)$，用它来表征事件 $A$ 发生的可能性的大小（即概率）是合适的。这就是我们计算概率的值的第一种方法。

比如说，如果一个骰子是不规则的，我们就可以通过将骰子掷很多次来得到这个骰子的各个点的取值，即概率。

### 3.6.2 第二类方法：古典概型的概率值的计算

对于古典概型，其概率是很容易计算的：如果样本空间中单位事件的数量是 $n$ 个，则每个单位事件发生的概率就是 $1/n$。

### 3.6.3 第三类方法：利用概率的性质以及条件概率、全概率公式、贝叶斯公式

综合运用前面两类方法以及概率的性质、条件概率等等来计算概率的例子，我们在大学课程中学过很多，下面我们举几个例子。

首先，是利用全概率公式求概率的一个例子：

一个随机试验工具由一个骰子和一个柜子中的 3 个抽屉组成，抽屉 1 里有 14 个白球和 6 个黑球，抽屉 2 里有 2 个白球和 8 个黑球，抽屉 3 里有 3 个白球和 7 个黑球，试验规则是首先掷骰子，如果获得小于 4 点，则抽屉 1 被选择，如果获得 4 点或者 5 点，则抽屉 2 被选择，其他情况选择抽屉 3。然后在选择的抽屉里随机抽出一个球，最后抽出的这个球是白球的概率是：

$$\begin{aligned} P() &= P(|\ 1) \cdot P(1) + P(|\ 2) \cdot P(2) + P(|\ 3) \cdot P(3) \\ &= (14/20) \cdot (3/6) + (2/10) \cdot (2/6) + (3/10) \cdot (1/6) \\ &= 28/60 \\ &= 0.4667 \end{aligned}$$

下面是利用贝叶斯公式求概率的一个例子：

假定你在北京的大街上，迎面走来一个黑人，请问他来自哪个洲？

这个问题乍一看是没有思路的，我们可以这样来想这个问题：地球上有 6 个洲：亚洲、欧洲、非洲、北美洲、南美洲、大洋洲（还有一个南极洲就算了）。如果我们能够计算出这个黑人来自这 6 个洲的概率，比如 0.05，0.05，0.4，0.2，0.2，0.1，则问题就得到了解决。

问题是计算这个黑人来自各个洲的概率仍然不太容易，比如怎样计算他来自非洲的概率呢？

计算这个黑人来自非洲的概率是我们前面所提到的后验概率，它通常是不容易直接计算的，但是它的逆问题通常比较容易计算。对于该问题来说，逆问题就是非洲人口中黑人的概率，这显然是容易计算的：将非洲人口中黑人的数量除以非洲总人口就是非洲人口中黑人的概率。

好了，如果我们记：

$P(A)$ = 黑人的概率

$P(B)$ = 非洲人的概率

$P(B|A)$ = 一个黑人来自非洲的概率

$P(A|B)$ = 非洲人中黑人的概率

则根据贝叶斯公式有：

$$P(B \mid A) = \frac{P(A \mid B)P(B)}{P(A)} \tag{3.9}$$

根据上面的分析，$P(A|B)$ 容易求得，而 $P(B)$ 即非洲人的概率也是容易求的，将非洲总人口除以世界总人口即是。现在还剩下 $P(A)$ 即黑人的概率，当然它可以用全世界黑人总人口除以全世界总人口来求得，如果这样不好求，则可以动用全概率公式来求：

$$P(A)=\sum_{i=1}^{n}P(A \mid H_i)*P(H_i) \tag{3.10}$$

它的含义是：黑人的概率，等于黑人在各个洲的概率与各个洲出现的概率的乘积的和。

强调一遍：贝叶斯公式在机器学习领域有着很重要的应用。

贝叶斯公式是解决后验概率问题的重要方法，下面还有几个例子，看看你能用同样的方法来解决吗？

例 1：假设一个学校中男女生比例为 6∶4，男生总是穿长裤，女生则一半穿长裤一半穿裙子。这个时候迎面走来一个穿长裤的学生，请问他（她）是女生的概率是多少？

例 2：有一个人在 Word 上写文章，他输入了一个并不存在的单词。问：他究竟想输入什么单词？

例 3：你收到了一封邮件，问：这封邮件是垃圾邮件吗？

例 4：在一档电视娱乐节目中，有这样的一个游戏：有三扇门，其中只有一扇门的后面有大奖，另外两扇门打开之后是一只山羊（表示没有得奖）。在游戏中，游戏者任意指定一扇门，表示他想得到这扇门后面的东西（大奖或者山羊），接下来主持人会从剩下的两扇门中打开一扇没有大奖的门（山羊），这个时候游戏者可以有一个选择的机会：坚持自己原来的选择，或者选择剩下的那扇没打开的门。问：游戏者应该坚持自己原来的选择，还是选择剩下的那扇没打开的门呢？

### 3.6.4 第四类方法：其他方法

在机器学习的领域，有时候我们需要确定一个事件发生的可能性的大小，然而，它无法通过上面我们所学到的方法进行求解。

这里所介绍的方法是我们学习的重点，它将会颠覆你以前对于概率论的认知。

举一个例子，2016 年，谷歌公司通过深度学习训练的人工智能程序 AlphaGo 在一场举世瞩目的比赛中以 4∶1 战胜了曾经的围棋世界冠军李世石。它的改进版更是在 2017 年战胜了当时世界排名第一的中国棋手柯洁。

AlphaGo 程序需要解决的众多的问题中的一个问题是：怎样判断某个局面下它自己的胜率呢？显然，这是一个概率值，但是它无法通过上面我们所学过的方法进行求解。

思考：为什么用前面的学过的方法不能求解胜率问题？

这里我们学习几个新的方法，它们同属于一类，这类方法在机器学习领域非常常用。在本章的开始，我们强调了理解什么是概率的重要性，通过这类方法的学习，或许你对什么是概率这个问题会有进一步的认识。

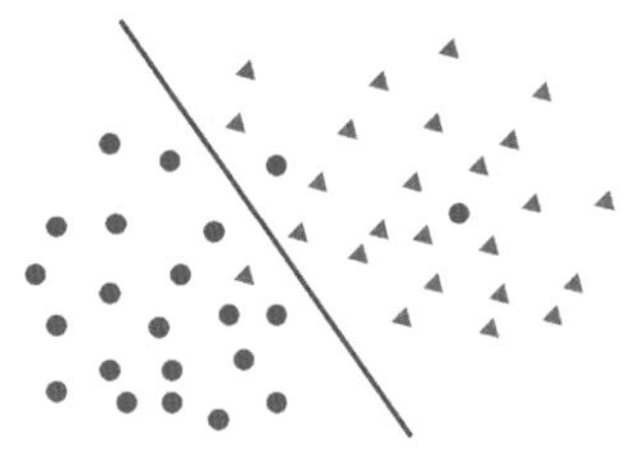

**图 3.1　计算新出现的点是红色或者蓝色的概率**

我们来看如图 3.1 所示的这幅图。

图中有两类点，分别是红色的圆点和绿色的三角，这些数据是我们已经采集到的。现在，如果图 3.1 中新出现了一个点，我们怎样根据它在图中的位置来计算它是绿色三角的概率（也就是减去它的红色原点的概率）呢？

为了解决这个问题，我们在图中画一条线（图 3.1 中蓝色的线）。从直观上看，我们可以认为线的左下方距离线越远，则出现红色圆点的概率越大；线的右上方距离线越远，则出现绿色三角的概率越大。

我们要介绍的方法是，对于新出现的一个点，先计算它到蓝色线的距离 $d$（位于线的左下方为负值，位于线的右上方为正值），然后用下面的函数求它是绿色三角的概率：

$$P=\frac{1}{1+e^{-d}} \tag{3.11}$$

因而新出现的点是红色圆点的概率就是 $1-P$。

为了搞清楚究竟发生了什么事情，我们把这个函数画出来，如图 3.2 所示。

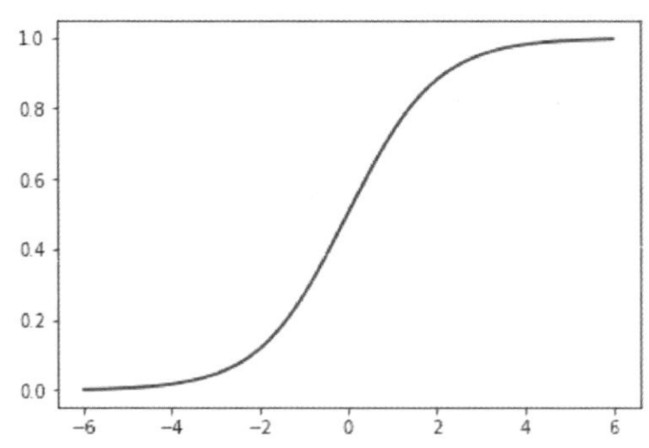


**图 3.2　Logistic 函数（Sigmoid 函数）**

这个函数称为 Logistic 函数，也称为 Sigmoid 函数。分析一下，它确实可以帮我们解决计算概率的问题：如果新出现的点在蓝色线之上，则它是红色圆点和绿色三角的概率都是 0.5；如果新出现的点在蓝色线的左下角，则它是绿色三角的概率会小于

0.5,并且离得越远,概率值越小,最终会趋近于0;如果新出现的点在蓝色线的右上角,则它是绿色三角的概率会大于0.5,并且离得越远,概率值越大,最终会趋近于1。考察一下:这个函数为什么可以用来计算概率呢?答案是:这个函数之所以可以用来计算概率,是因为它符合概率的公理化定义,而在概率的公理化定义中,概率的值具体是多少其实并不重要。

最后我们再介绍两个函数,它们在机器学习中经常被用来求概率。

第一个是双曲正切函数,该函数的公式是:

$$y=\tanh(x)=\frac{e^{x}-e^{-x}}{e^{x}+e^{-x}} \tag{3.12}$$

它的图形如图3.3所示。

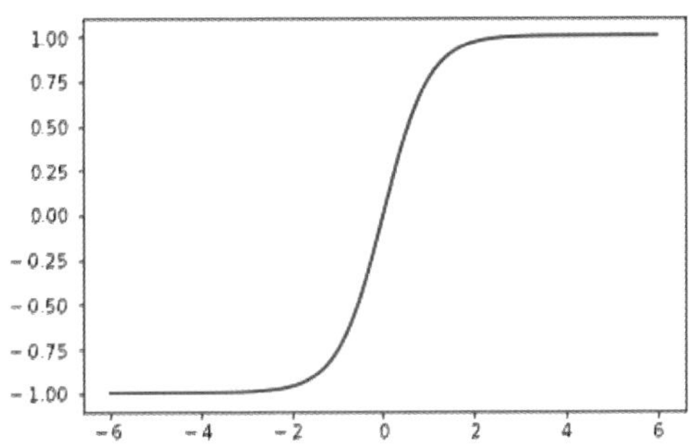


**图3.3 双曲正切函数**

第二个是Softmax函数,该函数的公式是:

$$S_i=\frac{e^{i}}{\sum e^{i}} \tag{3.13}$$

它的作用是将向量映射成概率分布。举一个例子来说,如果 $x=[x_1,x_2,x_3]$,则 $y=[e^{x1}/\mathrm{sum},e^{x2}/\mathrm{sum},e^{x3}/\mathrm{sum}]$,其中 $\mathrm{sum}=e^{x1}+e^{x2}+e^{x3}$。如果 $x=[20,2.7,0.05]$,则计算出来 $y=[0.88,0.12,0]$。

Logistic函数常常用于二分类问题,Softmax函数常常用于多分类问题,这两个函数我们后面的课程都会用到。

思考:如果让你计算“明天下雨”的概率,你打算怎么做?

# 第4章

# 优化理论

本章讲述优化理论中最基础的几个内容：最小二乘法、梯度下降算法和拉格朗日乘数法。这些内容对于我们理解人工智能的基本理论和各个算法有非常基础的作用。

通过本章内容的学习，需要掌握：

- 最小二乘法的原理；
- 梯度下降算法；
- 拉格朗日乘数法。

## 4.1 最小二乘法

最小二乘法是由德国数学家高斯（1777—1855）于1795年发现的（当时他只有18岁），并于1809年发表于他的著作《天体运动论》中。法国科学家勒让德（1752—1833）于1806年也独立发明了“最小二乘法”。

高斯

为了解最小二乘法，首先我们来看这样的一个问题：你的房间的长度大概是3.2 m，为了得到它的准确值（也称为真实值），你进行了多次测量（这些测量可能是你在不同的时间，用不同的方法，或者请别人代为测量的，你假设这些测量的可靠性都是相同的），得到了以下的数据：

第1次测量：3.22 m
第2次测量：3.18 m
第3次测量：3.21 m
第4次测量：3.19 m
第5次测量：3.18 m
第6次测量：3.21 m

那么我们的问题是：你的房间的长度的真实值应该是多少呢？

首先，我们以第几次测量为 $x$ 轴，测得的长度数据为 $y$ 轴，将上面的测试结果画到坐标系下，如图 4.1 所示，我们要求的是图中 $y$ 的值，我们在 $y$ 的位置画一条水平的虚线。

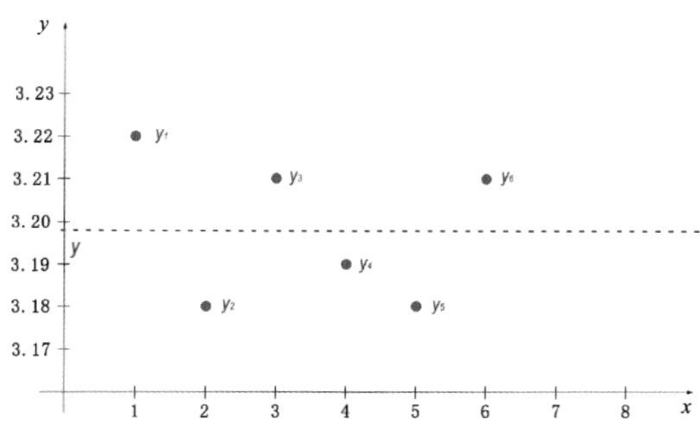


**图 4.1　根据测量数据求真实值**

为了求得图中 $y$ 的值，我们画出图中各个数据点到虚线的垂线，如图 4.2 所示。

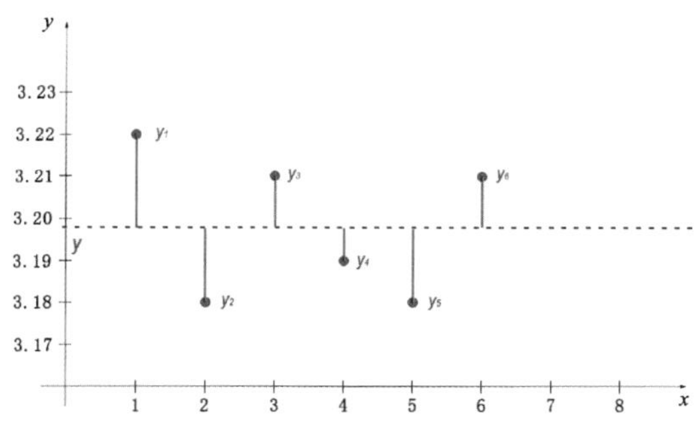


**图 4.2　测量数据的误差**

垂线的长度为 $|y - y_i|(i = 1,2,3\cdots)$，可以看做是测量值与真实值之间的误差。根据直觉，我们可以认为当这些误差的总和最小时，所对应的 $y$ 就是我们要求的 $y$ 的值。

所以也就是说，当

$$\sum |y - y_i| (i = 1,2,3\cdots) \tag{4.1}$$

为最小时的 $y$ 值就是真实值。

由于求绝对值比较麻烦（有的要取反，有的不取反），为计算方便，我们可以改求误差的平方和，也就是当

$$\in = \sum (y - y_i)^2 (i = 1,2,3\cdots) \tag{4.2}$$

为最小时的 $y$ 值就是真实值。

这就是“最小二乘法”，所谓“二乘”，其实就是平方的意思，最小二乘法又称为“最小平方法”。

下面我们用前面学到的关于导数的知识，来求一下上面这里例子中 y 的值。对上面的函数求导，得到

$$\begin{aligned}\frac{d\in}{dy}&=\frac{d}{dy}\sum(y-y_i)^2\\&=2\sum(y-y_i)\\&=2*[(y-y_1)+(y-y_2)+(y-y_3)+(y-y_4)+(y-y_5)+(y-y_6)]\\&=2[6*y-(y_1+y_2+y_3+y_4+y_5+y_6)]\end{aligned}\tag{4.3}$$

由于上式为 0 时∈为最值，所以我们得到：

$$y=\frac{y_1+y_2+y_3+y_4+y_5+y_6}{6}\tag{4.4}$$

其实它就是测量值的算术平均值，这与我们的常识是一致的。因此，对于测量房间的实际长度这个问题来说，我们的解决方法是：对所有的测量结果取算术平均值，所得到的数值是最接近于真实值的。

上面的例子是最小二乘法的最简单的情形。下面我们来举一个更一般的例子。

一个小商店店主发现他家的冰淇淋的销量与气温有一定的关系：气温越高，则冰激凌销量越大，并且统计了以下数据：

**表 4.1　冰激凌数据集**

| 编号（$i$） | 气温（$x_i$） | 销量（$y_i$） |
|---|---|---|
| 1 | 25 | 106 |
| 2 | 28 | 145 |
| 3 | 31 | 167 |
| 4 | 35 | 208 |
| 5 | 38 | 233 |
| 6 | 40 | 258 |

我们在坐标轴上画出这些数据如图 4.3 所示，看起来冰激凌的销量与气温之间具有线性的关系。

在图中，我们还画出了一条虚线，现在我们要求的是这条虚线，它最能反映冰激凌的销量与气温之间的变化规律。

我们同样对每一个数据可以画出一条垂直于 $x$ 轴的线段，它表示实际值与理论值之间的误差，如图 4.4 所示。

设我们要求的虚线的方程是：

$$y=a*x+b\tag{4.5}$$

则这些线段的长度的平方和（也就是所有误差的平方和）为：

$$\in=\sum(y-y_i)^2=\sum(a*x_i+b-y_i)^2(i=1,2,3...)\tag{4.6}$$

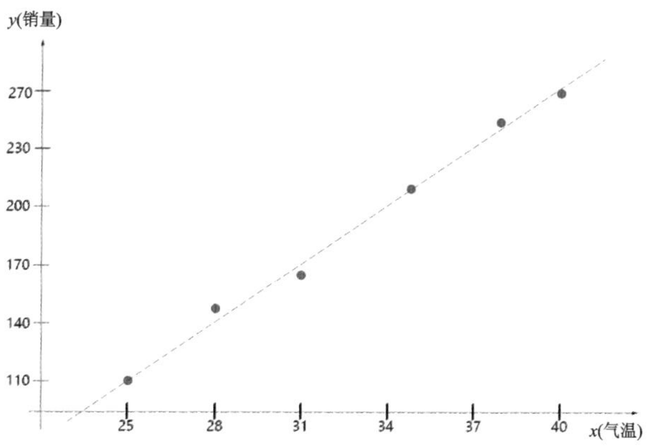


**图 4.3　冰激凌的销量**

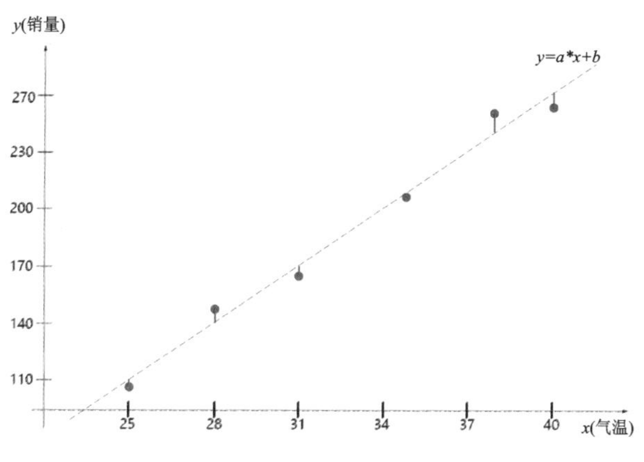


**图 4.4　冰激凌的销量**

这里我们要求的是 $a$,$b$ 的值,我们还是用上面的方法来求,只不过这次求的是偏导数:

$$\begin{cases} \dfrac{\mathrm{d}\in}{\mathrm{d}a}=2\sum(a*x_i+b-y_i)*x_i \\ \dfrac{\mathrm{d}\in}{\mathrm{d}b}=2\sum(a*x_i+b-y_i) \end{cases} \tag{4.7}$$

由于上述两个偏导数为 0 时 $\in$ 取得最值,所以:

$$\begin{cases} 2\sum(a*x_i+b-y_i)*x_i=0 \\ 2\sum(a*x_i+b-y_i)=0 \end{cases} \tag{4.8}$$

解这个线性方程组(它很容易求解),得到:

$$\begin{cases} a\approx 1 \\ b\approx 1 \end{cases} \tag{4.9}$$

在上面的例子中，冰激凌的销量只受到气温这一个因素的影响，但是在很多情况下，一个结果可能会受到多个因素的影响。比如房屋的价格，可能受到房屋面积和房间数量的影响，加入房屋的价格与房屋面积之间以及房屋的价格与房屋面积之间都是线性关系，则我们要求解的方程就变成：

$$y = a * x_1 + b * x_2 + c \tag{4.10}$$

如果以 $x_1, x_2, y$ 为坐标轴建立三维坐标系，则上面的方程在该坐标系下的图形是一个平面。

进一步推而广之，如果一个结果受 $n$ 个因素的影响，则我们要求解的方程就变成：

$$y = a_1 * x_1 + a_2 * x_2 + \cdots + a_n * x * n + b \tag{4.11}$$

它在 $n$ 维坐标系下的图形是一个“超平面”。

一个结果受多个因素的影响的情形，在人工智能领域是很常见的。

## 4.2 梯度下降算法

梯度下降算法在人工智能领域有极其重要的基础地位。

我们在第 1 章微积分基础里面讲到，如果要求一个函数的极值，我们可以先求这个函数的导函数，然后求使得导函数的值为 0 的点，则函数在这个点取得极值。然后我们还介绍了几种最基本的函数的导函数的求法。

然而，并非所有的函数的导函数都是可求的。那么在这种情况下，怎样求函数的极值呢？关于这个问题，数学上有很多种解法，梯度下降算法是其中非常重要的一种。

我们先考虑一种简单的情形。假定函数 $y = f(x)$ 如图 4.5 所示的图形，我们要从曲线上的任意一点（$A$ 点或者 $B$ 点）出发，找到函数的极小值点（$C$ 点）。

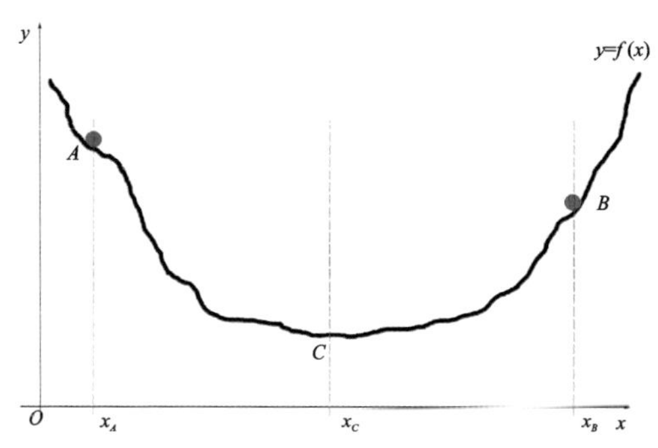


**图 4.5 单变量的梯度下降**

梯度下降用的是“逐次逼近”的方法，所谓“逐次逼近”，就是从起点（$A$ 点或者 $B$

点）开始，每次决定一个方向，然后走一小步，接下来再决定一个方向，然后再走一小步……这样一步一步到达终点也就是 $C$ 点。

这里我们需要解决两个问题：(1)往哪个方向走，也就是方向问题；(2)每次走多远，也就是步长问题。

如果从 $a$ 点出发，它所对应的 $x$ 的值是 $x_a$，为到达 $c$ 点，它应该朝 $x$ 增大的方向走；如果从 $b$ 点出发，它所对应的 $x$ 的值是 $x_b$，为到达 $c$ 点，它应该朝 $x$ 减小的方向走。那么怎样确定这个方向呢？

我们在第 1 章的导数部分讲过，函数 $y = f(x)$ 在 $a$ 点的导数必小于 0，在 $b$ 点的导数必大于 0。这样，利用求函数在当前位置的导数，我们就可以确定从当前位置应该朝哪个方向走。

那么走多远呢？显然步长太大是不行的，因为可能会走到对面去，这样就会在两个山坡之间来回振荡，甚至越走越远；步长太小的话，虽然肯定能够到达终点，但是效率太低了。所以在实践中，步长（我们设为 $\alpha$）是需要另行单独确定的（这个步长 $\alpha$ 称为“超参数”，我们这里不讨论如何确定超参数的问题）。

在讨论了上述问题之后，我们就可以学习运用梯度下降怎样来解决这个问题了，梯度下降的解法是：

$$x_{i+1} = x_i - \alpha * f'(x_i) \tag{4.12}$$

它的含义是：每一次从 $x_i$ 出发，走 $-\alpha * f'(x_i)$ 的距离到达 $x_{i+1}$，这里 $-\alpha * f'(x_i)$ 既包括了方向信息，也包括了实际步长信息：当 $x_i$ 在山谷左侧（比如 $a$ 点）时，$f'(x_i)$ 为负，所以 $-\alpha * f'(x_i)$ 代表 $x$ 增大的方向（$\alpha$ 是一个正的常数）；当 $x_i$ 在山谷右侧（比如 $b$ 点）时，$f'(x_i)$ 为正，所以 $-\alpha * f'(x_i)$ 代表 $x$ 减小的方向。需要充分注意的是，当山坡较陡时 $f'(x_i)$ 的值较大，所以实际步长 $-\alpha * f'(x_i)$ 也会较大，这时候走的步子会较大，随着上述过程逐渐地接近终点（图中的 $c$ 点），$f'(x_i)$的值会变得越来越小，所以 $-\alpha * f'(x_i)$ 也会越来越小，所以虽然步长 $\alpha$ 是一个定值，但是当接近终点时，实际的步长 $-\alpha * f'(x_i)$ 会越来越小，于是就达到了这样的一个效果：当距离终点较远（山坡较陡）时，实际步长可以大一点，但是距离终点很近（山坡较缓）时，实际步长会很小，以免错过了终点。这个效果非常重要，因为这就不需要我们事先将步长 $\alpha$ 定得很精确，而仍然能保证能够到达终点。

接下来我们考虑二元函数 $z = f(x, y)$ 的情形。

我们来看如图 4.6 所示这幅图（该图摘自参考文献 [1]）。

假定图中的人在山上的任意位置，他想要到达山谷中最低点的湖泊，但是，由于山上的浓雾很大，能见度很低，他只能看到他周围很小一个范围之内的情形，完整的下山路径无法确定。我们此时要为他设计一个下山的算法。

与上一个例子相同，他仍然需要解决两个问题：

(1) 往哪个方向走，也就是方向问题；

(2) 每次走多远，也就是步长问题。

图 4.6　二变量的梯度下降

这个时候，方向就不只是两个了，而是他四周 360°的任意一个方向。为了能够尽快地下山，我们需要确定的方向应该是最陡的下山的方向。

让我们来看一个类似但是更直观的例子：将一个钢珠放在一个碗的边缘，则它一定是沿着碗内最陡的一个方向滚到碗底而不会沿着其他的任何一个方向。（即使碗的形状不是规则的，也一定是这样。）那么，我们怎么找到这个方向呢？

我们来看一下数学上“梯度”的定义：在以上两个例子中，我们都可以建立以下的三维坐标系，以地平面为 $X-Y$ 平面（比如，以东向为 $X$ 轴的正方向，北向为 $Y$ 轴的正方向），以垂直向上的方向为 $Z$ 轴的正方向。在该坐标系下，上面的第一个例子中的山表面和第二个例子中的碗内面都有一个方程 $z=f(x,y)$，我们在第一个例子中小人所在的位置（坐标为 $(x_0,y_0,z_0)$）以及第二个例子中钢珠所在的位置（坐标也是 $(x_0,y_0,z_0)$）分别求该函数对变量 $x$ 和对变量 $y$ 的偏导数，得到一个二维的向量：

$$\left(\frac{\partial z}{\partial x}\bigg|_{x=x_0,y=y_0},\frac{\partial z}{\partial y}\bigg|_{x=x_0,y=y_0}\right)$$

或者写成

$$(f'_x(x_0,y_0),f'_y(x_0,y_0))$$

这个向量称为函数 $z=f(x,y)$ 在位置 $(x_0,y_0,z_0)$ 的梯度。

梯度的几何意义是什么呢？如图 4.7 所示。

函数 $z=f(x,y)$ 被平面 $z=z_0$ 切割之后是一条曲线，梯度就是这条曲线在位置 $(x_0,y_0,z_0)$ 的法向量。而该法向量所指明的方向在位置 $(x_0,y_0,z_0)$ 的全部 360°的所有方向中是最陡的上升方向。

这样，通过求梯度，我们就找到了山坡或者碗内面在位置 $(x_0,y_0,z_0)$ 的最陡的上升方向，那么我们沿着该方向的反方向下降，就可以以最快的速度到达山脚下。这个方法就称为梯度下降算法。

接下来跟本节的第一个例子相同，我们确定一个步长 $\alpha$，就可以确定从位置

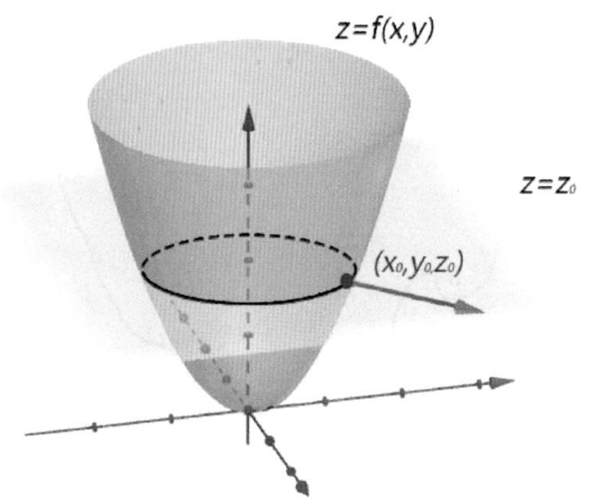


图 4.7　梯度的几何意义

$(x_0, y_0, z_0)$ 需要朝哪个方向走多远了：

$$\begin{cases} x_{i+1} = x_i - \alpha * \left.\dfrac{\partial z}{\partial x}\right|_{x=x_0, y=y_0} \\ y_{i+1} = y_i - \alpha * \left.\dfrac{\partial z}{\partial y}\right|_{x=x_0, y=y_0} \end{cases} \tag{4.13}$$

这样，我们的问题就得到了解决。

对于本节最开始讲的一元函数的情形，实际上导数 $\left.\dfrac{\mathrm{d}y}{\mathrm{d}x}\right|_{x=x0}$ 也称为函数 $y = f(x)$ 在点 $(x_0, y_0)$ 的梯度。它表示的在点 $(x_0, y_0)$ 函数 $y = f(x)$ 的陡峭程度。

对于三元函数或者更多元函数的情形，我们完全可以用上述的方式进行同样的处理。一般地，对于 $n$ 元函数 $y = f(x_1, x_2, \cdots, x_n)$，其在点 $(x_{1_0}, x_{2_0}, \cdots, x_{n0}, y_0)$ 的梯度向量为：

$$\left(\left.\frac{\partial z}{\partial x_1}\right|_{x_1=x_{1_0}, x_2=x_{2_0}, \cdots, x_n=x_{n_0}, y=y_0}, \left.\frac{\partial z}{\partial x_2}\right|_{x_1=x_{1_0}, x_{2_0}, \cdots, x_n=x_{n_0}, y=y_0}, \cdots \left.\frac{\partial z}{\partial x_n}\right|_{x_1=x_{1_0}, x_2=x_{2_0}, \cdots, x_n=x_{n_0}, y=y_0}\right) \tag{4.14}$$

而梯度下降算法可以表示为：

$$\begin{cases} x_{1_{i+1}} = x_{1_i} - \alpha * \left.\dfrac{\partial z}{\partial x_1}\right|_{x_1=x_{1_0}, x_2=x_{2_0}, \cdots, x_n=x_{n_0}, y=y_0} \\ x_{2_{i+1}} = x_{2_i} - \alpha * \left.\dfrac{\partial z}{\partial x_2}\right|_{x_1=x_{1_0}, x_2=x_{2_0}, \cdots, x_n=x_{n_0}, y=y_0} \\ \cdots \\ x_{n_{i+1}} = x_{n_i} - \alpha * \left.\dfrac{\partial z}{\partial x_n}\right|_{x_1=x_{1_0}, x_2=x_{2_0}, \cdots, x_n=x_{n_0}, y=y_0} \end{cases} \tag{4.15}$$

需要特别关注的是：梯度下降算法并非对所有的函数 $y=f(x_1,x_2,\cdots,x_n)$ 都是可用的。以一元函数 $y=f(x)$ 为例，它的图形如图 4.8 所示。

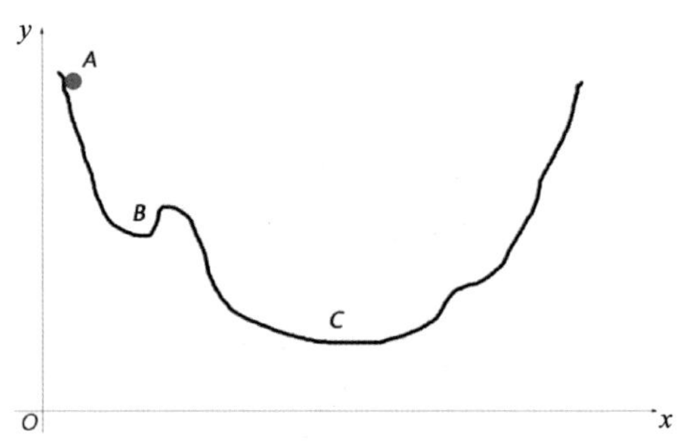


**图 4.8　梯度下降失败的例子**

假设小球从 $A$ 点出发，则它必然在 $B$ 点停下来，而不能最终下降的山谷的 $C$ 点。

对于二元函数的情形也是类似的：如果山坡的半山腰上有个坑，则必然在这个坑里停留下来，而不会最终下降到山谷。

一般地，运用梯度下降算法，对于函数 $y=f(x_1,x_2,\cdots,x_n)$有以下的要求：它要求该函数必须是凸的，称为凸函数。我们不给出凸函数的定义，只是以一元函数 $y=f(x)$ 为例简单解释一下什么是凸函数。

第一个解释：如图 4.9 所示，作该函数曲线的任意割线 $AB$，该割线与函数曲线相交的两个点的 $x$ 坐标分别是 $x_A$，$x_B$，则对于所有的割线 $AB$ 都有：在 $(x_A,x_B)$ 区间，函数曲线全部位于该割线的下方。

第二个解释：如图 4.10 所示，在该函数曲线上的任意一点作切线，则函数曲线必全部位于该切下的上方。

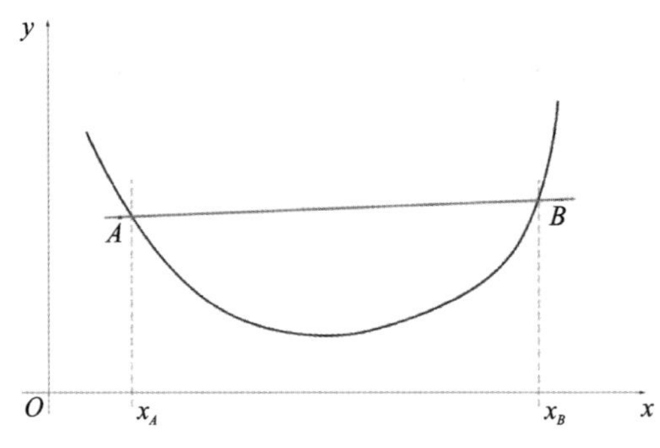


**图 4.9　凸函数（一）**

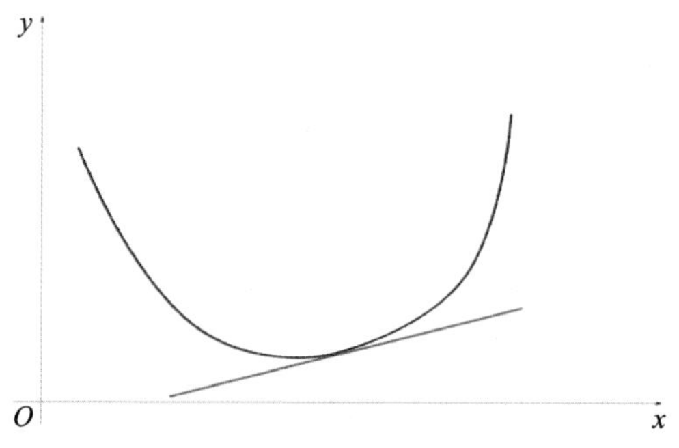


图 4.10　凸函数（二）

## 4.3　拉格朗日乘数法

首先我们来看一道来自于麻省理工学院的数学题：求双曲线 $xy=3$ 上离原点最近的点，如图 4.11 所示。

由于点 $(x,y)$ 到原点的距离 $d=\sqrt{x^2+y^2}$，所以本问题实际上是求在 $xy=3$ 约束下 $d=\sqrt{x^2+y^2}$ 的最小值——它等价于求 $z=x^2+y^2$ 的最小值。

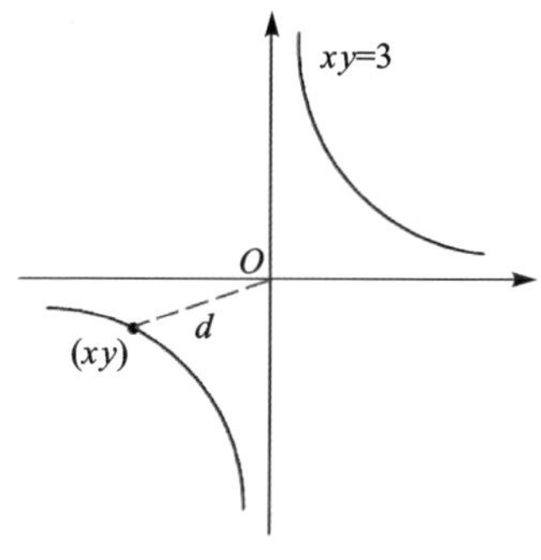


图 4.11　来自麻省理工学院的数学题

其实这个问题有很简单的解法：将 $y=\frac{3}{x}$ 代入 $z=x^2+y^2$，得 $z=x^2+\frac{9}{x^2}$，求导，得 $z'=2x-\frac{18}{x^3}$，令 $z'=0$ 即得 $x=\pm\sqrt{3}$，因而 $y=\pm\sqrt{3}$，问题得到解决。

但是在这里我们是为了引入拉格朗日乘数法，所以我们采用该方法的思想来描述和解决问题。

我们先将问题描述为以下的约束优化问题：

$$\begin{cases}\min & f(x,y)=x^2+y^2 \\ \text{s.t.} & xy-3=0\end{cases} \tag{4.16}$$

其中 s.t. 是 submit to 的意思。

我们将 $x^2+y^2=c$ 的曲线族画出来，如图 4.12 所示，当曲线族中的圆与 $xy=3$ 曲线进行相切时的切点即是我们要求的点（那些与 $xy=3$ 曲线相交的点不是）。

当两个曲线相切时，它们在切点的切线重合，因此它们在切点的法向量平行，而曲线在某一点的法向量就是该点的梯度（回忆一下我们在上一节“梯度下降算法”里面关于梯度的几何意义的内容）。如果我们令

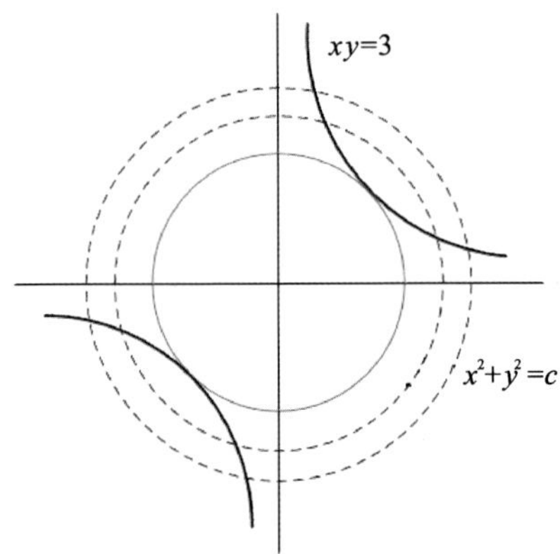


图 4.12　拉格朗日乘数法

$$\begin{cases} f(x,y)=x^2+y^2 \\ \Phi(x,y)=xy-3 \end{cases} \tag{4.17}$$

则在切点有

$$\Delta f=\lambda * \Delta\Phi \tag{4.18}$$

由于

$$\begin{cases} \Delta f=\left(\dfrac{\partial f}{\partial x},\dfrac{\partial f}{\partial y}\right) \\ \Delta\Phi=\left(\dfrac{\partial \Phi}{\partial x},\dfrac{\partial \Phi}{\partial y}\right) \end{cases} \tag{4.19}$$

所以可得方程组

$$\begin{cases} \dfrac{\partial f}{\partial x}=\lambda\ \dfrac{\partial \Phi}{\partial x} \\ \dfrac{\partial f}{\partial y}=\lambda\ \dfrac{\partial \Phi}{\partial y} \\ xy-3=0 \end{cases} \tag{4.20}$$

解这个方程组，即可得它有如下的两个解：

$$\begin{cases} \lambda=2 \\ x=\sqrt{3} \\ y=\sqrt{3} \end{cases} \tag{4.21}$$

和

$$\begin{cases} \lambda=2 \\ x=-\sqrt{3} \\ y=-\sqrt{3} \end{cases} \tag{4.22}$$

拉格朗日乘数法的基本形态：求函数 $z=f(x,y)$ 在约束 $\phi(x,y)=0$ 下的条件极值问题,可以转化为函数 $F(x,y,\lambda)=f(x,y)+\lambda(x,y)$ 的无条件极值。

由于计算一个函数的无条件极值是容易的(通过对函数的各个变量求偏导数,然后令所有的偏导数都为0,解这个方程组即可),所以,拉格朗日乘数法通过将条件极值问题转化为无条件极值问题,从而很好地解决了条件极值问题。

## 4.4　极大似然估计

### 4.4.1　似然和概率

在统计学中,似然(Likelihood)是一个非常重要的概念。似然和概率(Probability)的含义非常相似,但是在统计学中它们却是两个不同的概念。概率是在特定环境下某件事情发生的可能性,也就是结果产生之前根据模型来判断事件发生的可能性大小。比如抛硬币,这里的模型指的是硬币的性质。根据硬币的性质,我们可以推测抛出正面的概率是50%。这个概率只有在抛硬币发生之前才有意义,一旦事情发生,结果便是确定的了。而似然正好相反,它是在确定的结果下去推测模型本身。如果我们抛了2次硬币,结果1次朝上,1次朝下,则我们推测该硬币的性质是它是一枚标准的硬币,也就是该硬币的似然是50%。显然,我们试验的次数越多,则得出的似然越准确。比如我们抛了100次硬币,结果50次朝上,50次朝下,虽然得出的硬币的似然仍然是50%,但是我们有理由认为,这个数值比上个数值更准确,因为,抛2次硬币,我们只可能得出3种似然结果,但是抛100次硬币,我们可以得出101种似然结果。这就好比测量长度,一把精度为毫米的尺子显然比精度为厘米的尺子精确度要高。

我们可以认为,似然是模型的一个属性,如果用参数 $\theta$ 来表示这个属性,$x$ 表示事件,则似然可以表示为:

$$L(\theta \mid x) \tag{4.23}$$

相应地,概率可以表示为:

$$P(x \mid \theta) \tag{4.24}$$

在使用同一个模型的情况下,概率和似然在数值上是相等的。

$$P(x \mid \theta)=L(\theta \mid x) \tag{4.25}$$

但是需要说明的是,虽然两者在数值上相等,但是意义并不相同,似然是关于 $\theta$ 的函数,而概率是关于 $x$ 的函数。

> 回忆一下我们在上一章概率论的"概率的计算"小节中介绍的第一类方法:求频率。实际上我们通过求频率得出的是模型的似然,然后我们通过模型的似然就可以推测事件发生的概率了。

### 4.4.2 极大似然估计，似然函数

所谓极大似然估计，是一种通过给定的观察数据来估算模型参数的方法。通过若干次试验，观察其结果，利用这些试验结果得到某个参数值能够使样本出现的概率为最大，就称为极大似然估计。极大似然估计中的样本有一个重要的原则，就是它们必须是独立同分布的。

设样本集为

$$D=\{x_1,x_2,\cdots,x_N\} \tag{4.26}$$

则联合概率密度函数 $p(D|\theta)$ 称为相对于样本集 $D$ 的 $\theta$ 的似然函数。

$$l(\theta)=p(D\mid\theta)=p(x_1,x_2,\cdots,x_N\mid\theta)=\prod_{i=1}^{n}p(x_i\mid\theta) \tag{4.27}$$

如果 $\hat{\theta}$ 是参数空间中使似然函数 $l(\theta)$ 取得最大值的 $\theta$，则 $\hat{\theta}$应该是“最可能”的参数值，所以它就是参数 $\theta$ 的极大似然估计量。

样本集不同，则 $\hat{\theta}$的值也会不同，所以 $\hat{\theta}$ 是样本集的函数，记作：

$$\hat{\theta}=d(x_1,x_2,\cdots,x_N)=d(D) \tag{4.28}$$

### 4.4.3 极大似然估计量的计算

定义了似然函数 $l(\theta)$ 之后，如果我们能够算出使似然函数取得最大值的参数 $\theta$，则我们就计算出了似然的值 $\hat{\theta}$，也就是参数 $\theta$ 的极大似然估计量，即：

$$\hat{\theta}=\arg\max_{\theta}l(\theta)=\arg\max_{\theta}\prod_{i=1}^{N}p(x_i\mid\theta) \tag{4.29}$$

但是多个函数的乘积通常很难计算，在实践中为了便于分析和计算，定义了对数似然函数：

$$H(\theta)=\ln l(\theta) \tag{4.30}$$

由于一个数与它的对数之间具有相同的单调性，所以求对数似然函数的最大值，也可以计算出极大似然估计量。也就是：

$$\hat{\theta}=\arg\max_{\theta}\mathrm{H}(\theta)=\arg\max_{\theta}\sum_{i=1}^{N}\ln p(x_i\mid\theta) \tag{4.31}$$

接下来的问题是：怎样求对数似然函数的最大值呢？

(1) 未知参数只有一个（$\theta$ 是标量）。

在似然函数连续可微的条件下，极大似然估计量是下面方程的解：

$$\frac{\mathrm{d}H(\theta)}{\mathrm{d}\theta}=\frac{\mathrm{d}\ln l(\theta)}{\mathrm{d}\theta}=0 \tag{4.32}$$

(2) 未知参数有多个（$\boldsymbol{\theta}$ 是向量）。

设 $\boldsymbol{\theta}$ 可表示为具有 $S$ 个分量的向量：

$$\boldsymbol{\theta}=[\boldsymbol{\theta}_1,\boldsymbol{\theta}_2,\cdots,\boldsymbol{\theta}_S]^{\mathrm{T}} \tag{4.33}$$

记梯度算子：

$$\nabla_{\boldsymbol{\theta}}=\left[\frac{\partial}{\partial\theta_1},\frac{\partial}{\partial\theta_2},\cdots,\frac{\partial}{\partial\theta_S}\right]^{\mathrm{T}} \tag{4.34}$$

则在似然函数连续可微的条件下，极大似然估计量是下面方程的解：

$$\nabla_{\boldsymbol{\theta}}H(\theta)\ \nabla_{\boldsymbol{\theta}}\ln l(\theta)=\sum_{i=1}^{N}\nabla_{\boldsymbol{\theta}}\ln p(x_i\mid\theta)=0 \tag{4.35}$$

需要注意的是，在特定的数据集下，用上述方法计算出来的只是极大似然估计量的一个估计值，只有当数据集中的样本数量趋于无限大时，这个估计值才接近真实值。

## 4.4.4　例　子

设样本服从正态分布

$$N(\mu,\sigma^2)=\frac{1}{\sqrt{2\pi\sigma}}\mathrm{e}^{\frac{(x_i-\mu)^2}{2\sigma^2}} \tag{4.36}$$

此时模型就是正态分布，而模型的参数有两个：$\mu$ 和 $\sigma^2$，似然函数为：

$$L(\mu,\sigma^2)=\prod_{i=1}^{N}\frac{1}{\sqrt{2\pi\sigma}}\mathrm{e}^{-\frac{(x_2-\mu)^2}{2\sigma^2}} \tag{4.37}$$

对数似然函数为

$$H(\mu,\sigma^2)=\ln L(\mu,\sigma^2)=-\frac{N}{2}\ln(2\pi\sigma^2)-\frac{N}{2}\sum_{i=1}^{N}(x_i-\mu)^2 \tag{4.38}$$

求偏导，得方程组：

$$\begin{cases}\dfrac{\partial H(\mu,\sigma^2)}{\partial\mu}=\dfrac{1}{\sigma^2}\sum_{i=1}^{N}(x_i-\mu)=0\\[2ex]\dfrac{\partial L(\mu,\sigma^2)}{\partial\sigma^2}=-\dfrac{N}{2\sigma^2}+\dfrac{1}{2\sigma^4}\sum_{i=1}^{N}(x_i-\mu)^2=0\end{cases} \tag{4.39}$$

解为

$$\begin{cases}\mu^*=\dfrac{1}{N}\sum_{i=1}^{N}(x_i)=\bar{x}\\[2ex]\sigma^{2*}=\dfrac{1}{N}\sum_{i=1}^{N}(x_i-\bar{x})\end{cases} \tag{4.40}$$

也就是样本的均值和方差。

# 第 2 部分

---

# 人工智能的编程基础

# 导读

人工智能是计算机科学的一个分支，任何一个人工智能项目，最终都需要通过计算机编程来实现，在学习人工智能的过程中也是如此。人工智能领域的编程语言有很多种，例如 R 语言、LISP、Prolog、Java 等等，但是用得最多的还是 Python 语言。在这一部分，我们要学习 Python 语言的一些知识，但是本书不是一门专门的 Python 语言教材，不会系统而全面地讲述 Python 语言，我们这里学习的 Python 语言知识，只是为了后面学习人工智能的理论和实践做准备。

对于没有学习过任何编程语言的同学来说，我们会通过这部分课程学习一些基础的编程知识，获得一定的编程能力。

在后续的课程中，我们将用 Python 语言来解决各种数据包括向量、矩阵的表示和基本运算，以及函数的求导等，这些内容也是应该引起读者注意的。

# 第 5 章

# Anaconda 环境的安装和 Python 开发环境

在本章中,我们将搭建一个 Python 开发环境,学习 Python 语言和后续进行人工智能相关的代码演示都将在这个环境中进行。通过本章内容的学习,可以掌握:

➢ Anaconda 环境的安装过程;

➢ 命令行开发环境的使用;

➢ 图形化开发环境 Spyder 的使用。

## 5.1 Anaconda 环境的安装

为了编写人工智能的程序,我们需要有一台自己的电脑,比如一台笔记本电脑,或者家里的台式电脑都可以,我们假设电脑安装的是 Windows 的系统,比如 Win10 或者 Win7。在该电脑上,我们需要安装一个 Anaconda 环境。

那么,Anaconda 和我们要学习的 Python 语言是什么关系呢?简单地讲,Anaconda 是一个 Python 的发行版,包括了 Python 和程序库。所以简单地理解,我们装好了 Anaconda 之后,Python 和我们所需要的程序库都已经装好了。至于什么是“程序库”呢,我们后面再讲吧!下面我们就开始安装吧!

首先我们进入 Anaconda 的官网:http://www.anaconda.com,然后在网站的首页上找一下“Download”,然后单击进去,会看到如图 5.1 所示的页面。

图 5.1　Anaconda 的下载

其中的“Python 3.7 version”和“Python 2.7 version”是 Python 语言的两个主要的版本，我们用哪一个呢？用 Python 3.7 吧！

然后我们需要选择“64-Bit Graphical Installer”还是“32-Bit Graphical Installer”，这里的 64-Bit 和 32-Bit 指的是我们的电脑的操作系统的类型，是 64 位的呢，还是 32 位的。如果你的电脑不是非常老的话，应该都是 64 位的。所以，一般情况下单击“64-Bit Graphical Installer”去下载就好啦！

下载完成之后，会得到一个名称为 Anaconda3-2019.10-Windows-x8664.exe 的文件（注意：文件名里面有 2019.10，但是你下载的文件的文件名可能跟我不一样哦）。

然后，我们就运行该文件进行安装，安装的过程很简单，这里就不详细描述了。

安装完成之后，按一下键盘上的 Windows 键，在出现的菜单里面会发现增加了如图 5.2 所示内容。

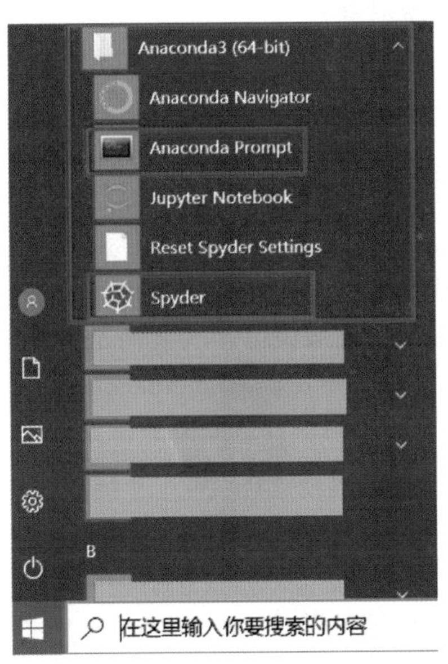


**图 5.2　Anaconda 的菜单**

在 Anaconda 的菜单中，有两个选项，分别是“Anaconda Prompt”和“Spyder”，它们各自对应一个 Python 的开发环境：命令行的开发环境和图形化的开发环境。在本书中将使用这两个开发环境，通常情况下，如果代码很简单（比如只有一行），则我们使用命令行的开发环境；如果代码有很多行，则使用图形化的开发环境。（实际上，Anaconda 的菜单中的 Jupyter Notebook 也是一个很常用的开发环境。）

下面的第 2 节讲解命令行的开发环境，第 3 节讲解图形化的开发环境。

## 5.2　命令行开发环境的使用

在图 5.2 的 Anaconda 的菜单中单击“Anaconda Prompt”，会进入如图 5.3 所示的命令行界面。

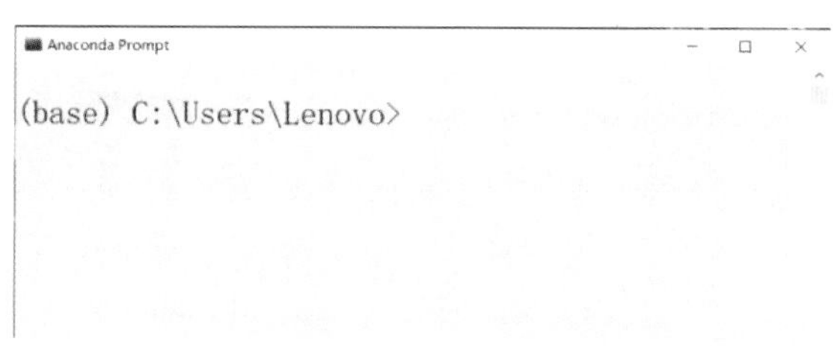


图 5.3　命令行界面

在该命令行下面输入 python 然后回车，会进入如图 5.4 所示的以>>>作为提示符的界面，这就是 Python 的命令行开发环境。

在该命令行界面输入 print(“Hello World!”) 然后回车，屏幕上会打印“Hello World!”，这就是我们在该命令行界面下写的第一个 Python 程序。print(“Hello World!”) 这条语句的功能就是在屏幕上打印“Hello World!”。

```
Anaconda Prompt - python

(base) C:\Users\Lenovo>python
Python 3.6.4 |Anaconda, Inc.| (default, Jan 16
2018, 10:22:32) [MSC v.1900 64 bit (AMD64)] on
win32
Type "help", "copyright", "credits" or "license
" for more information.
>>>
```

图 5.4　Python 命令行界面

```
Anaconda Prompt - python

(base) C:\Users\Lenovo>python
Python 3.6.4 |Anaconda, Inc.| (default, Jan 16
2018, 10:22:32) [MSC v.1900 64 bit (AMD64)] on
win32
Type "help", "copyright", "credits" or "license
" for more information.
>>> print("Hello World!")
Hello World!
>>>
```

图 5.5　第一个 Python 程序

# 5.3　图形化开发环境 Spyder 的使用

在图 5.2 的 Anaconda 的菜单中单击“Spyder”，会弹出如图 5.6 所示的界面。

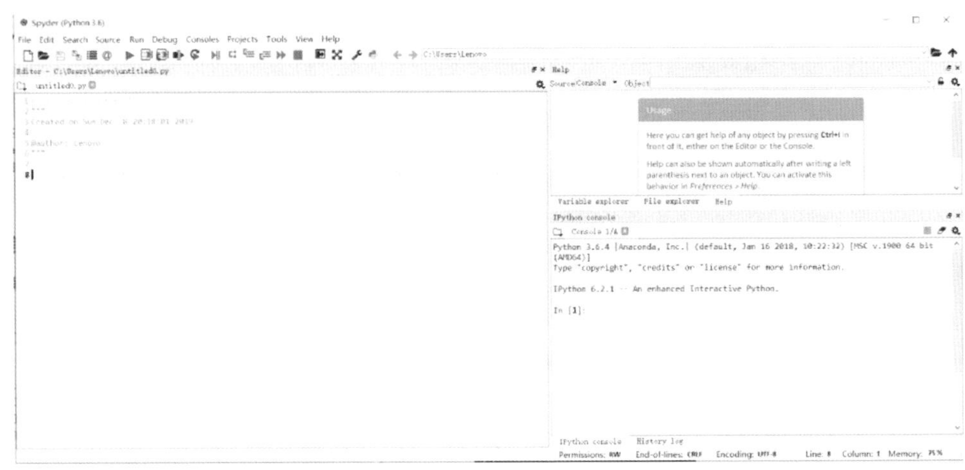

图 5.6　Spyder 的界面

我们在左边的窗口写一个最简单的 Python 程序，它只有一条语句：print(“Hello World!”）。这条语句的功能是：在屏幕上打印“Hello World!”。然后保存我们写好的程序，如图 5.7 所示，单击 Spyder 界面快捷菜单里面的“存盘”图标，将程序保存到硬盘上的某个目录下，例如在 d:\demo 目录下，文件名称以“.py”结尾，例如 demo1.py。（注意，Python 程序的源代码的文件名都是以“.py”结尾的。）

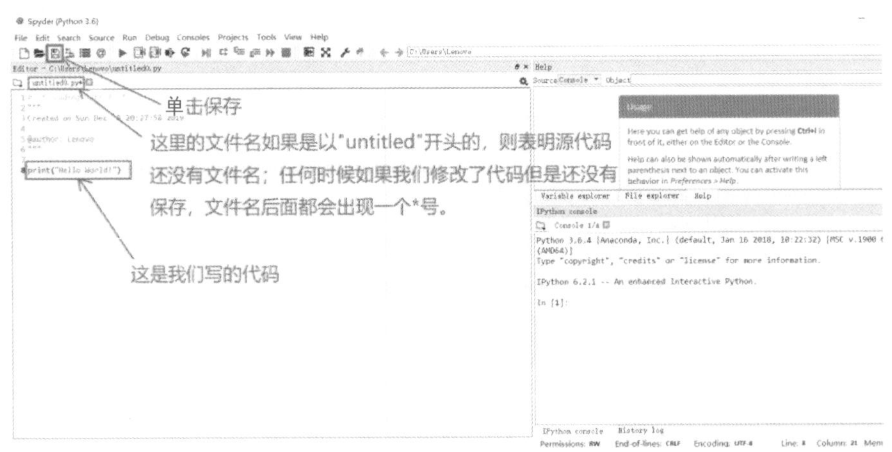


图 5.7　保存源代码

保存好的文件如图 5.8 所示。然后单击快捷菜单里面的“运行”图标运行程序。

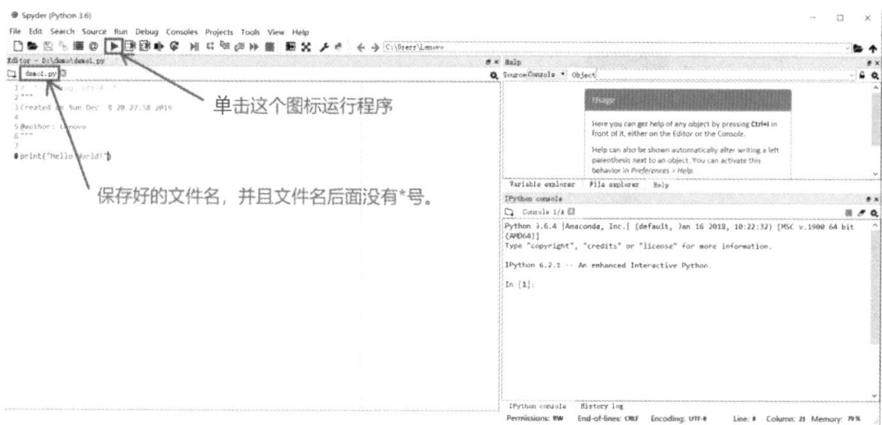


图 5.8　运行 Python 程序

程序运行的结果如图 5.9 所示。

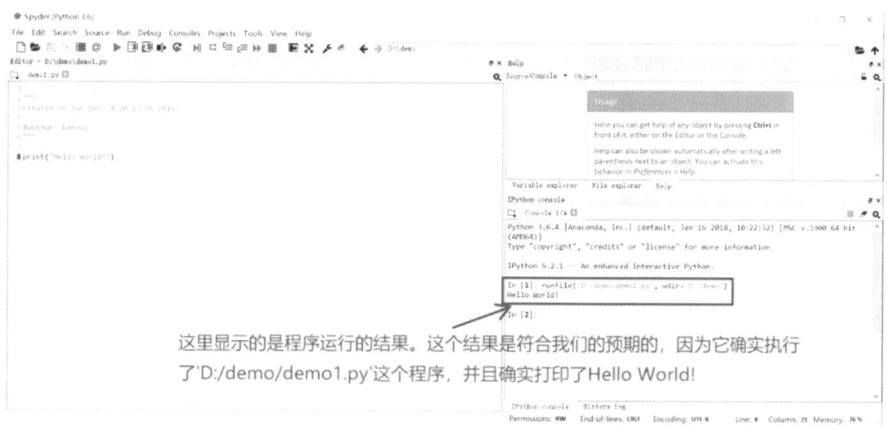


图 5.9　程序运行的结果

## 5.4　学习编程语言的基本路径

我们从上小学的时候开始，就开始学习语言了，比如汉语、英语。其实编程语言（比如 Python、Java、C 等等）也是一门“语言”，只不过这门语言是人和计算机之间交流用的。所以学习编程语言与学习汉语、英语等语言有很多共性的地方。

以汉语为例，我们学习汉语基本上是遵循如图 5.10 所示的路径。

而学习 Python 语言（以及学习其他的任何一门编程语言！），其实有着很类似的学习路径，如图 5.11 所示。

有了这样的一个学习路径，我们学习 Python 语言的过程会变得非常清晰。

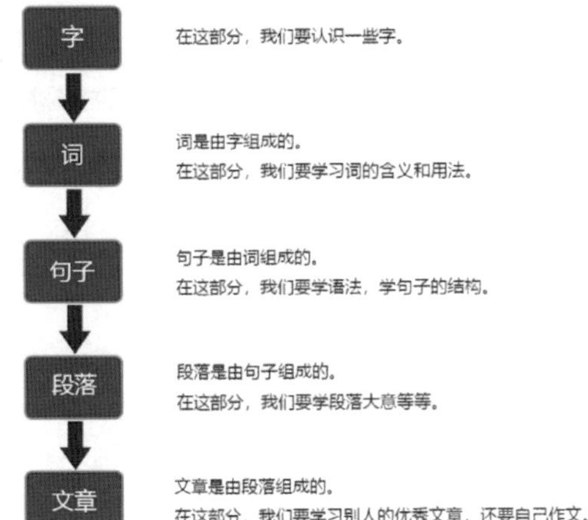


图 5.10　学习汉语的基本路径

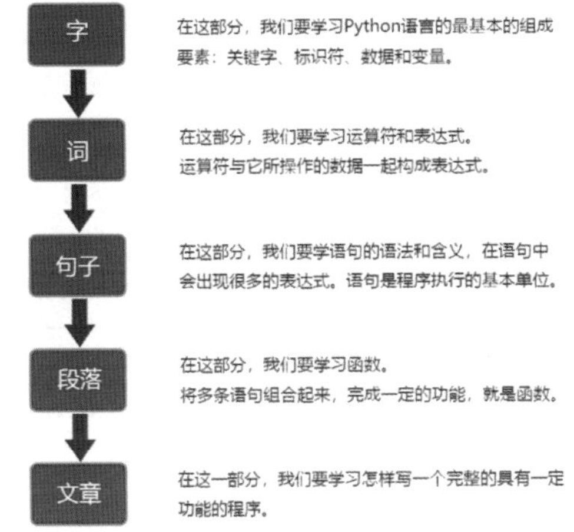


图 5.11　学习 Python 语言的基本路径

# 第 6 章

# 关键字、标识符、数据和变量

在这一章，我们要学习 Python 语言在“字”这一层面的内容。通过本章内容的学习，可以掌握：

- 什么是关键字；
- 什么是标识符，定义标识符需要遵循的规则；
- 什么是数据；
- Python 语言主要的数据类型；
- 变量的定义和使用；
- 字符串的索引和切片操作。

## 6.1 关键字

在 Python 语言中有一些单词，它们的意义和用法是 Python 语言定义好了的，用户只能按照它们已经定义好的意义和用法去使用它们而不能用作别的用途。这些单词称为关键字，它们总共有 33 个，如图 6.1 所示。

| | | | | |
|---|---|---|---|---|
| False | class | finally | is | return |
| None | continue | for | lambda | try |
| True | def | from | nonlocal | while |
| and | del | global | not | with |
| as | elif | if | or | yield |
| assert | else | import | pass | break |
| except | in | raise | | |

**图 6.1 关键字**

显然，我们学习 Python 语言的一项重要内容就是学习这些关键字的意义和用法。

需要注意的是，Python 语言是严格区分大小写的，也就是说，False 和 false 不是一个单词。

## 6.2 标识符

除了关键字以外，我们在程序中还可以自己定义一些名称（比如变量名、函数名、类名等），这些由程序员自己定义的名称就称为标识符。我们在定义标识符时需要遵循以下的规则：

- 由英文字母、数字和下划线组成(Python 严格区分大小写；不要使用其他的字符)；
- 数字不可以开头；
- 不能使用关键字。

## 6.3 数据和变量

### 6.3.1 数　据

所有的程序都是处理数据的，所以数据是程序最重要的组成部分。

什么是数据呢？数据与我们在数学里所学的数不同，数学中的数包括整数、小数、分数、无理数、虚数等，而计算机处理的“数据”，包含的范围则要广泛得多。

以下是数据的一些例子：

- 姓名；
- 身高；
- 年龄；
- 是否迟到；
- 身份证号；
- 指纹；
- 照片；
- 电影；
- 音乐。

### 6.3.2 数据的特点

那么，计算机处理的数据有什么特点呢？数据有以下的两个特点：

- 数据有值：比如'张三'是姓名这个数据的一个值，1.76 是身高这个数据的一个值等。
- 数据有类型：比如姓名这个数据的类型是字符串，身高这个数据的类型是小数等。

### 6.3.3　Python 语言主要的数据类型

Python 语言主要的数据类型有：

- 数（整型 int、浮点型 float、复数型 complex）；
- 布尔类型 bool；
- 字符串 str；
- 元组 tuple；
- 列表 list；
- 字典 dict。

我们先学习一下整型、浮点型、复数型、布尔类型和字符串类型，后面再学习元组和列表类型。

**1. 整型（int）**

可以表示任何整数，没有取值范围。

**2. 浮点型（float）**

例如 3.0，－1.3 ，3e8 ，3E8 等。

**3. 复数类型（complex）**

例如 3.4j，3＋3.4J。

**4. 布尔类型（bool）**

只有 2 个值：True 和 False。

**5. 字符串（str）**

我们用单引号、双引号或者三引号将 0 个、1 个或者多个字符引起来表示一个字符串。例如 'a'，" 张三 "，''' 你好 ''' 等。

在使用单引号和双引号时，有时候我们需要使用转义字符\来改变紧跟在该转义字符后面的那个字符的含义。

例如，在使用单引号表示一个字符串时，如果字符串中有单引号，是不能直接用的，例如 ' 张 ' 三 ' 是不能用来表示由 " 张 "、单引号和 " 三 " 这三个字符组成的字符串的，因为在这里单引号的含义是一个字符串的开始和结尾，而不是单引号这个字符串。正确的写法是：' 张\' 三 '。

同样，" 张 " 三 " 也不能表示由 " 张 "、双引号和 " 三 " 这三个字符组成的字符串的，正确的写法应该是 " 张\\" 三 "。

当字符串中出现了\这个字符时，也需要使用转义字符，例如 " 张\\三 "。

当字符串中出现了不可见字符时，也需要使用转义字符，比如用\n 表示一个换行字符。

三引号可以输入多行文本，不需要用转义字符（但是也可以使用转义字符，即转义字符仍然有效）。

字符串还可以以 r 开头，这个时候字符串里的内容没有转义字符（即转义字符无效），比如 r'abc\nd' 中的\n 不是转义字符。

## 6.3.4 变　量

所谓变量，顾名思义就是“变化的量”，也就是，我们可以用一个符号来抽象地代表一个变化的数据。这个符号称为变量名。

| 回忆一下，我们在数学中所学的《代数》，它也是用一个符号来代替具体的数。 |
|---|

变量名是前面学过的标识符的一种，所以它的定义也需要遵循标识符的定义规则，即：

- 由英文字母、数字和下划线组成；
- 数字不可以开头；
- 不能使用关键字。

变量必须先赋值，然后我们才能读到它的值。

例如

```
n = 1
```

就是将 1 赋值给了变量 n。

```
print(n)
```

会将 n 的值打印到屏幕上。

变量的值是可以发生变化的，例如上面的变量 n，在执行

```
n = 1
```

后它的值是 1，然后执行

```
n = 3
```

则它的值变成 3。

注意：在 Python 语言中我们可以将不同类型的值赋值给同一个变量，比如在

```
n = 3
```

之后可以

```
n = "Hello"
```

在 Python 语言中，数据在内存中都有一个地址（所谓地址，可以理解为就是内

存中的某个位置)，而变量就像是一个标签一样，它一会儿指向内存中的一个数据，一会儿又指向内存中的另一个数据。

我们可以用

```
id(n)
```

查看变量 n 当前指向的数据的地址；用

```
type(n)
```

查看变量 n 当前指向的数据的类型。

图 6.2 为变量示例。

```
>>> n=1
>>> print(id(n))
1644195296
>>> print(type(n))
<class 'int'>
>>> n="Hello"
>>> print(id(n))
1840952955152
>>> print(type(n))
<class 'str'>
>>> 
```

图 6.2　变　量

## 6.3.5　字符串的索引和切片操作

字符串是由 0 个，1 个或者多个字符组成的。当一个字符串非空（字符数不为 0）时，字符串中的每一个字符都有一个编号，其中第一个字符的编号是 0，然后依次加 1 顺序地进行编号。例如，字符串 "abccecg" 中每个字符的编号如图 6.3 所示。

| 字符串: | a | b | c | c | e | c | g |
|---|---|---|---|---|---|---|---|
| 编　号: | 0 | 1 | 2 | 3 | 4 | 5 | 6 |

图 6.3　字符串的编号

有了这个编号之后，可以对字符串进行索引和切片操作。先看索引操作。如果变量 str="abccecg"，则 str[0] 的值是 a，str[1] 的值是 b，str[2] 的值是 c 等。

注意：如果字符串的长度是 $n$，则方括弧里可以出现的最大的数是 $n-1$。例如上面字符串 "abccecg" 的长度是 7，则 str[6] 的值是 g，当大于 6 时，会报如图 6.4 所示的错误。

```
>>> str="abccecg"
>>> print(str[0])
a
>>> print(str[1])
b
>>> print(str[6])
g
>>> print(str[7])
Traceback (most recent call last):
  File "<stdin>", line 1, in <module>
IndexError: string index out of range
>>> 
```

图 6.4　字符串的索引

字符串除了可以从头到尾从 0 开始编号外，还可以从尾到头从 −1 开始编号，如

图 6.5 所示。

字符串： a b c c e c g
编　号： -7 -6 -5 -4 -3 -2 -1

图 6.5　字符串的负编号

这样，我们也可以用该编号对字符串进行索引操作，例如 str[－1] 的值是 g，str[－2] 的值是 c，等等。同样，当编号的值小于－7 时，会报如图 6.6 所示的错误。

```
>>> str="abccecg"
>>> print(str[-1])
g
>>> print(str[-2])
c
>>> print(str[-7])
a
>>> print(str[-8])
Traceback (most recent call last):
  File "<stdin>", line 1, in <module>
IndexError: string index out of range
>>>
```

图 6.6　字符串的负索引

接下来看字符串的切片操作，上面的索引操作可以取得字符串的某个位置的一个字符，而切片操作可以取得字符串从某个位置开始到某个位置结束的多个字符。

例如：str[1：3] 获得的是从编号 1（包含）到编号 3（不包含）的字符串，即 bc。

注意在切片操作中两个编号是用冒号分隔的。

编号也可以使用负数。例如：str[1：－1] 的值是 bccec。

当后面的编号所在的位置在前面的编号所在的位置之前，或者二者相同时，切片操作是取不到任何字符的。例如：str[－1：－1] 的值是 ""；str[3：－7] 的值也是 ""。

如果某个编号超出了字符串的取值范围，会从有效的位置开始进行切片。（注意切片操作并不报错）。

例如：str[－1：9] 的值是 g；str[－8：－1] 的值是 abccec。

在使用切片时，2 个编号中的任何 1 个都可以不指定，或者 2 个都不指定。当第 1 个编号不指定时，切片操作从第 1 个字符串开始；当第 2 个编号不指定时，切片操作到最后 1 个字符结束（包括最后 1 个字符）。

例如：str[－2：] 的值是 cg；str[：－1] 的值是 abccec；str[：] 的值是 abccecg。（注意冒号是不能省的）。

在切片操作中，还可以出现第 2 个冒号和第 3 个数，第 3 个数是切片操作的步长。

例如：str[1：5：2] 的值是 bc。

步长也可以是负数，这个时候是从后往前取字符。

例如：str[－1：－5：－1] 的值是 gcec。

注意，str[1：5：－1] 是取不到任何字符的。

步长也可以缺省（缺省的步长是 1）。

例如：str[1：5：] 的值是 bcce（它和 str[1：5] 的值是一样的）。

# 第7章 运算符和表达式

本章学习运算符和表达式，它对应 Python 学习路径中“词”这一层面的内容。通过本章内容的学习，可以掌握：

- 运算符的概念；
- 算术运算符的用法；
- 赋值运算符的用法；
- 关系运算符的用法；
- 逻辑运算符的用法；
- 位运算符的用法；
- 表达式的概念和构成。

## 7.1 运算符的概念

我们在数学中学过运算符，比如 +，−，*，/都是运算符。其中的−作为减号是一个运算符，作为负号是另外一个运算符。比如 3+5，它的含义是 3+5，在这个例子中，+ 这个运算符的左右都是数，这两个数（3 和 5）称为+这个运算符的操作对象。

Python 语言中的运算符与数学中的运算符是很类似的，所不同的是，数学中的运算符的操作对象都是数，而 Python 语言中运算符的操作对象可以是各种类型的数据，比如字符串、布尔类型的值等，都可以作为运算符的操作对象。

根据运算符的操作对象的数量，可以将运算符分为一元运算符（只有一个操作对象）、二元运算符（有两个操作对象）和三元运算符（有三个操作对象）。比如负号−是一元运算符，加号 + 和减号−等是二元运算符。运算符和它们的操作对象的位置关系如图 7.1 所示。很多程序设计语言（比如 C 语言、C++ 语言、Java 语言等）都有三元运算符，但是 Python 语言没有。

Python 语言的运算符分为算术运算符、赋值运算符、关系运算符、逻辑运算符、位运算符。运算符和它的操作对象一起组成表达式。表达式将本章的最后一节专门讨论。

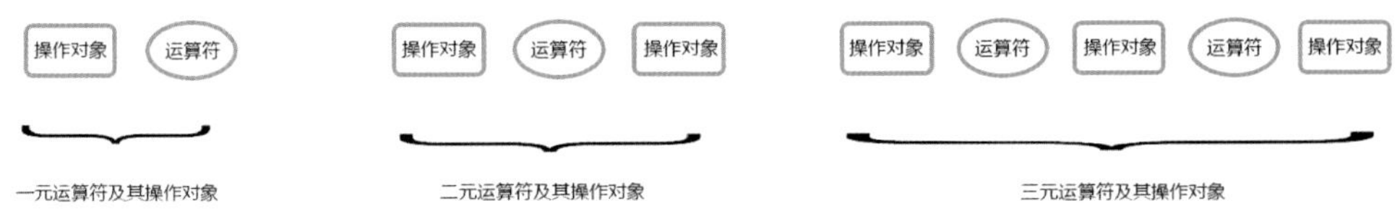


图 7.1　运算符及其操作对象的位置关系

## 7.2　算术运算符

算术运算符如表 7.1 所列。

表 7.1　算术运算符

| 运算符 | 含义 | 例子 | 备注 |
|---|---|---|---|
| + | 加 | 2+3(结果是 5)<br>''ab"+"cd"(结果是 "abcd") | 数和字符串不能拼接 |
| − | 减/负 | 2−3(结果是−1)<br>−3(结果是−3) | |
| * | 乘 | 2 * 3(结果是 6)<br>''ab" * 3(结果是 "ababab") | 字符串乘以一个整数 n,结果是该字符串重复 n 次 |
| / | 除 | 2+3(10/2(结果是 5)<br>3.0/2(结果是 1.5) | 整数除整数不能整除时是小数。小数除小数,整数除小数,结果是小数。任何数不能被 0 或者 0.0 除 |
| // | 地板除法 | 3//2 结果是 1<br>3.0//2 结果是 1.0 | 地板除法就是去尾 |
| % | 取模 | 2%3(结果是 0)<br>13%3(结果是 1) | |
| * * | 乘方 | 2 * * 3(结果是 8)<br>2 * * −1(结果是 0.5) | |

注意:整数和小数的算术运算,结果是小数。

## 7.3　赋值运算符

赋值运算符如表 7.2 所列。

表 7.2　赋值运算符

| 运算符 | 含义 | 例子 | 备注 |
| --- | --- | --- | --- |
| = | 赋值 | a=1 | 可以一次对多个变量赋值：a,b,c=1,2,a+b |
| += |  | a+=1(相当于 a=a+1) |  |
| -= |  | a-=1(相当于 a=a-1) |  |
| *= |  | a*=1(相当于 a=a*1) |  |
| /= |  | a/=1(相当于 a=a/1) |  |
| %= |  | a%=1(相当于 a=a%1) |  |

## 7.4　关系运算符

关系运算符如表 7.3 所列。

表 7.3　关系运算符

| 运算符 | 含义 | 例子 | 备注 |
| --- | --- | --- | --- |
| < | 小于 | 5<3(结果为 False) |  |
| > | 大于 | 5>3(结果为 True) |  |
| <= | 小于等于 | 5<=3(结果为 False) |  |
| >= | 大于等于 | 5>=3(结果为 True) |  |
| != | 不等于 | 5!=3(结果为 True) |  |
| == | 等于 | 5==3(结果为 False) |  |

注意：关系运算符的运算结果是 True 或者 False。

## 7.5　逻辑运算符

逻辑运算符如表 7.4 所列。

表 7.4　逻辑运算符

| 运算符 | 含义 | 例子 | 备注 |
| --- | --- | --- | --- |
| and | 逻辑与 | (5>3) and (5<4)（结果为 False） | 短路 |
| or | 逻辑或 | (5>3) or (5<4)（结果为 True） | 短路 |
| not | 逻辑非 | not (5>3)（结果为 False） |  |
| in,not in | 成员测试 | 3 in (1,2,3,4)（结果为 True） |  |
| is,is not | 同一性测试 | a is b（当 a 和 b 指向同一对象时为 True，否则为 False） |  |

注意：

(1) and,or 和 not 的运算对象是布尔型,0 是 False,非 0 是 True,空序列是 False,None(比如函数没有返回值时) 是 False。

(2) 逻辑运算符的运算结果都是布尔型。

### 7.5.1 and 运算

and 运算就是"与"运算,它的运算规律是:两边都真才为真,否则为假,如图 7.2 所示。

图 7.2 and 运算

### 7.5.2 or 运算

or 运算就是"或"运算,它的运算规律是:两边都假才为假,否则为真,如图 7.3 所示。

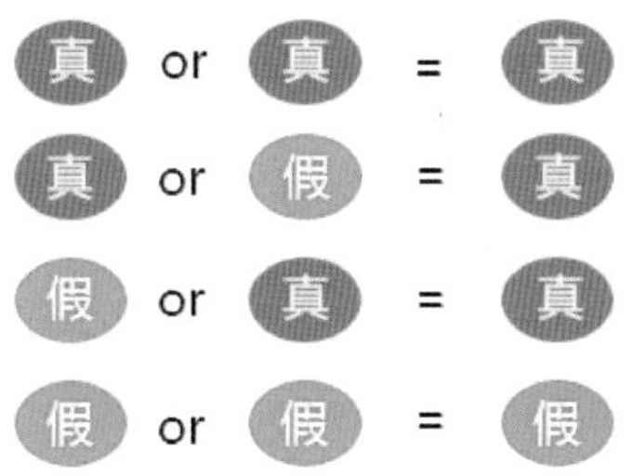


图 7.3 or 运算

### 7.5.3 not 运算

not 运算就是取反运算,如图 7.4 所示。

not 真 = 假
not 假 = 真

图 7.4 not 运算

## 7.6 位运算符

位运算符如表 7.5 所列。

表 7.5 位运算符

| 运算符 | 含义 | 例子 | 备注 |
|---|---|---|---|
| & | 按位与 | 6&3(结果为 2) | 运算规律跟逻辑与相同，1 为 True，0 为 False |
| \| | 按位或 | 6\|3(结果为 7) | 运算规律跟逻辑或相同，1 为 True，0 为 False |
| ∧ | 按位异或 | 6∧3(结果为 5) | 运算规律跟逻辑异或相同，两者相同则为假，否则为真，1 为 True，0 为 False |
| ～ | 按位翻转 | | 运算规律跟逻辑非相同，1 为 True，0 为 False |
| << | 左移位 | | |
| >> | 右移位 | | |

下面举几个位运算符的例子，如图 7.5～7.7 所示。

```
  1 1 0  =6
& 0 1 1  =3
---------
  0 1 0  =2
```

图 7.5 按位与运算

```
  1 1 0  =6
| 0 1 1  =3
---------
  1 1 1  =7
```

图 7.6 按位或运算

```
  1 1 0  =6
^ 0 1 1  =3
---------
  1 0 1  =5
```

图 7.7 按位异或运算

例 1:6&3;

例 2:6|3;

例 3:6^3。

## 7.7 表达式

在学习完 5 大类运算符之后，我们来学习表达式的概念。

我们说：运算符的用途是操作数据，数据和变量都可以作为运算符的操作对象，运算符和它的操作对象构成一个表达式。

比如，$1 + 1$，$a - 12$ 等，都是表达式。

而表达式的特点是：表达式是有值的，而值一定属于某种数据类型。

既然表达式是具有某种数据类型的数据，那么表达式也可以作为运算符的操作对象，参与构成新的表达式。

后面我们将会学习函数的概念，而函数也有值的，函数的值也属于某种数据类型。所以，函数也可以作为运算符的操作对象而参与构成表达式，如图 7.8 所示。

例如：$a$+fun($b$)/3 是一个表达式，其中 fun($b$) 是一个函数。

值得注意的是：一个表达式中有多个运算符时，这些运算符是有优先级的。可以用括号改变优先级。

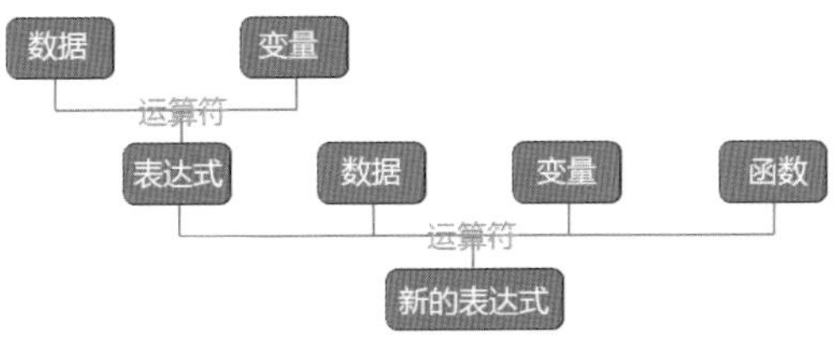


图 7.8　表达式

# 第 8 章

# 程序控制和语句

语句是程序执行的基本单位，也就是说，程序是一条语句一条语句地执行的。

本章对应 Python 学习路径中“句子”这一层面的内容。

通过本章内容的学习，可以掌握：

➢ 程序的三种结构；

➢ if 语句的格式、含义和用法；

➢ while 语句的格式、含义和用法；

➢ for 语句的格式、含义和用法；

➢ break 语句和 continue 语句的格式、含义和用法。

## 8.1 程序的三种结构

程序在执行语句的时候，会出现三种结构，分别是顺序结构、分支结构和循环结构。

顺序结构：通常情况下，程序就是按照书写的顺序一条语句一条语句地执行，这就是顺序结构。

分支结构：如果程序在某个地方需要进行一个判断，当满足某些条件时才执行相应的语句，则构成分支结构。

循环结构：如果一段代码需要反复地执行多次，则构成循环结构。

顺序结构、分支结构和循环结构是程序的三种基本结构，或者换句话说，所有的程序都是由这三种结构构成的。

为了对程序的分支和循环进行控制，Python 语言设计了 3 条语句，分别是 if，while 和 for。其中 if 语句用于控制分支，while 语句和 for 语句用于控制循环。

## 8.2 if 语句

分支语句实际上存在 3 种情形，如图 8.1 所示。

与之相对应，if 语句也定义了 3 种格式，如图 8.2 所示。

这里的 expression 是逻辑表达式。所谓逻辑表达式，是指表达式的结果的类型

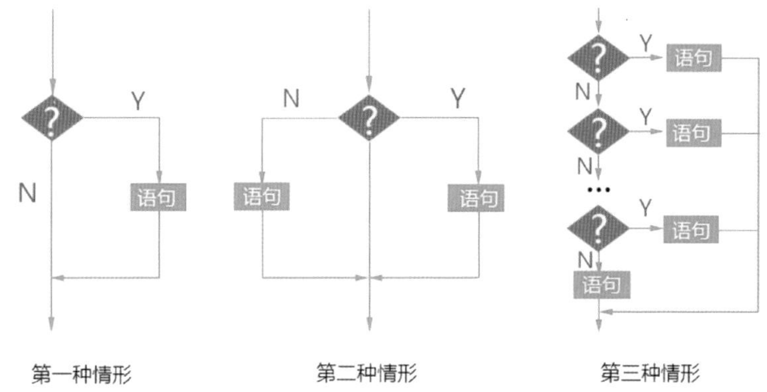


**图 8.1　分支语句的 3 种情形**

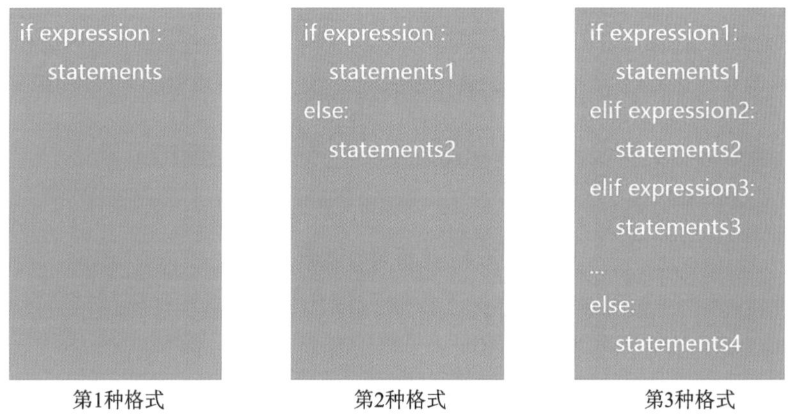


**图 8.2　if 语句的 3 种格式**

为逻辑型（bool 型）的表达式。statements 是一条或者多条语句。

if 语句的第 1 种格式的含义是：如果逻辑表达式 expression 的结果为真，则执行 statements 这些语句，否则什么都不做。

if 语句的第 2 种格式的含义是：如果逻辑表达式 expression1 的结果为真，则执行 statements1 这些语句，否则执行 statements2 这些语句。

if 语句的第 3 种格式的含义是：如果逻辑表达式 expression1 的结果为真，则执行 statements1 这些语句，否则判断 expression2 是否为真，如果为真则执行 statements2 这些语句，否则判断 expression3 是否为真，如果为真则执行 statements3 这些语句。最后执行 statements4 这些语句。

需要特别注意的是：在这些语法格式中，缩进非常重要。关于缩进的内容，参见第 8.6 节。

下面我们来看几个 if 语句的例子，第一个例子如图 8.3 所示。

```
>>> n=0
>>> if n>0:
...     print("positive number")
...
>>> n=1
>>> if n>0:
...     print("positive number")
...
positive number
>>>
```

图 8.3　if 语句的例子（一）

第二个例子如图 8.4 所示。

```
>>> n=0
>>> if n>0:
...     print("positive number")
... else:
...     print("not positive number")
...
not positive number
>>> n=1
>>> if n>0:
...     print("positive number")
... else:
...     print("not positive number")
...
positive number
>>>
```

图 8.4　if 语句的例子（二）

```
>>> n=-1
>>> if n>0:
...     print("positive number")
... elif n<0:
...     print("negative number")
... else:
...     print("zero")
...
negative number
>>>
```

图 8.5　if 语句的例子（三）

第三个例子如图 8.5 所示。

练习 1:对于用户输入的一个数,打印对应的星期。
练习 2:对于用户输入的一个月份,打印对应的季节。

## 8.3　While 语句

while 语句 while 语句的基本格式如图 8.6 所示。

```
while expression :
    statements
```

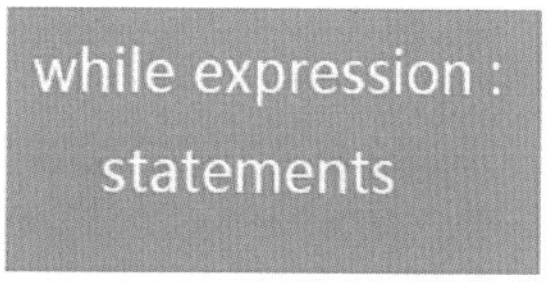

**图 8.6　while 语句的格式**

它的含义是：当逻辑表达式 expression 的值为真时，执行 statements 这些语句，然后再判断 expression 的值是否为真，如果为真则再次执行 statements 这些语句，然后再判断 expression 的值是否为真。直到 expression 的值为假时，本语句结束。其逻辑流程图如图 8.7 所示。

同样需要注意的是，这个格式中的 statements 同样需要缩进。关于缩进的内容，参见第 8.6 节。

下面我们来看一个 while 语句的例子，如图 8.8 所示。

> 练习 1：累加器：计算 1～10 累加的结果。
> 练习 2：计数器：计算 1～100 中能被 6 整除的整数的个数。

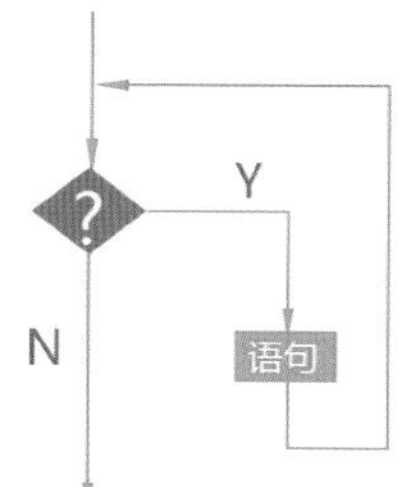


**图 8.7　while 语句的逻辑流程图**

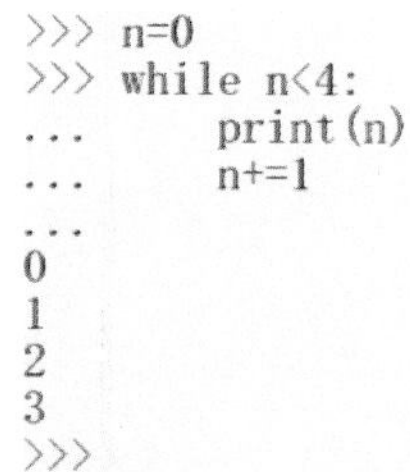


**图 8.8　while 语句的例子**

## 8.4　for 语句

for 语句的基本格式如图 8.9 所示。

在该格式中，sequence 是一个序列类型的变量，iterating_var 是一个新定义的变量。

for 语句的含义是，对于序列类型的变量 sequence，新定义一个变量 iterating_var，它将 sequence 里面的所有元素都遍历一遍，而每次取 sequence 里面的一个元素时，都执行 statements 这些语句。

同样需要注意的是，这个格式中的 statements 同样需要缩进。关于缩进的内容，参见第 8.6 节。

for 语句用于序列类型的变量的知识，我们在后面讲到序列类型时再学习。这里我们学习一个在 for 语句中很有用的函数 range()，这个函数返回一个列表，例如，range(5) 返回的是 0，1，2，3，4，range(2，5) 返回的是 2，3，4，range(0，5) 返回的是 0，1，2，3，4(与 range(5) 返回的内容是一样的)。这样，我们在 for 语句中利用 range() 函数，就可以完成一些很有用的工作，如图 8.10 所示。

```
for iterating_var in sequence:
    statements
```

图 8.9　for 语句的格式

```
>>> for a in range(5):
...     print(a)
...
0
1
2
3
4
>>>
```

图 8.10　在 for 语句中使用 range() 函数

练习 1:打印

```
* * * * *
* * * * *
* * * * *
* * * * *
```

练习 2:打印

```
* * * * *
* * * *
* * *
* *
*
```

练习 3:打印

```
1
12
123
1234
12345
```

练习 4:打印乘法表。

## 8.5　break 语句和 continue 语句

break 语句和 continue 语句都可以用于 for 语句和 while 语句中，用于对循环进行控制。break 语句退出循环，continue 语句开始下一次循环。

例如，程序：

```
for  i in range  (5):
    if   i = = 3:
        break
    print  (i)
```

运行的结果是：

```
0
1
2
```

程序：

```
for  i in range  (5):
    if  i = = 3:
        continue
    print  (i)
```

运行的结果是：

```
0
1
2
4
```

## 8.6　缩进(indent)

最后补充讲一下 Python 代码的缩进(indent) 问题。在 Python 语言中，缩进具有特定的语法含义。这一点与 C,C++,Java 等主流语言有显著区别，在这些语言中，代码的缩进只是为了增加可读性，并没有特定的语法含义。一段缩进的代码，表明它从属于上一行代码，而一段未缩进的代码，表明它与上一行是顺序关系。在这种语法定义下，对 if 语句而言，如图 8.2 所示，其格式中的 statements 必须缩进，以表明它从属于上一行的 if 或者 elif 或者 elif。如果在书写代码时没有缩进，则会报 IndentationError，如图 8.11 所示。

```
>>> n=0
>>> if n>0:
... print("positive number")
  File "<stdin>", line 2
    print("positive number")

IndentationError: expected an indented block
>>> ▬
```

**图 8.11　IndentationError**

对于 while 语句，for 语句以及后面马上要讲到的函数的定义，都有相同的缩进规则。

当代码需要缩进时，缩进可以使用空格或者制表符，且空格或者制表符的个数任意。但是，如果多行代码同时需要缩进，则它们所使用的空格或者制表符必须相同，否则也会报 IndentationError。

# 第 9 章

# 函　数

本章函数的内容对应 Python 学习路径中“段落”这一层面的内容。通过本章内容的学习，可以掌握：

- 函数的概念；
- 函数的定义；
- 函数的使用。

## 9.1　函数的概念

首先回忆一下在数学中所学的函数。在数学中我们学过很多函数，比如一次函数、二次函数、指数函数、对数函数、幂函数、三角函数等。这些函数实质上表示的都是一种映射关系，所以我们用

$$y = f(x)$$

来表示函数的一般形式。它的含义是：当自变量 $x$ 变化时，因变量会随之而变化，而函数反映的是自变量随因变量变化的规律。函数可以用图 9.1 来理解。

函数 $f$ 可以看成是一个盒子，对于每一个输入 $x$，都可以得到一个输出 $y$。

**图 9.1　函　数**

所以，函数由名称、输入、输出和功能 4 部分组成。其中功能反映了输入到输出的映射关系。

上面所讲的是一元函数的情形，在这种情形下，输入（也就是自变量）只有一个。如果是 $n$ 元函数，则输入有 $n$ 个。

以上是对数学中所学的函数的一个总结。Python 语言中的函数跟数学中的函数很类似。

## 9.2　函数的定义

在 Python 语言中，定义函数的格式如图 9.2 所示。

在这个定义中，函数名对应函数的名称，参数列表对应函数的输入，函数体对应函数的功能，那么函数的输出呢？在函数体中，我们用 return 语句来返回函数的

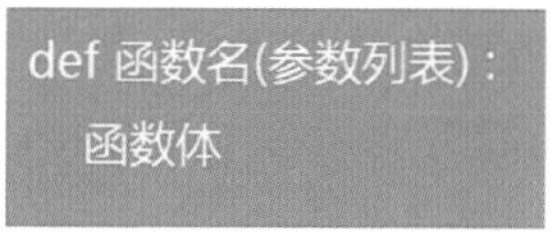

def 函数名(参数列表):
　函数体

**图 9.2　函数的定义格式**

输出。

注意:在这个格式中,整个函数部分都需要缩进。关于缩进的内容,参见 8.7 节。

下面是定义函数的一个例子,它的功能是返回两个数中较大的那个:

```
def  max(a,b):
    if  a>b : return   a
        else  :
    return  b
```

## 9.3 函数的使用

在定义了一个函数之后,我们就可以使用它了。所谓使用函数,就相当于在数学中我们定义了一个函数之后,给出一个具体的自变量的值,求因变量的值的过程。

例如:

```
print(max(3,5))
```

但是需要注意的是,前面我们说,数学中的函数可以有 1 个或者多个自变量,并且有 1 个因变量。但是 Python 中的函数,自变量可以有 0 个、1 个或者多个,因变量也可以有 0 个、1 个或者多个。

例如:

```
def  printHello():
print("Hello")
```

这个函数没有自变量,也没有因变量。

例如:

```
def demo(n):
    if  n>0:
        return  1,2
    else  :
        return  3,4,"Hello"
```

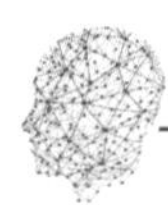



它有 1 个自变量，在某些情况下有 2 个因变量，在另一些情况下有 3 个因变量，并且这些因变量可以是不同的数据类型。

当函数有多个因变量时，我们需要用多个变量接收函数的返回值，例如：

```
a,b = demo(3)
a,b,c = demo( - 1)
```

当函数有一个因变量时，我们在前面“表达式”章节里讲过，函数也可以作为运算符的操作对象而参与构成一个表达式。

例如，我们在定义了上面的 max 函数之后，就可以写下面的语句：

```
if  max(3,5)>4:
    print("something")
```

其中的 max(3,5)＞4 就是一个表达式。

# 第 10 章 序 列

本章将学习 Python 语言中的一种重要的数据结构:序列。前面讲了字符串,它是序列的一种,在本章学习另外两种序列:元组 tuple 和列表 list。通过本章内容的学习,可以掌握:

- 序列的概念和操作;
- 元组的定义和操作;
- 列表的定义和操作;
- for 语句用于序列。

## 10.1 序列的概念和操作

所谓序列 (Sequence),实际上是有序元素的一个集合。字符串、元组和列表都是序列。我们用引号(单引号、双引号和三引号)将元素括起来表示字符串,例如 "abc",用小括弧将元素括起来,元素之间用逗号分隔来表示元组,例如 (1,2,3),用中括弧将元素括起来,元素之间用逗号分隔来表示列表,例如 [1,2,3]。

> 前面所讲的整型 int、浮点型 float、复数型 complex,每一个变量对应一个数值,它表示的是数学中的标量。而元组 tuple 和列表 list 类型,每个变量对应一列数值,它表示的是数学中的向量。而 Python 的 Numpy 库中的 ndarray 类型表示的是数学中的矩阵。

我们说,序列中的元素都是有序的,回忆一下前面我们讲到,字符串中每个字符都是有编号的,如图 10.1 和图 10.2 所示。

| 字符串: | a | b | c | c | e | c | g |
|---|---|---|---|---|---|---|---|
| 编　号: | 0 | 1 | 2 | 3 | 4 | 5 | 6 |

图 10.1　字符串的编号

| 字符串: | a | b | c | c | e | c | g |
|---|---|---|---|---|---|---|---|
| 编　号: | -7 | -6 | -5 | -4 | -3 | -2 | -1 |

图 10.2　字符串的负编号

元组和列表也是同样的,如图 10.3～图 10.6 所示。

元　组：(1, 5, 8, -2, 0, 21, 3)
编　号：0　1　2　3　4　5　6

图 10.3　元组的编号

元　组：(1, 5, 8, -2, 0, 21, 3)
编　号：-7 -6 -5 -4 -3 -2 -1

图 10.4　元组的负编号

列　表：[1, 5, 8, -2, 0, 21, 3]
编　号：0　1　2　3　4　5　6

图 10.5　列表的编号

列　表：[1, 5, 8, -2, 0, 21, 3]
编　号：-7 -6 -5 -4 -3 -2 -1

图 10.6　列表的负编号

因此，与字符串一样，我们也可以对元组和列表进行索引和切片操作，如图 10.7 和图 10.8 所示。

```
>>> t=(1,3,6,-9)
>>> print(t[0])
1
>>> print(t[3])
-9
>>> print(t[4])
Traceback (most recent call last):
  File "<stdin>", line 1, in <module>
IndexError: tuple index out of range
>>> print(t[-2])
6
>>> print(t[-5])
Traceback (most recent call last):
  File "<stdin>", line 1, in <module>
IndexError: tuple index out of range
>>> print(t[1:3])
(3, 6)
>>> print(t[::-1])
(-9, 6, 3, 1)
>>> ▬
```

图 10.7　元组的索引与切片

```
>>> l=[4,7,10,-6,0]
>>> print(l[2])
10
>>> print(l[-3])
10
>>> print(l[::2])
[4, 10, 0]
>>> print(l[1:-1])
[7, 10, -6]
>>> print(l[-1:1])
[]
>>>
```

图 10.8　列表的索引与切片

除了可以做索引和切片操作外，序列还可以进行如表 10.1 所列的操作。

表 10.1　对序列的操作

| 操作 | 含义 |
|---|---|
| len(seq) | 求序列的长度 |
| + | 连接两个序列 |
| * | 重复序列元素：str * 5 就是将 str 重复 5 次 |
| in 和 not in | 判断元素是否在序列中 |
| max(seq) | 取最大值（只有序列中所有的元素都能比较大小时才有意义） |
| min(seq) | 取最小值（只有序列中所有的元素都能比较大小时才有意义） |

例如图 10.9 所示的操作。

最后，很重要的一点是，字符串中的元素只能是字符，而元组和列表中的元素可以是任何的数据类型，如图 10.10 所示。

```
>>> t=(1,2,3)
>>> print(len(t))
3
>>> t2=t+(3,4,5)
>>> print(t2)
(1, 2, 3, 3, 4, 5)
>>> print(t*3)
(1, 2, 3, 1, 2, 3, 1, 2, 3)
>>> l=[3,4,5,6]
>>> print(3 not in l)
False
>>> print(max(l))
6
>>> print(min(t2))
1
>>>
```

**图 10.9　序列的其他操作**

```
>>> t=([1,2],("a",4),"abc",4.5)
>>> l=[[1,(3,"aa")],(2,4),True,5]
>>>
```

**图 10.10　元组和列表的元素的类型**

## 10.2　元　组

元组 (Tuple) 定义了一组不可改变的数据的集合。也就是说，定义了一个元组（它是一个数据）之后，它的元素是不能改变的。

> 数、字符串和元组都是不可改变的，而列表是可以改变的。

元组用小括弧 () 来定义，例如 t=(1,2,3)。而 t=() 定义了一个空的元组。如果要定义含有单个元素的元组，逗号分隔符不能省略，例如 t=(1,)。如果写成 t=(1)，则将定义一个 int 类型的变量。

前面讲过，元组里面的数据可以是不同的数据类型。比如一个元组中可以包含一个人的姓名、年龄、课程等信息。

## 10.3　列　表

列表 (List) 定义了一组可以改变的数据的集合。也就是说，定义了一个元组（它是一个数据）之后，它的元素是可以改变的。

列表用中括弧 [] 来定义，例如 lis=[1,2,3]。而 lis=[] 定义了一个空的元组。如果要定义含有单个元素的元组，逗号分隔符可以省略，也可以不省略（这一点跟元组不一样），例如 lis=[1,] 和 lis=[1] 都会定义一个含有单个元素的列表。

前面讲过，列表里面的数据可以是不同的数据类型。比如一个列表中可以包含一个人的姓名、年龄、课程等信息。

由于列表的内容可以改变，所以对列表还可以进行以下的操作：

（1）添加新元素：

lis.append(< 新元素 >)

lis.insert(index,< 新元素 >)

（2）删除：

lis.remove(< 待删元素 >) - 如果列表中有多个元素都等于指定值，则删除第一个。

del(lis[3])

lis.pop(index)

lis.clear() - 清空列表

del(lis) - 删除列表

（3）修改：

lis[5]＝x

（4）排序：

lis.sort() - 元素不能比较大小时不能排序，逆序时加参数 reverse＝True

图 10.11 和图 10.12 是列表的操作的一些例子。

```
>>> lis=[1,2,3]
>>> lis.append(6)
>>>
>>> lis=[1,2,3]
>>> lis.append(6)
>>> print(lis)
[1, 2, 3, 6]
>>> lis.insert(1,9)
>>> print(lis)
[1, 9, 2, 3, 6]
>>> lis.remove(9)
>>> print(lis)
[1, 2, 3, 6]
>>> del(lis[0])
>>> print(lis)
[2, 3, 6]
>>> lis.pop(0)
2
>>> print(lis)
[3, 6]
```

图 10.11　列表的操作（一）

```
>>> lis.clear()
>>> print(lis)
[]
>>> del[lis]
>>> print(lis)
Traceback (most recent call last):
  File "<stdin>", line 1, in <module>
NameError: name 'lis' is not defined
>>> lis=[1,2,3]
>>> lis[1]=99
>>> print(lis)
[1, 99, 3]
>>> lis.sort(reverse=True)
>>> print(lis)
[99, 3, 1]
>>>
```

图 10.12　列表的操作（二）

## 10.4　for 语句用于序列

我们在“程序控制和语句”章节讲到了 for 语句的格式，如图 10.13 所示。

在学习了序列类型之后，我们就可以学习怎样在 for 语句中使用序列类型了，图 10.14 是一个例子。

```
for iterating_var in sequence:
    statements
```

图 10.13　for 语句的格式

```
>>> t=(3,5,9)
>>> for i in t:
...     print(i)
...
3
5
9
>>> for j in [2,4,7,8]:
...     print(j)
...
2
4
7
8
>>>
```

图 10.14　for 语句的格式（例子）

除此之外，for 语句还可以用于构造列表：

```
lis = [m+1 for m in range (5)]
lis = ["hello % d" % (m*2) for m in range (5)]
lis = [m*2 for m in range (5) if m% 2==0]
lis = list(m for m in range (5))
```

for 语句还可以用于构造元组：

```
t= tuple(m for m in range (5))
```

# 第 11 章

# 字　典

在上一章，我们学习了序列这种复杂的数据类型。我们知道，序列是有序元素的一个集合，在本章，我们要学习一种更为复杂的数据类型：字典。

通过本章内容的学习，可以掌握：

- 字典的基本概念；
- 字典的定义；
- 字典的操作。

## 11.1　什么是字典

我们称序列为单列集合，而称字典为双列集合。所谓单列集合，指的是集合中的每个元素都是单个的值（其实 Python 中还有一种单列集合：set，但是它不属于序列）；而双列集合，指的是集合中的每个元素都是一对值，这一对值中，前者称为键（Key），后者称为值（Value），它们在一起又被称为键值对，如图 11.1 所示。

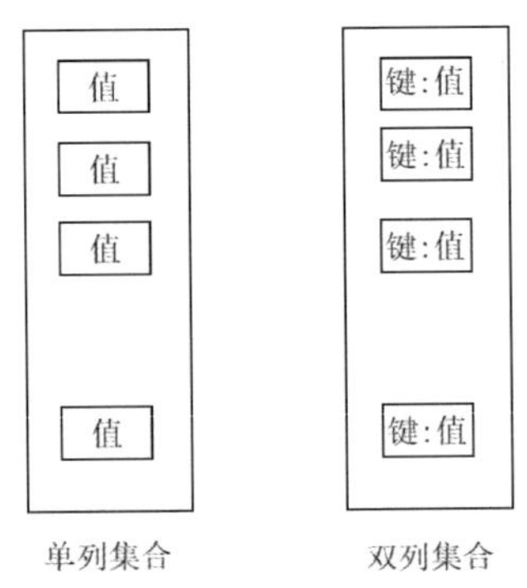


**图 11.1　单列集合和双列集合**

## 11.2　字典的定义

字典定义的是一组可以改变的键值对数据的集合。字典用 {} 来定义。

下面的例子定义了一个空的字典：

d = {}

下面的例子定义了一个只有一个元素的字典（其中的逗号也可以没有）：

d = {1:'zhangsan',}

下面的例子定义了一个含有多个元素的字典：

d = {1:'zhangsan','a':[1,'abc'],(3,):1:'a',2:'b'}

还可以用 dict 方法来定义字典：

d = dict(name = 'zhangsan',age = 21)

还可以用 for 语句来构造字典：

dic = {i : i%2 == 0 for i in range(10)}

> 注意：字典的内容是可以改变的。
> 也就是说，我们可以增加、删除或者修改字典里面的元素。

字典中的键可以是不同的数据类型，但必须是可以哈希的类型。所谓"可以哈希的类型"，指的是它的值不能改变，比如数、字符串、元组、函数名等，但是，诸如（1,[2,3]）这样的元组是不能哈希的，因为它的第 2 个元素的值可以改变。不能哈希的类型还有 list 和 dict。

字典中的键必须唯一。如果定义 dic={1:'a',1:'b'}则后定义的有效。所以这个定义完成后 dic 的值是 1 :'b'。

字典中的值可以是不同的数据类型，并且不同元素的值可以相同。

字典元素通过 key 来访问，比如定义 dic={1:'a',(9,0):[2,3,4]}，则 dic[1] 表示键为 1 的元素，其值为'a'，而 dic[2] 则会报错，因为键 2 不存在。还可以用 dic.get(1)或者 dic.get(1,default='b') 来获得值，由于键 1 存在，所以这两种取值方法都返回'a'。但是，由于键 2 不存在，dic.get(2) 会返回 None，或者 dic.get(2,default='b') 会返回 'b'。

## 11.3 字典的基本操作

由于字典的内容可以改变，所以对列表还可以进行以下的操作：

（1）添加和修改：

dic[〈键〉]=〈值〉—如果〈键〉存在则是修改，否则是添加。

（2）删除：

dic.pop(〈键〉[,缺省值]) —弹出，这个时候会返回删除的元素的值，可以由第二个参数来指定如果 key 不存在时返回回的值。

del(dic[〈键〉]) —删除指定键的元素。

del(dic) —删除字典，删除完成后 dic 变量没有定义。

dic. clear() —删除字典的所有元素，删除完成后 dic 为空字典。

(3) 其他操作：

k in dict 或者 k not in dict —判断键是否存在。

dic. items() —返回所有的键值对，它是一个 dict_items 类型，不支持索引。

dic. keys() —返回所有的键，它是一个 dict_keys 类型，不支持索引。

dic. values() —返回所有的值，它是一个 dict_values 类型，不支持索引 dict_items，dict_keys，dict_values 这 3 个类型的变量（比如变量 d），都可以用 list(d) 转换为列表类型，用 tuple(d) 转换为元组类型。

以下是使用字典的两个例子：

```
def  add(x,y):
  return  x+y
def  sub(x,y):
  return  x-y
def  mul(x,y):
  return  x*y
def  div(x,y):
  return  x/y
op = {"+":add, "-":sub, "*":mul, "/":div}
def  f(x,o,y):
  print(op.get(o)(x,y))


f(3,"+",5)
f(3,"*",5)
```

```
x,y = 1,2 #注意需要在下面这个字典定义之前定义和赋值
op = {"+":x+y, "-":x-y, "*":x*y, "/":x*y}
print(op.get("/"))
```

# 第 12 章

# 模块、包和模块的导入

本章我们学习模块、包和模块的导入。通过本章内容的学习，可以要掌握：

➢ 模块的概念；
➢ 包的概念；
➢ 导入模块的几种方式；
➢ 本书中用到的几个重要模块。

Python 的脚本都是用扩展名 py 的文本文件保存的，一个脚本可以单独运行，也可以导入另一个脚本运行。当脚本被导入运行时，我们将其称为模块(module)。

模块名与脚本的文件名相同。例如一个文件名为 demo.py 的 Python 源文件，它的模块名就是 demo。

模块可以按文件夹来进行组织，这里的文件夹我们称之为包(package)。

创建一个包的步骤是：

(1) 创建一个文件夹，这个文件夹的名称就是包名。

(2) 在该文件夹下创建一个__init__.py 文件(该文件可以为空，它的存在表明该文件夹为一个包)。

(3) 将模块放到该文件夹下。

当我们需要使用一个模块，或者一个模块中的某个函数时，需要用 import 进行导入。import 可以有以下的几种格式：

➢ import 包名.模块

这个时候用模块名.函数名访问。

➢ import 包名.模块 as 〈别名〉

这个时候可以用别名调用模块中的方法。

➢ from 包名 import 模块名

这个时候用包名.模块名.函数名访问。

➢ from 包名.模块名 import 函数名

这个时候直接用函数名访问，不用写模块名。

➢ from 包名 import *

导入包中的所有模块。

➢ from 包名.模块名 import *

导入模块中的所有函数。

模块在 Python 语言中的位置非常重要。Python 语言之所以这样流行，从云端、客户端，到物联网终端无处不在，同时也能成为人工智能首选的编程语言，并非它本身的功能多么强大，而是它能融入非常多的模块，而这些模块本身大都不是用 Python 语言写的，而是用其他的语言比如 C/C＋＋ 写成的。Python 语言因而具有“胶水语言”的称号。

在本书中，我们也会用到多个模块，这些模块的功能都很强大，我们只是用到了它们的一部分功能：

➢ Numpy

我们主要用它来进行矩阵运算。

➢ Matlib

我们主要用它来进行数据的图形化显示。

➢ Scipy

使用它来实现机器学习的几个经典算法。

➢ OpenCV

我们用它来实现计算机视觉方面的几个案例。

➢ SpeechRcognition

我们用它来实现语音识别方面的几个案例。

➢ NLTK

我们用它来实现自然语言处理方面的几个案例。

➢ TensorFlow

著名的深度学习框架，我们用它来讲解深度学习相关的内容。

# 第 13 章

# 矩阵运算——Numpy

本章我们学习一个重要的模块 Numpy,它主要用于矩阵运算。通过本章内容的学习,可以掌握:

➢ Numpy 的主要功能;

➢ Numpy 的基本数据类型 ndarray;

➢ Numpy 的矩阵操作。

Numpy 是 Python 的一个科学计算库(或者称为模块),它实现了许多与线性代数相关的数学计算功能,比如矩阵、傅里叶变换和随机数生成函数,数值编程工具,矢量处理等。

Numpy 最基本的数据类型是 ndarray,用它可以定义各种阶次(在 Numpy 里称为维度)的张量,如图 13.1 所示。

```
>>> import numpy as np
>>> a=np.array([1,2,3])
>>> b=np.array([[1,2],[3,4],[5,6]])
>>> c=np.array([[[1]]])
>>> type(a)
<class 'numpy.ndarray'>
>>> print(a.shape,b.shape,c.shape)
(3,) (3, 2) (1, 1, 1)
>>> print(a.ndim,b.ndim,c.ndim)
1 2 3
>>>
```

**图 13.1　Numpy 的 ndarray**

在上图中,我们用 Numpy 的 array() 函数分别定义了 3 个变量 a,b,c,它们的类型都是 numpy.ndarray,它们的形状(shape)分别是 3 行(注意不是 3 行 1 列),3 行 2 列($3\times2$),以及 $1\times1\times1$,它们的维度(ndim)分别是 1,2,3。当然,这些变量里面最重要的还是向量(ndim=1)和矩阵(ndim=2)。

> 注意:numpy 中有一个专门的函数 matrix(),可以用来构造矩阵,其类型是 numpy.matrix。
>
> 但是大多数情况下我们还是使用 numpy.ndarray 来操作矩阵。

我们还可以用 zeros()、ones() 和 eye() 函数来构造矩阵,如图 13.2 所示。

对 ndarray 对象的所有元素用统一的值填充，如图 13.3 所示。

```
>>> import numpy as np
>>> a=np.zeros((2,3))
>>> print(a)
[[0. 0. 0.]
 [0. 0. 0.]]
>>> b=np.ones((3,4))
>>> print(b)
[[1. 1. 1. 1.]
 [1. 1. 1. 1.]
 [1. 1. 1. 1.]]
>>> c=np.eye(4)
>>> print(c)
[[1. 0. 0. 0.]
 [0. 1. 0. 0.]
 [0. 0. 1. 0.]
 [0. 0. 0. 1.]]
>>>
```

**图 13.2　构造矩阵**

```
>>> import numpy as np
>>> a=np.full((4,),6)
>>> b=np.full((2,3),8)
>>> print(a)
[6 6 6 6]
>>> print(b)
[[8 8 8]
 [8 8 8]]
>>>
```

**图 13.3　对 ndarray 对象的所有元素用统一的值填充**

两个 shape 相同的 ndarray 对象可以进行 +，-，*，/，//，** 运算，运算的结果是对应元素的运算，如图 13.4 所示。

```
>>> import numpy as np
>>> a=np.array([[1,2],[3,4],[5,6]])
>>> b=np.array([[2,2],[3,3],[4,5]])
>>> print(a+b)
[[ 3  4]
 [ 6  7]
 [ 9 11]]
>>> print(a-b)
[[-1  0]
 [ 0  1]
 [ 1  1]]
>>> print(a*b)
[[ 2  4]
 [ 9 12]
 [20 30]]
>>> print(a/b)
[[0.5        1.        ]
 [1.         1.33333333]
 [1.25       1.2       ]]
>>> print(a//b)
[[0 1]
 [1 1]
 [1 1]]
>>> print(a**b)
[[   1    4]
 [  27   64]
 [ 625 7776]]
>>>
```

**图 13.4　ndarray 对象的运算**

对 ndarray 对象的求平方运算，如图 13.5 所示。

对 ndarray 对象的全部元素求和，如图 13.6 所示。

```
>>> import numpy as np
>>> a=np.array([1,2,3])
>>> b=np.array([[1,2],[3,4],[5,6]])
>>> print(np.square(a))
[1 4 9]
>>> print(np.square(b))
[[ 1  4]
 [ 9 16]
 [25 36]]
>>>
```

图 13.5　对 ndarray 对象的求平方运算

```
>>> import numpy as np
>>> a=np.array([1,2,3])
>>> b=np.array([[1,2],[3,4],[5,6]])
>>> print(a.sum())
6
>>> print(b.sum())
21
>>>
```

图 13.6　对 ndarray 对象的全部元素求和

思考：

我们在本书第一部分的“最小二乘法”章节中有下面这样一个求误差的平方和公式：

$$\in=\sum(y-y_i)^2 \qquad (i=1,2,3\cdots.)$$

假如测量值($y_i$)是以下 5 个数:3.22,3.18,3.21,3.19,3.18, 3.21,真实值是 $y$,那么怎样用上面的方法表示这个平方和 ∈ 的值呢?

以下是对矩阵进行转置操作(见图 13.7)的两种方式：

```
>>> import numpy as np
>>> a=np.array([[1,2],[3,4],[5,6]])
>>> print(a)
[[1 2]
 [3 4]
 [5 6]]
>>> print(a.T)
[[1 3 5]
 [2 4 6]]
>>> print(np.transpose(a))
[[1 3 5]
 [2 4 6]]
>>>
```

图 13.7　矩阵的转置

对矩阵求逆,如图 13.8 所示。

```
>>> import numpy as np
>>> a=np.array([[1,2],[3,4]])
>>> print(np.linalg.inv(a))
[[-2.   1. ]
 [ 1.5 -0.5]]
>>>
```

图 13.8　对矩阵求逆

向量的点乘以及矩阵的点乘,如图 13.9 所示。

```
>>> import numpy as np
>>> a=np.array([[1,2],[3,4]])
>>> b=np.array([[1,2],[3,4]])
>>> print(a.dot(b))
[[ 7 10]
 [15 22]]
>>> a=np.array([1,2,3])
>>> b=np.array([4,5,6])
>>> c=np.array([[1,2],[3,4]])
>>> d=np.array([[1,2],[3,4]])
>>> print(a.dot(b))
32
>>> print(c.dot(d))
[[ 7 10]
 [15 22]]
>>> _
```

图 13.9　向量的点乘以及矩阵的点乘

# 第 14 章

# 数据的图形化显示——Matplotlib

Matplotlib 是 Python 的一个绘图库。通过 Matplotlib，我们只需要几行代码，便可以生成直方图、条形图、错误图、散点图、连线图等。在本章我们只学习它的基本功能：绘制散点图和连线图。本章的例程需要在 Spyder 环境下运行。通过本章内容的学习，可以掌握：

- Matplotlib 的主要功能；
- 怎样用 Matplotlib 画散点图；
- 怎样用 Matplotlib 画连线图。

第一个例子非常简单，它只有以下的几行代码：

```
import  matplotlib.pyplot as plt
x = [13854,12213,11009,10655,9503]
y =  [21332, 20162, 19138, 18621, 18016]
plt.scatter(x,y)
plt.show()
```

图 14.1 是程序运行的结果。

下面的代码给散点图加上了标题（title），x 坐标的标签（xlabel），y 坐标的标签（ylabel），散点的颜色（c='r'，r 表示红色），散点的标记类型（marker='x'，x 表示叉）：

```
import  matplotlib.pyplot as plt
x = [13854,12213,11009,10655,9503]
y =  [21332, 20162, 19138, 18621, 18016]
plt.title("Matplotlib demo")
plt.xlabel("x axis caption")
plt.ylabel("y axis caption")
plt.scatter(x,y,c = 'r',marker = 'x')
plt.show()
```

图 14.2 是程序运行的结果。

下面的代码在上述散点图的基础上加上了连线图：

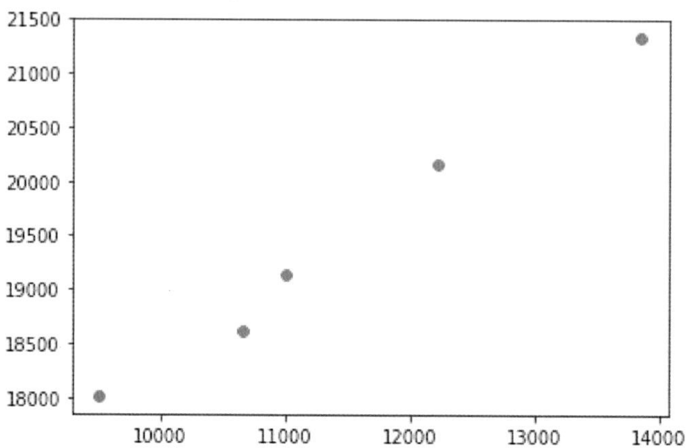


图 14.1　散点图（一）

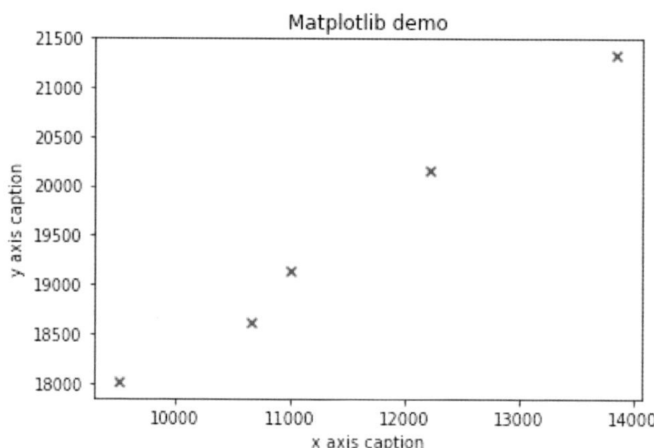


图 14.2　散点图（二）

```
import  matplotlib.pyplot as plt
x = [13854,12213,11009,10655,9503]
y =  [21332, 20162, 19138, 18621, 18016]
plt.title("Matplotlib demo")
plt.xlabel("x axis caption")
plt.ylabel("y axis caption")
plt.scatter(x,y,c = 'r',marker = 'x')
plt.plot(x,y)
plt.show()
```

图 14.3 是程序运行的结果。

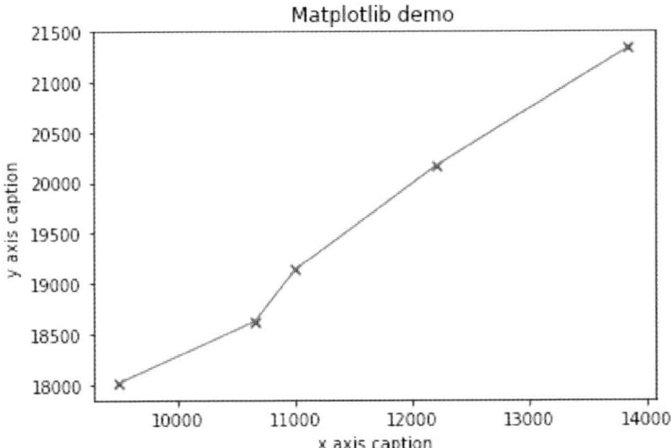


图 14.3　散点图加连线图

# 第 3 部分

# 人工智能的基础理论和经典算法

# 导 读

这一部分内容是本书的核心内容。通过这部分内容的学习，读者会对人工智能的基础理论有一个大致的了解。在这部分内容里，读者还会学习到一些经典的人工智能算法。

人工智能的算法很多，我们从这些算法中进行选择时，一方面考虑了算法本身在人工智能领域的基础地位，一方面也考虑了读者的数学基础以及本书“通过学习人工智能学习数学”的初衷，因而我们所选择的这些算法与本书的第一部分内容是相呼应的。这些人工智能算法是运用数学知识解决实际问题的极好范例，读者应当通过学习这些人工智能算法认真地学习数学在其中的应用。

# 第 15 章 人工智能技术概述

本章将对人工智能的基本理论和技术做一个大致的讲解。

通过本章内容的学习，可以掌握：

➢ 人工智能的基本概念；
➢ 人工智能的发展历程；
➢ 人工智能的应用场景；
➢ 人工智能与机器学习的基本概念和方法；
➢ 样本点的表示方法；
➢ 数据的特征归一化；
➢ 回归的概念和研究方法；
➢ 分类问题和分类器；
➢ 损失函数和梯度下降。

## 15.1 人工智能的基本概念

人工智能(Artificial Intelligence，AI) 是指计算机像人一样拥有智能能力，是一个融合计算机科学、统计学、脑神经学和社会科学的前沿综合学科，可以代替人类实现识别、认知、分析和决策等多种功能，如图 15.1 所示。如当你说一句话时，机器能够识别成文字，并理解你话的意思，进行分析和对话等。

人工智能是计算机科学的一个分支，它企图了解智能的实质，并生产出一种新的能以人类智能相似的方式做出反应的智能机器。该领域的研究包括机器人、语言识别、图像识别、自然语言处理和专家系统等。人工智能从诞生以来，理论和技术日益成熟，应用领域也不断扩大，可以设想，未来人工智能带来的科技产品，将会是人类智慧的“容器”。人工智能可以对人的意识、思维的信息过程模拟。人工智能不是人的智能，但能像人那样思考，也可能超过人的智能。

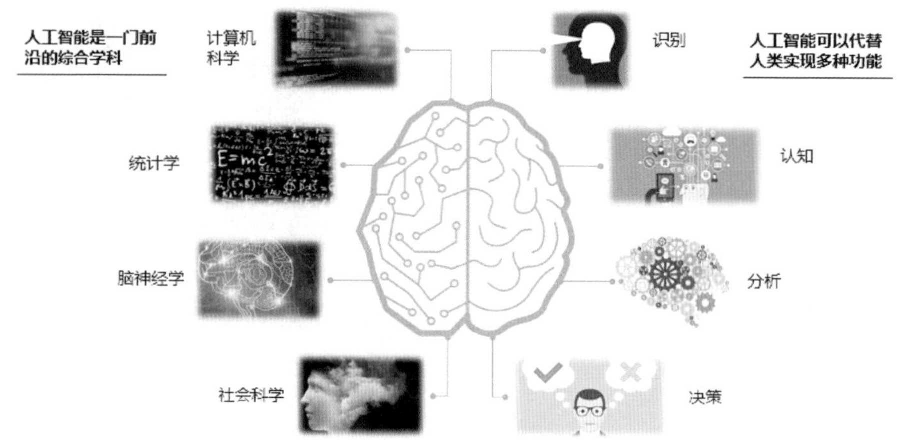


图 15.1　人工智能的概念

## 15.2　人工智能的发展历程

### 15.2.1　人工智能的诞生

从 20 世纪的四五十年代开始（那个时候电子计算机才刚刚诞生），人工智能的先驱者们就开始探索用机器模拟智能的可能。

艾伦 · 图灵（Alan Turing，1912—1954）是在这个领域做出杰出贡献的第一人。1936 年，他写了《论数字计算在决断难题中的应用》，在论文中他提出了一种可以辅助数学研究的机器，后来被人称为“图灵机”。图灵机第一次在纯数学的符号逻辑和实体世界之间建立了联系，后来人们发明的计算机，以及“人工智能”，都基于这个设想。1950 年，图灵发表论文《计算机器与智能》，这篇论文的第一行是：机器会思考吗？在这篇论文中，他提出了著名的图灵测试（Turing test）。在过去的数十年，无数的人工智能项目都进行了图灵测试，图灵测试被认为是判断机器是否具有智能的重要标准，对人工智能的发展产生了极为深远的影响。由于图灵在人工智能领域开创性的工作，他被后来者尊为“人工智能之父”。

艾伦 · 图灵

1951 年，年轻的马文 · 闵斯基（Marvin Minsky，1927—2016）在普林斯顿大学建立了世界上第一个神经网络机器 SNARC（Stochastic Neural Anolog Reinforcemen Calculator），在这个只有 40 个神经元的小网络中，人们第一次模拟了神经信号的传递。这项开创性的工作对人工智能后期的发展产生了深远的影响。闵斯基是框架理论的创立者,是第一位获得图灵奖的人工智能科学家 (1969),其代表作包括《情感机器》《心智社会》等。

马文 · 闵斯基

1952 年,贝尔实验室的科学家率先教会机器听懂了十个英文数字,他们把这个系统命名为奥黛丽,如图 15.2 所示。

1956 年,计算机科学家约翰 · 麦卡锡 (John McCarthy)、马文 · 闵斯基 (Marvin Minsky)、克劳德 · 香农 (Claude Shannon)、纳撒尼尔 · 罗切斯特 (Nathan Rochester) 等在美国的达特茅斯(Dartmouth)学院聚会(见图 15.3),提出了“通过机器来模拟人类智能”的概念,正式宣告了人工智能 (Artificial Intelligence) 这门学科的诞生。

图 15.2 奥黛丽

图 15.3 参加达特茅斯聚会的先驱者们

约翰 · 麦卡锡（1927—2011），Lisp 语言的发明人，他与闵斯基一起在麻省理工学院创立了世界上第一个人工智能实验室。

马文 · 闵斯基（1927—2016），人工神经网络的发明人，框架理论的创立者。克劳德 · 香农（1916－2001），信息论的创立者，数字通信时代的奠基人，他是麦卡锡和闵斯基在贝尔实验室工作时的老板。

纳撒尼尔 · 罗切斯特（1919—2001），IBM 第一代通用机 701 的主设计师，在 IBM 主持研究模式识别、信息理论和开关电路理论。

## 15.2.2 人工智能的第一次高峰

在达特茅斯那次聚会之后不久，麦卡锡从达特茅斯搬到了 MIT。同年，闵斯基也来到了这里，两人共同创建了世界上第一座人工智能实验室——MIT AILAB 实验室，这也就是现在赫赫有名的麻省理工学院计算机科学与人工智能实验室（MIT CSAIL）的前身。他们当时研究的主要方向是计算机视觉和语言理解等领域，其研究成果和人才培养对这些领域的发展产生了非常深远的影响。

在达特茅斯那次聚会之后长达十余年的时间里，计算机技术本身也得到了迅速的发展，计算机被广泛应用于数学和自然语言领域，用来解决代数、几何和英语问题。这让很多研究学者看到了机器向人工智能发展的信心。甚至在当时，有很多学者认为："二十年内，机器将能完成人能做到的一切。"

在巨大的热情和投资的驱动下，一大批人工智能的研究成果应运而生。

麻省理工学院的约瑟夫 · 维森鲍姆（Jonseph Weizenbaum）在 1964 年到 1966 年间建立了世界上第一个自然语言对话程序 ELIZA。日本的早稻田大学也在 1967 年到 1972 年间发明了世界上第一个人形机器人，它不仅能对话，还能在视觉系统的引导下在室内走动和抓取物体。

图 15.4 为人工智能的发展阶段。

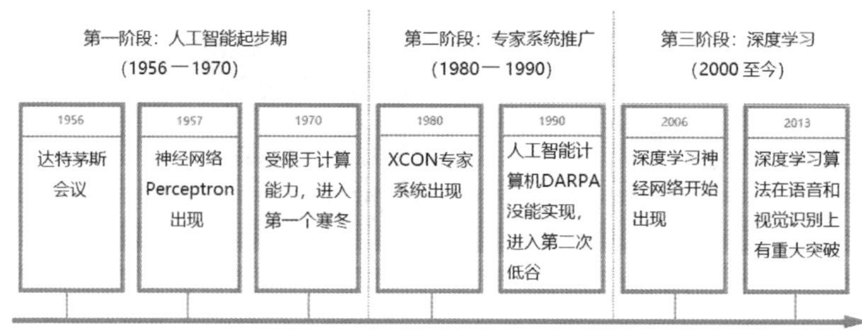


**图 15.4　人工智能的发展阶段**

## 15.2.3 人工智能第一次低谷

20 世纪 70 年代，人工智能进入了一段痛苦而艰难的岁月。由于科研人员在人工智能的研究中对项目难度预估不足，不仅导致与美国国防高级研究计划署的合作计划失败，还让大家对人工智能的前景蒙上了一层阴影。与此同时，社会舆论的压力也开始慢慢压向人工智能这边，导致很多研究经费被转移到了其他项目上。

在当时，人工智能面临的技术瓶颈主要是三个方面，第一，计算机性能不足，导致早期很多程序无法在人工智能领域得到应用；第二，问题的复杂性，早期人工智能程序主要是解决特定的问题，因为特定的问题对象少，复杂性低，可一旦问题上升维度，程序立马就不堪重负了；第三，数据量严重缺失，在当时不可能找到足够大的数据库来支撑程序进行深度学习，这很容易导致机器无法读取足够量的数据进行智能化。

因此，人工智能项目停滞不前，但却让一些人有机可乘。1973 年，Lighthill 针对英国 AI 研究状况的报告批评了 AI 在实现“宏伟目标”上的失败。由此，人工智能遭遇了长达 6 年的科研深渊。

## 15.2.4 人工智能的崛起

1980 年，卡内基梅隆大学为数字设备公司设计了一套名为 XCON 的“专家系统”。这是一种采用人工智能程序的系统，可以简单地理解为“知识库 ＋ 推理机”的组合，XCON 是一套具有完整专业知识和经验的计算机智能系统。这套系统在 1986 年之前能为公司每年节省下来超过四千美元经费。有了这种商业模式后，衍生出了像 Symbolics、Lisp Machines 等和 IntelliCorp、Aion 等这样的硬件/软件公司。在这个时期，仅专家系统产业的价值就高达 5 亿美元。

人工智能第二次低谷：可怜的是，命运的车轮再一次碾过人工智能，让其回到原点。仅仅在维持了 7 年之后，这个曾经轰动一时的人工智能系统就宣告结束历史进程。到 1987 年时，苹果和 IBM 公司生产的台式机性能都超过了 Symbolics 等厂商生产的通用计算机。从此，专家系统风光不再。

## 15.2.5 人工智能再次崛起

20 世纪 90 年代中期开始，随着 AI 技术尤其是神经网络技术的逐步发展，以及人们对 AI 开始抱有客观理性的认知，人工智能技术开始进入平稳发展时期。1997 年 5 月 11 日，IBM 的计算机系统“深蓝”战胜了国际象棋世界冠军卡斯帕罗夫，又一次在公众领域引发了现象级的 AI 话题讨论。这是人工智能发展的一个重要里程。

2006 年，Hinton 在神经网络的深度学习领域取得突破，人类又一次看到机器赶超人类的希望，也是标志性的技术进步。

在最近几年引爆了一场商业革命。谷歌、微软、百度等互联网巨头，还有众多的初创科技公司，纷纷加入人工智能产品的战场，掀起又一轮的智能化狂潮，而且随着技术的日趋成熟和大众的广泛接受，这一次狂潮也许会架起一座现代文明与未来文明的桥梁。图 15.5 为科技公司的主要成果。

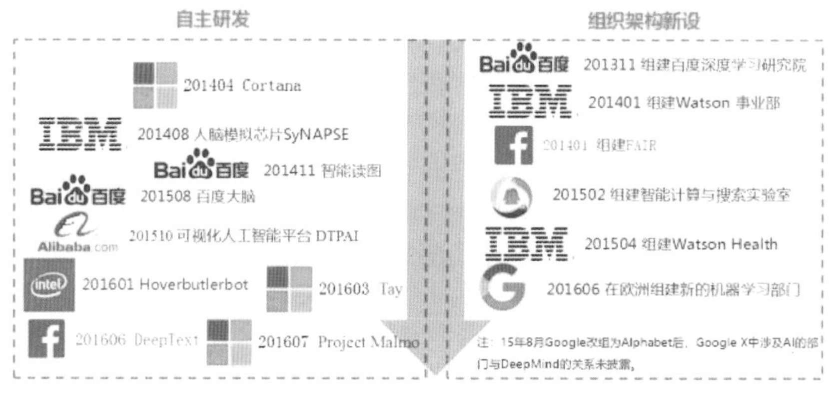


**图 15.5　科技公司的主要成果**

2016 年，Google 的 AlphaGo 赢了韩国围棋手李世石，再度引发 AI 热潮。

AI 不断爆发热潮，是与基础设施的进步和科技的更新分不开的，从 20 世纪 70 年代个人计算机的兴起到 2010 年代 GPU、异构计算等硬件设施的发展，都为人工智能复兴奠定了基础。

同时，互联网及移动互联网的发展也带来了一系列数据能力，使人工智能能力得以提高。而且，运算能力也从传统的以 CPU 为主导到以 GPU 为主导，这对 AI 有很大变革。算法技术的更新助力于人工智能的兴起，最早期的算法一般是传统的统计算法，如 20 世纪 80 年代的神经网络，20 世纪 90 年代的浅层，2000 年左右的 SBM、Boosting、convex 的 methods 等。随着数据量增大，计算能力变强，深度学习的影响也越来越大。2011 年之后，深度学习的兴起，带动了现今人工智能发展的高潮。

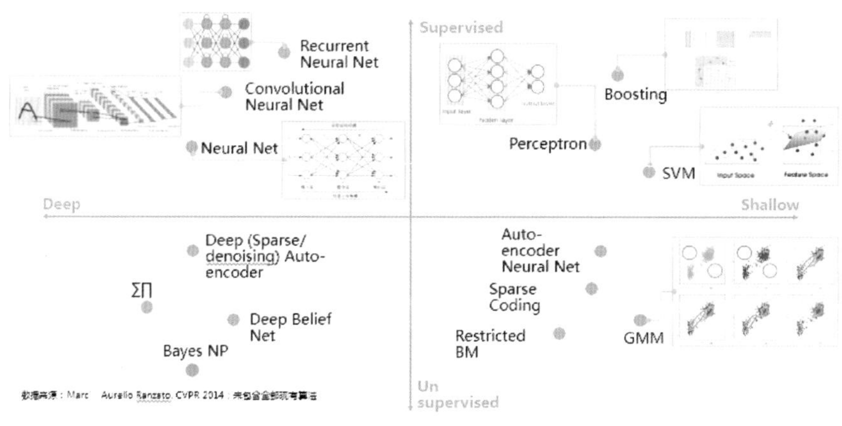


**图 15.6　人工智能的主要算法**

# 15.3　人工智能的应用场景

## 15.3.1　人脸识别

人脸识别是人工智能的图像识别领域最热门的一个应用，它被广泛应用于金融、公共安全、军事、航空航天、工业、教育、医疗等行业。

图 15.7 为刷脸进校园的场景。

图 15.7　刷脸进校园

## 15.3.2　语音技术

语音技术主要包括语音识别和语音生成，也是人工智能领域技术最为成熟、应用范围最广的一项技术。

2012 年 10 月，微软研究院瑞克拉希德博士在“21 世纪计算大会”上演示即时语音翻译系统（见图 15.8），首次把语音识别、合成和机器翻译这三项人工智能技术融合在一起。

人民日报的虚拟主播果果（见图 15.9），她可以用普通话、广东话、英语、俄语、日语、韩语、法语等多种语言进行播报。

图 15.8　微软研究院的即时语音翻译系统

图 15.9　人民日报虚拟主播果果

### 15.3.3　机器会思考吗?

机器会思考吗？对于图灵在 70 多年前提出的这个问题，来看看今天的人工智能技术是怎样回答的。

1997 年，IBM 的国际象棋程序“更深的蓝”以 3.5∶2.5 击败国际象棋特级大师卡斯帕罗夫(见图 15.10)。

图 15.10　“更深的蓝”击败卡斯帕罗夫

2016 年 3 月，谷歌公司的 AlphaGo 以 4∶1 击败围棋世界冠军李世石(见图 15.11)。

图 15.11　AlphaGo 击败李世石

2011 年,IBM 的认知计算系统 Watson 横空出世,在知识竞赛中首次击败了人类(见图 15.12)。

图 15.12　Watson 在知识竞赛中击败人类

## 15.3.4　审美和创造

人们通常认为,人工智能只是精于各种理性的计算和分析,而对感性的世界一窍不通,对美的欣赏和创造更是人类独有的特质。然而,如果你看了下面几幅画,或许你会对人工智能有新的认识。

图 15.13 中这些形形色色的画作并非出自人类画家之手,而是来自一个名叫 Painting Fool 的人工智能程序,它由英国法尔茅斯大学西蒙·克尔顿教授研发。上面的这些画作都没有真实的原型,而是虚拟的画作。其中的那幅椅子的画像非常引人注目。中国的知名画家叶永青说,它用了各种最即兴的表达的方法,像一个非常理性的作品。

机器人不仅能够绘画,还能够创作诗歌。图 15.14 是清华大学的写诗机器人“九歌”接受图灵测试的情形。

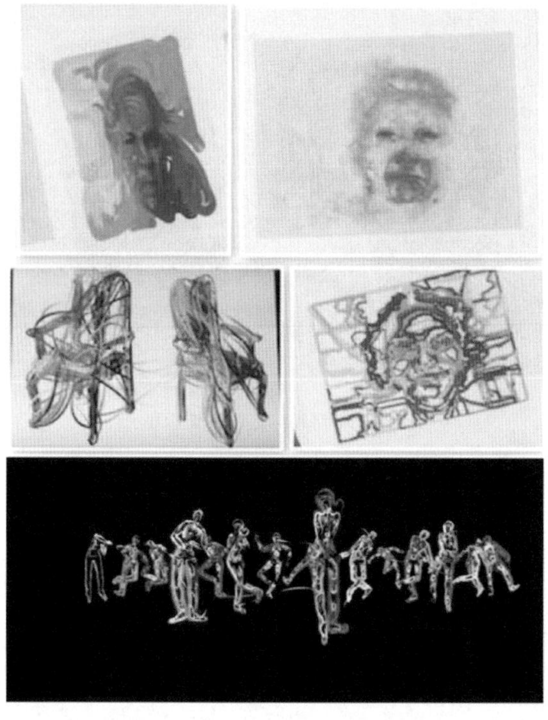

图 15.13　Painting Fool 的画作

图 15.14　写诗机器人“九歌”接受图灵测试

测试的第一个题目是以“心有灵犀一点通”为第一句做集句诗。以下的 4 首诗只有一个是“九歌” 写的，其他都是人类的作品，你能判断出“九歌”写的是哪一首*吗？

* 答案：第 3 首。

第 1 首诗

心有灵犀一点通，海山无事化琴工。

朱弦虽在知音绝，更在江清月冷中。

第 2 首诗

心有灵犀一点通，自今歧路各西东。

平生风义兼师友，万里高飞雁与鸿。

第 3 首诗

心有灵犀一点通，小楼昨夜又东风。

无情不似多情苦，镜里空嗟两鬓篷。

第 4 首诗

心有灵犀一点通，乞脑剜身结愿重。

离魂暗逐郎行远，满阶梧叶月明中。

### 15.3.5 思想的巨人，行动的矮子？

人工智能程序善于思考，有敏锐的视觉和听觉，也可以有自己的情感和创造灵感，但它是不是“思想的巨人，行动的矮子”呢？我们来看看如图 15.15 所示的几个场景吧。

DRC-HUBO机器人

打台球的机器人

打羽毛球的机器人

玩魔方的机器人

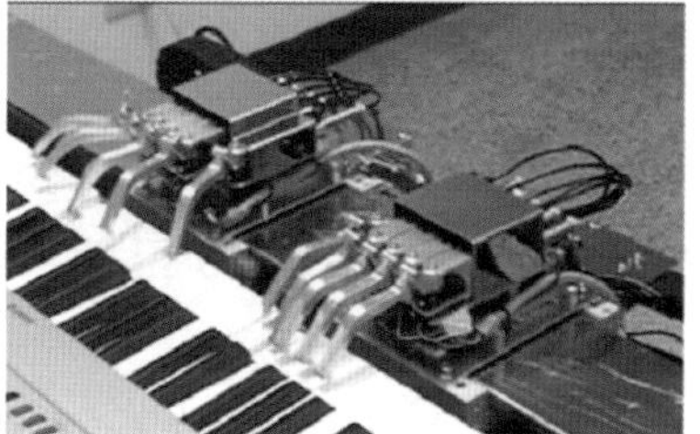

弹钢琴的机器人

写书法的机器人

**图 15.15 行动的巨人**

### 15.3.6 无人驾驶汽车

无人驾驶汽车是人工智能技术应用的另一个重要领域。它利用车载传感器来感知车辆周围环境,并根据感知所获得的道路、车辆位置和障碍物信息,控制车辆的转向和速度,从而使车辆能够安全、可靠地在道路上行驶。无人驾驶汽车集自动控制、体系结构、人工智能、视觉计算等众多技术于一体,是计算机科学、模式识别和智能控制技术高度发展的产物,也是衡量一个国家科研实力和工业水平的一个重要标志。

图 15.16 为无人驾驶汽车示例。

奥迪A7无人驾驶汽车

百度公司研发的无人车

特斯拉汽车无人驾驶模式

谷歌公司的无人驾驶汽车

**图 15.16 无人驾驶汽车**

### 15.3.7 人工智能在各个行业的应用

除此之外,人工智能技术在工业自动化、安防、物流、医疗、安全和刑侦、体育、服务等各行各业都有很广泛的应用,如图 15.17 所示。

## 15.4 人工智能与机器学习的基本概念和方法

1956 年,计算机科学家约翰 · 麦卡锡、马文 · 闵斯基等人在达特茅斯学院聚会,提出了"通过机器来模拟人类智能"的概念,正式宣告了人工智能(Artificial Intelligence)这门学科的诞生。从那时起,人工智能的先驱们就梦想着用当时刚刚出现的计算机来构造复杂的、拥有与人类智慧同样本质特性的机器。这就是我们现在所说的"强人工智能"(General AI)。这个无所不能的机器,它有着我们所有的感知(甚至比人更多),我们所有的理性,可以像我们一样思考。人们在电影里也总是看到

工业机器人

京东物流中心使用的机器人

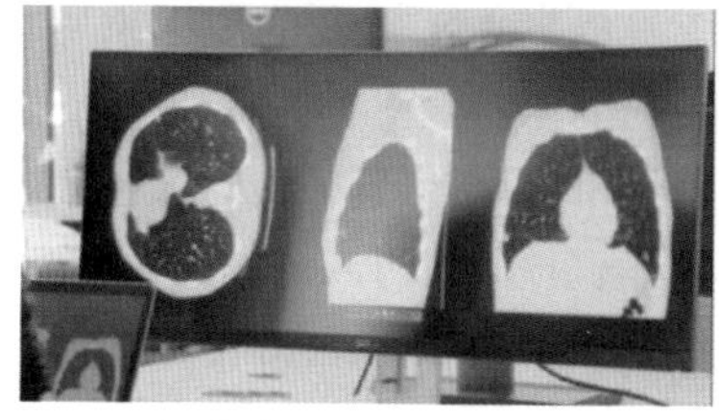

使用深度学习诊断癌症的系统

使用人脸识别技术搜索逃犯

**图 15.17 人工智能在各个行业的应用**

这样的机器：友好的，像星球大战中的 C－3PO；邪恶的，如终结者。但是，强人工智能现在还只存在于电影和科幻小说中，原因不难理解，我们还没法实现它们，至少目前还不行。

我们目前能实现的，一般被称为"弱人工智能"（Narrow AI）。弱人工智能是能够与人一样，甚至比人更好地执行特定任务的技术。例如，Pinterest 上的图像分类；或者 Facebook 的人脸识别。

延伸阅读：图灵测试（Turing test）

在 1956 年的达特茅斯聚会之前，已经有很多科学家对人工智能进行了大量的研究，这里我们介绍图灵测试，通过图灵测试，你或许能对"什么是人工智能"这个问题有进一步的认识。

1950 年，图灵发表了题为"机器能思考吗"的论文，成为划时代之作。也正是这篇文章，为图灵赢得了"人工智能之父"的桂冠。

在这篇文章中，他提出了著名的"图灵测试"，用于解释"人工智能"这个难以准确定义的概念。所谓图灵测试是指：如果一台机器与人类隔开进行对话时不能被辨别出其机器身份，那么称这台机器具有智能。1952 年，图灵提出了进行该测试的具体方法：让计算机来冒充人。如果不足 70% 的人判断正确，也就是超过 30% 的裁判误以为在和自己说话的是人而非计算机，那么该计算机就通过了图灵测试。

2014 年 6 月 8 日，一台计算机成功让人类相信它是一个 13 岁的男孩，成为有史以来首台通过图灵测试的计算机。

人工智能最核心的能力，是根据给定的输入做出判断和预测。

比如：

➢ 在人脸识别中，机器根据输入的照片，判断照片中的人是谁；

➢ 在语音识别中，机器根据输入的声音，判断说话的内容；

➢ 在医疗诊断中，机器根据输入的医学影像，判断是否患病以及患病的性质等。

那么，人工智能是如何根据输入做出判断和预测的呢？

在20世纪80年代一度兴起的专家系统是根据人工定义的规则来回答特定的问题的。但是这种人工定义规则的方式有很多的局限性：一方面，人工建立这些规则非常的耗时；另一方面，在很多领域比如图像识别和语音识别，用人工定义规则的方法根本就不可行。因此，当代的人工智能普遍是通过学习（Learning）的方法来获得判断和预测的能力的，这种方法被称为机器学习（Machine Learning），它已经成为当代人工智能的主流方法。

机器学习的方法通常是从已知的数据中去学习数据背后所蕴含的规则或者规律，然后，根据学习到的规则或者规律对新的输入进行判断或者预测。

机器学习可以分为监督学习（Supervised Learning）和无监督学习（Unsupervised Learning）。

在监督学习中，用来学习的已知的数据是知道结果的，称为被标记（Annotation）的。

例如，为了对鸢尾花（见图15.18）的种类进行分析，Fisher于1936年收集整理了3种鸢尾花的数据，包括变色鸢尾、山鸢尾和维吉尼亚鸢尾，每种50条数据，共150条数据。该数据集的部分数据如表15.1所列。

**图 15.18　鸢尾花（Iris）**

**表 15.1　鸢尾花数据集**

| Sepal. Length | Sepal. Width | Petal. Length | Petal. Width | Type |
|---|---|---|---|---|
| 5.1 | 3.5 | 1.4 | 0.2 | Iris-setosa |
| 4.9 | 3.0 | 1.4 | 0.2 | Iris-setosa |

续表 15.1

| Sepal. Length | Sepal. Width | Petal. Length | Petal. Width | Type |
|---|---|---|---|---|
| 4.7 | 3.2 | 1.3 | 0.2 | Iris-setosa |
| 4.6 | 3.1 | 1.5 | 0.2 | Iris-setosa |
| 5.0 | 3.6 | 1.4 | 0.2 | Iris-setosa |
| 5.4 | 3.9 | 1.7 | 0.4 | Iris-setosa |
| … | … | … | … | … |
| 7.0 | 3.2 | 4.7 | 1.4 | Iris-versicolor |
| 6.4 | 3.2 | 4.5 | 1.5 | Iris-versicolor |
| 6.9 | 3.1 | 4.9 | 1.5 | Iris-versicolor |
| 5.5 | 2.3 | 4.0 | 1.3 | Iris-versicolor |
| 6.5 | 2.8 | 4.6 | 1.5 | Iris-versicolor |
| 5.7 | 2.8 | 4.5 | 1.3 | Iris-versicolor |
| … | … | … | … | … |
| 6.3 | 3.3 | 6.0 | 2.5 | Iris-virginica |
| 5.8 | 2.7 | 5.1 | 1.9 | Iris-virginica |
| 7.1 | 3.0 | 5.9 | 2.1 | Iris-virginica |
| 6.3 | 2.9 | 5.6 | 1.8 | Iris-virginica |
| 6.5 | 3.0 | 5.8 | 2.2 | Iris-virginica |
| 7.6 | 3.0 | 6.6 | 2.1 | Iris-virginica |
| … | … | … | … | … |

在机器学习中，我们将这些收集到的数据称为数据集（Data Set），数据集中的每一条数据称为一个样本（Sample）。上面这个数据集中的前 4 列分别是该数据集的一个特征（Feature），所以该数据集有 4 个特征：花萼长度、花萼宽度、花瓣长度、花瓣宽度。该数据集的重要特点在于它有最后一列：类型，该列记录了每个样本的分类结果。也就是说，这些用于机器学习的数据本身是带有结果数据的（称为带标记的）。用这样的数据进行机器学习的方法称为监督学习。与此相反，如果数据集本身没有标记，则用这样的数据进行机器学习的方法称为无监督学习。对数据集进行标记是一项耗时耗力的工作，有的数据集标记还需要相关领域的专业知识。

近年来，还有另外一种被称为半监督学习（Semi-supervised Learning）的学习方式也受到了广泛关注。半监督学习介于监督学习和无监督学习之间，它要求对小部分的数据进行标记，这样，通过有效地利用这部分被标记的数据，往往可以取得比无监督学习更好的效果，同时也降低了对数据集进行标记的工作量。

机器学习的目标，是找到这些数据背后所隐藏的规则或者规律（或者称为结果），以供后期进行判断或者预测使用。

这里所说的规则或者规律，我们称之为模型（Model），在机器学习中，通过已知的数据寻找规则或者规律的过程，实际上是建立这个模型的过程（Modelling）。而找到规则或者规律之后，对新的数据进行判断或者预测的过程，实际上就是将新的数据输入到模型中，从而得到结果的过程。按照模型输出的结果的类型，机器学习可以分为两类：分类或者回归。如果结果是离散的，只有有限个，则称为分类；否则称为回归。例如，上面的鸢尾花的例子，它是一个分类问题（具体地讲，它是一个三分类问题，因为它有三种类型），而本书第一部分“最小二乘法”章节里讲到的冰激凌的例子，就是一个回归问题。

一个机器学习系统，它的工作通常分为三个阶段：训练、测试和运用，如图 15.19 所示。我们把训练使用的数据集称为训练集（Training Set），把测试使用的数据集称为测试集（Testing Set）。训练集和测试集可能是用一个大的事先收集到的数据集划分出来的（比如事先收集好一个数据集，其中 75%用于训练，另外 25%用于测试）。（在工程上，通常还有一个交叉验证阶段，这个阶段用到的数据集称为验证集。参见 16.3。节）

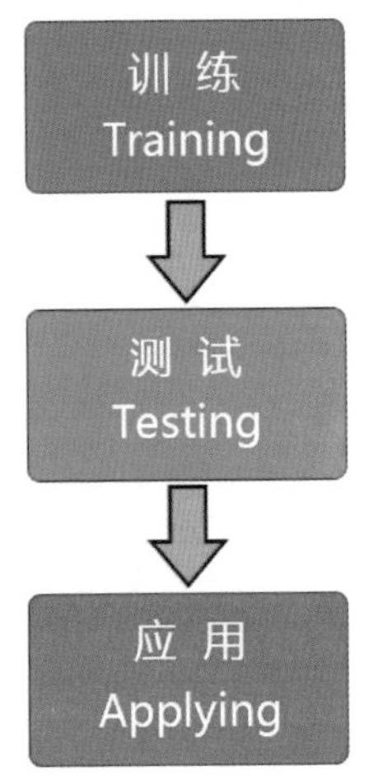


在训练阶段，我们用训练集数据，通过运用一定的算法（Algorithm），找到这些数据背后的规则或者规律。这个已经找到的规则或者规律，我们可以把它看做是一个抽象的**模型**（Model）或者**机器**（Machine）。

在测试阶段，我们用测试集数据，对上面得到的模型或者机器进行测试，以对该模型或者机器的性能进行评估并有可能进行进一步的调试以提高它的性能。

在应用阶段，我们将新的数据输入到上面我们得到的模型或者机器中，对该数据进行判断或者预测。

**图 15.19　机器学习的三个阶段**

> 思考：为什么不能用同一个数据集同时作为训练集和测试集？

## 15.5　数据集的表示方法

为了对数据集中的数据进行分析，我们可以将一个数据集中的所有的样本点在笛卡尔坐标系中表示出来，这样就可以直观地看出这些样本点的分布、它们之间的位置关系等，对我们分析数据集中的数据是有很大帮助的。

对于回归问题和分类问题，将样本点表示在笛卡尔坐标系中的方法是不相同的。

对于回归问题，如果样本只有一个特征，则用二维笛卡尔坐标系表示特征和结果之间的关系；如果样本有两个特征，则用三维笛卡尔坐标系表示特征和结果之间的关系；如果样本有 $n$ 个特征，则用 $n+1$ 维笛卡尔坐标系表示特征和结果之间的关系。当然，对于大于三维的笛卡尔坐标系，我们是画不出它的几何图形的。

图 15.20 显示了一个只有一个特征的回归问题的数据集中样本点的表示。

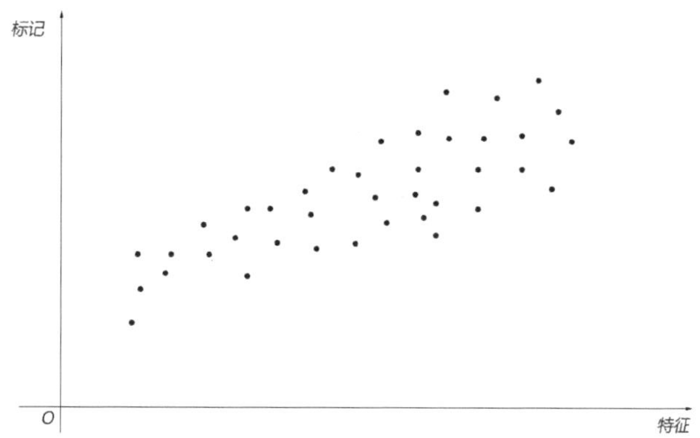


**图 15.20　回归问题中样本点的表示**

对于分类问题，如果样本有 $n$ 个特征，则对于每一个样本，都可以将它的这 $n$ 个特征的值写成一个 $n$ 维的向量，即如下的形式：

$$(x_1, x_2, \cdots, x_n) \tag{15.1}$$

这个 $n$ 维向量是 $n$ 维笛卡尔坐标系中的一个点，因而可以在 $n$ 维笛卡尔坐标系中用一个点表示出来。除此之外，这个样本所属的类别也可以用某种符号进行表示。例如图 15.21 是具有两个特征、三个分类的一个数据集中所有样本点在二维笛卡尔坐标系中的表示。

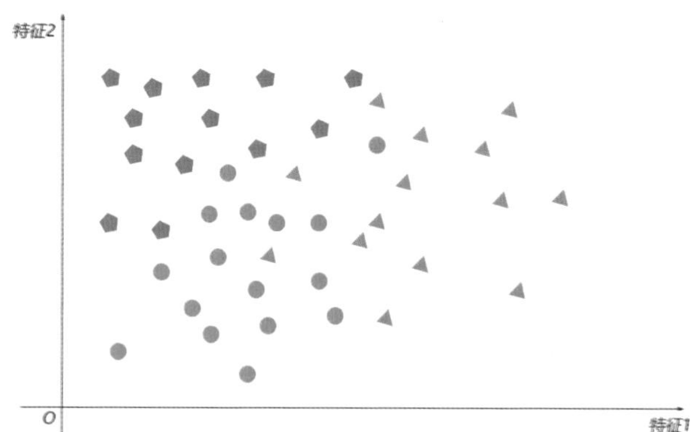


**图 15.21　分类问题中样本点的表示**

在上面的样本点的表示方法中，两个样本的相似程度可以用图中样本点的距离来衡量。例如在二维空间中的两个点 $(x_1, y_1)$ 和 $(x_2, y_2)$，它们之间的距离为

$$d = \sqrt{(x_1 - x_2)^2 + (y_1 - y_2)^2} \tag{15.2}$$

在更高维的空间中,距离的计算方法是类似的。

> 在机器学习领域,距离这个概念有多种定义,上面所定义的距离仅仅是其中的一种,称为欧氏距离(又被称为 L2 范数),其他的距离还有:
>
> 曼哈顿距离(又被称为 L1 范数);
>
> 切比雪夫距离(又被称为 L∞范数);
>
> 闵可夫斯基距离(又被称为 Lp 范数)等。

在 Python 语言中,我们可以用 Matplotlib 模块来进行数据集中样本点的图形化表示。例如本书第一部分"最小二乘法"章节中冰激凌的例子,它的数据集如表 15.2 所列。

**表 15.2 冰激凌数据集**

| 编号 /$i$ | 气温 /$x_i$ | 销量 /$y_i$ |
|---|---|---|
| 1 | 25 | 106 |
| 2 | 28 | 145 |
| 3 | 31 | 167 |
| 4 | 35 | 208 |
| 5 | 38 | 233 |
| 6 | 40 | 258 |

用 Matplotlib 模块进行图形化表示的代码如下:

```
import  matplotlib.pyplot as plt
x = [25,28,31,35,38,40]
y = [106, 145, 167, 208, 233,258]
plt.scatter(x,y)
```

运行结果如图 15.22 所示。

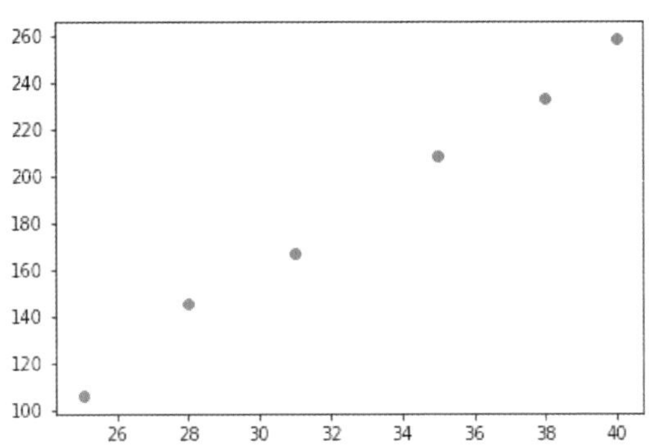


**图 15.22 用 Matplotlib 模块进行样本点的图形化表示(回归的例子)**

接下来我们看一个分类的例子,我们取鸢尾花数据集的前两个特征(花萼长度和花萼宽度),每个类别取 6 条数据,用 Matplotlib 模块进行图形化表示的代码如下:

```
import matplotlib.pyplot as plt
x=[5.1,4.9,4.7,4.6,5.0,5.4];
y=[3.5,3.0,3.2,3.1,3.6,3.9];
plt.scatter(x,y,c='r',marker='*');
x=[7.0,6.4,6.9,5.5,6.5,5.7];
y=[3.2,3.2,3.1,2.3,2.8,2.8];
plt.scatter(x,y,c='b',marker='+');
x=[6.3,5.8,7.1,6.3,6.5,7.6];
y=[3.3,2.7,3.0,2.9,3.0,3.0];
plt.scatter(x,y,c='g',marker='o');
plt.show();
```

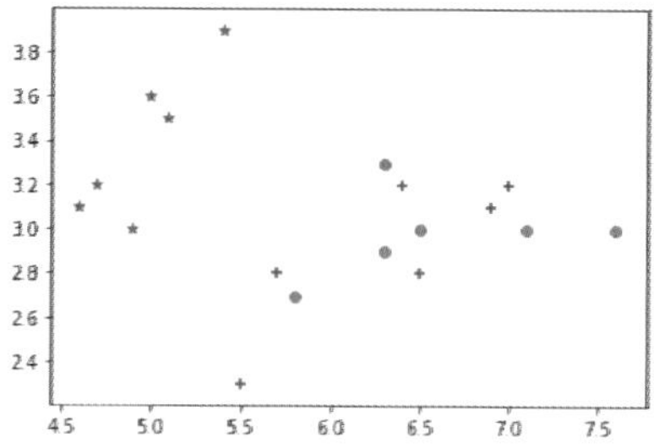

图 15.23　用 Matplotlib 模块进行样本点的图形化表示(分类的例子)

## 15.6　数据的特征归一化

我们先来看一个例子,有一个数据集,它的数据有两个特征:分别是每年获得的飞行常客里程数、玩视频游戏所耗时间百分比。该数据集的部分数据如表 15.3 所列。

表 15.3　某数据集

| 飞行常客里程数 | 玩视频游戏所耗时间百分比 |
| --- | --- |
| 40 920 | 8.326 976 |
| 14 488 | 7.153 469 |
| 26 052 | 1.441 871 |
| 75 136 | 13.147 394 |
| 38 344 | 1.669 788 |
| 72 993 | 10.141 740 |
| 35 948 | 6.830 792 |
| 42 666 | 13.276 369 |
| 67 497 | 8.631 577 |
| 35 483 | 12.273 169 |

如果对该数据集用同样的比例尺进行显示，代码如下：

```
import  matplotlib.pyplot as plt
x1 = [40920,14488,26052,75136,38344,72993,35948,42666,67497,35483]
x2 =  [8.326976,7.153469,1.441871,13.147394,1.669788,10.141740,6.830792,13.276369,
      8.631577,12.273169]
plt.scatter(x1,x2)
plt.xlim(0, 100000)
plt.ylim(0, 100000)
plt.draw()
```

运行结果如图 15.24 所示。

可以看到，所有的样本点都被压缩到距离 $x$ 轴很近的位置。造成该问题的原因是特征一的数值都很大，特征二的数值都很小，所以这两个特征从数值上是没有可比性的。这种情况的出现，会导致一种假象：好像特征一对结果的影响很大，而特征二几乎没有什么影响。这种情况对于我们分析和处理数据是很不利的。为了规避这种情况，我们需要对数据进行所谓归一化处理。

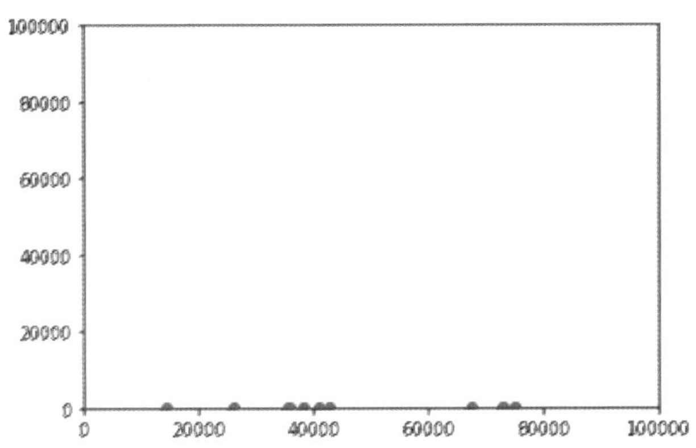


**图 15.24　某数据集的图形化表示（归一化前）**

所谓数据的特征归一化（Feature Scaling），就是将所有的特征映射到同一个尺度中。

特征归一化的方法有很多，我们学习其中最常用的两种：Min－Max 归一化和 Z－score 归一化。

Min－Max 归一化的公式是：

$$X_{onrm} = \frac{X - X_{min}}{X_{max} - X_{min}} \tag{15.3}$$

Z-score 归一化的公式是：

$$X_{norm} = \frac{X - \mu}{\sigma} \quad \text{（其中 } \mu \text{ 是均值，} \sigma \text{ 是标准差）} \tag{15.4}$$

这两个公式都是容易理解的。

下面我们用 Min-Max 归一化方法对上面的数据集进行归一化，然后进行图形化显示。代码如下：

```
import  matplotlib.pyplot as plt
from   sklearn.preprocessing import MinMaxScaler
x1 = [40920,14488,26052,75136,38344,72993,35948,42666,67497,35483]
x2 =  [8.326976,7.153469,1.441871,13.147394,1.669788,10.141740,6.830792,13.276369,
      8.631577,12.273169]
n_samples = len(x1)
X = []
for   i in range(n_samples):
X.append([x1[i],x2[i]])
scaler = MinMaxScaler()
X = scaler.fit_transform(X)
for i in range(n_samples):
plt.scatter(X[i][0],X[i][1],color = 'r')
```

进行归一化处理之后数据集的图形如图 15.25 所示。

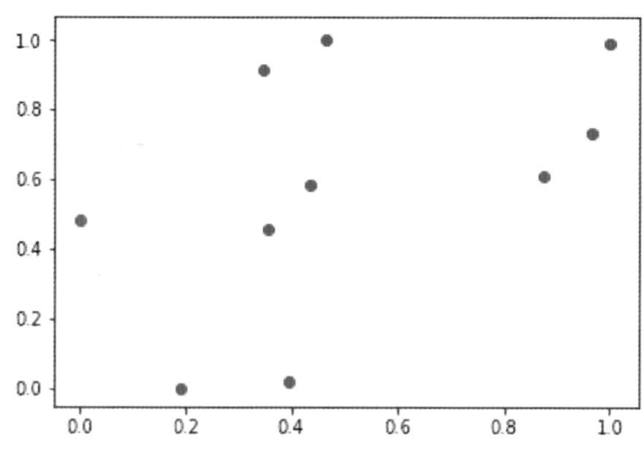


**图 15.25　某数据集的图形化表示（归一化后）**

## 15.7　回归的概念和研究方法

首先，什么是回归？我们平时讲“北回归线”，“回归大自然”，等等，这些都是回归的例子。北回归线的意思是，春天时，太阳将直射到地球的赤道附近，随着夏天的到来，太阳直射到地球上的位置（地球自转一圈时这个位置是地球上的一条圆线）会逐渐往北移动，但是到了夏至这一天，这个位置到达北回归线，之后就不再继续往北移动了，而是会回到赤道附近。这就是“回归”的含义。我们讲“回归大自然”，指的是人类原本是从大自然来的，现在生活在喧闹的都市中，所以“回归大自然”指的是回到它原来的位置的意思。

《物种起源》的作者达尔文的表兄弟 Francis Galton 最早发现了生物学上的回归现象并提出了回归的研究方法。他于 1877 年完成了第一次回归预测，目的是根据上一代豌豆的种子（双亲）的尺寸来预测下一代豌豆种子（孩子）的尺寸（身高）。Galton 在大量对象上应用了回归分析，甚至包括人的身高。他得到的结论是：如果双亲的高度比平均高度高，他们的子女也倾向于平均身高但尚不及双亲，这里就可以表述为：孩子的身高向着平均身高回归。Galton 在多项研究上都注意到了这一点，并将此研究方法称为回归。

一般而言，回归这种研究方法指的是，先获得一些观测数据，然后根据这些观测数据找到它们背后的规律（我们称为回归方程）。

在本书第一部分的“最小二乘法”章节，我们举了一个冰激凌的销量(见图 15.25)随着气温的变化而发生变化的例子，首先我们获得了一些观测数据，然后我们找到了这些观测数据的回归方程，即求得了方程 $y = a * x + b$ 中 a 和 b 的值，这个方法就是回归。

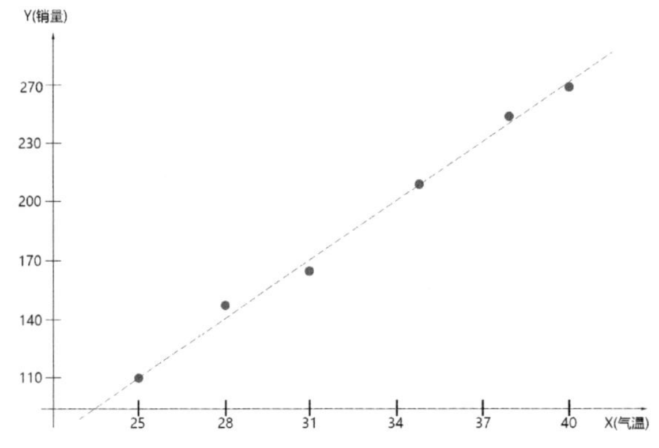


**图 15.26　冰激凌的销量**

如果我们需要找到的回归方程是线性的（即因变量与自变量之间是线性的关系），则我们称这个回归过程为“线性回归”。

在下一章，我们将学习关于线性回归的算法。

## 15.8　分类问题和分类器

在实践中，我们经常需要对输入的数据进行分类，比如输入一张照片，判断其中是否有人脸；输入一张照片，判断里面的物体是猫，还是狗，或者是一张桌子，或者是一架飞机；输入一段语音，判断里面每一个发音对应哪个文字，等等。分类问题是机器学习领域需要解决的一个基本问题。

对于分类问题，如果要划分的类别只有 2 个，则称其为一个二分类问题，如果要划分的类别有 3 个或者 3 个以上，则称其为一个多分类问题。

对于分类问题，我们的目标是要找到一个分类器，这个分类器可以用来对新输入的数据进行判断，以确定该数据是属于哪个类别。

为了分析问题，我们的第一步工作也是要将训练集中的样本在坐标系中表示出来。图 15.27 表示了一个只有两个特征的二分类问题（即样本的特征有两个，要划分的类别有两个）。

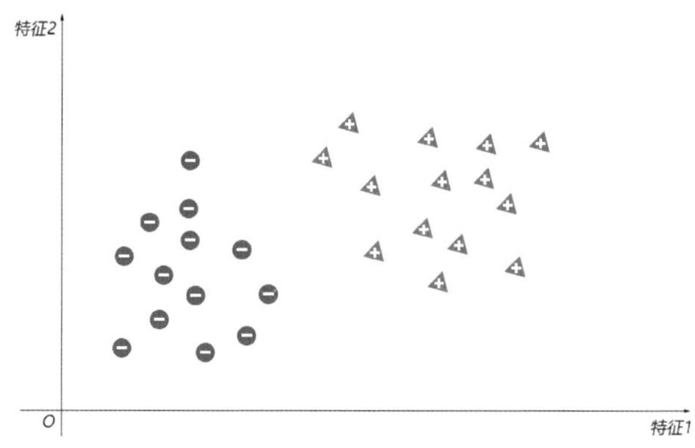


**图 15.27　两个特征的二分类问题**

对于这个问题，我们解决它的办法是在中间画出一条直线，将它们一分为二，如图 15.28 所示，图中的蓝色直线就是一个分类器。

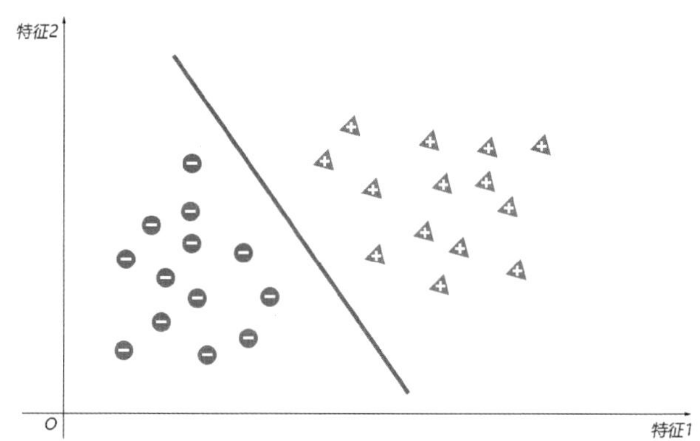


**图 15.28　两个特征的二分类问题的分类器**

假设该分类器的方程是

$$Ax1 + Bx_2 + C = 0 \tag{15.5}$$

在使用某种算法得到了这个分类器（怎样得到这个分类器正是我们要研究的重要课题）之后，我们就可以用它来对新的数据进行分类。对于一个新的数据（$x_{1_0}$，$x_{20}$），当

$$Ax_{1_0} + Bx_{2_0} + C < 0 \tag{15.6}$$

时，它是负样本；当

$$Ax_{1_0} + Bx_{2_0} + C > 0 \tag{15.7}$$

时，它是正样本。

如果数据有 3 个特征，则我们需要在三维坐标系中表示这些数据，此时的分类器是一个平面；如果数据有 3 个以上的特征，我们是不能对它们进行几何表示的，此时的分类器是一个“超平面”。

如果一个数据集中的数据可以用一条直线/一个平面/一个超平面进行划分，则我们称该数据集是线性可分的，相应的分类器称为线性分类器。

但是在有些情况下，数据集并不是线性可分的。如图 15.29 所示，对于这个数据集，就无法找到一个线性的分类器对它进行划分，只能对其进行非线性的划分。对于具有三维或者更高维特征的数据，也有类似的情形。

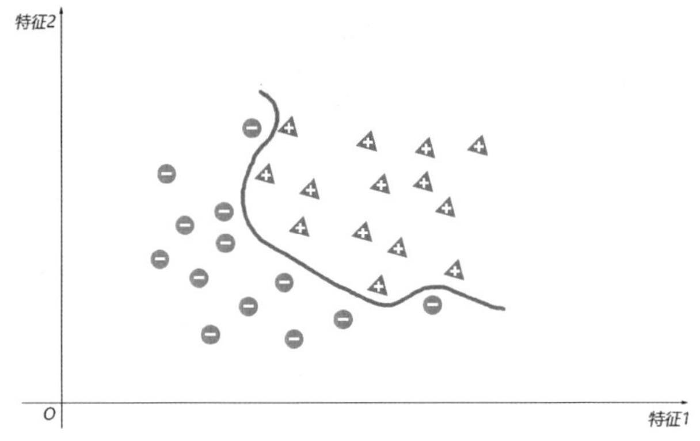


图 15.29　非线性可分

## 15.9　损失函数和梯度下降

上面我们讲到，机器学习的过程，实际上是用一定的算法，根据训练集数据找到一个模型，然后用这个模型对新的数据进行预测或者判断。所以机器学习的目标是找到我们这里所说的模型，我们所追求的，应该是使这个模型在最终使用的时候，其预测或者判断的效果达到最佳。

对于回归问题，以“冰激凌的销量”这个例子为例，我们的目标就是要找到图 15.30 中的那条直线（蓝色虚线），使其在实际应用中的效果达到最佳。

对于分类问题，以上一节中的“两个特征的二分类问题的分类器”为例，我们的目标是要找到图 15.31 中的那条蓝色的直线，使其在实际应用中的效果达到最佳。

为了对我们所得到模型的性能进行评估，在机器学习的过程中，通常有“测试阶段”，它用测试集的数据，来对我们所得到模型的性能进行评估。

但是我们还有一个更基础的问题，就是在训练阶段，怎样确保我们的训练过程能够使得最终得到的模型是最优的呢？

一个很常用的思路是，我们先建立一个损失函数，用来评价当前的模型对于全部的训练集数据来说，“损失”是多少。例如上面冰激凌的销量的例子，我们就可以以

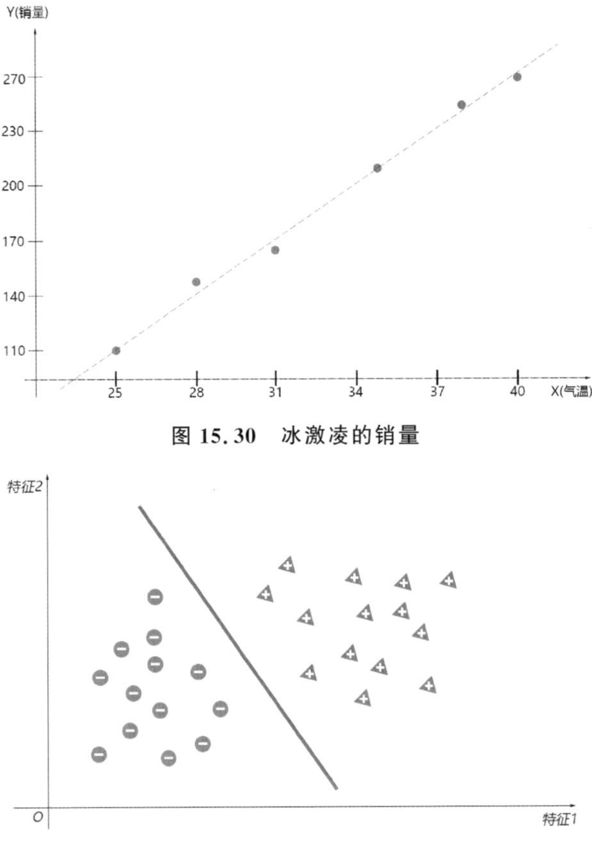


图 15.30　冰激凌的销量

图 15.31　两个特征的二分类问题的分类器

“全部的训练集数据到该直线的距离之和”作为损失函数（称为 L1 损失函数）。最小二乘法所使用的损失函数是：全部的训练集数据到该直线的距离的平方和（称为 L2 损失函数，L1 损失函数和 L2 损失函数是两种最常见的损失函数）。

建立了损失函数之后，我们就可以用著名的梯度下降算法来解决问题：对于当前的模型所对应的损失函数，我们使用训练集的数据求它的梯度，然后用梯度下降算法往前走一小步，得到一个新的模型，这个新的模型所对应的损失函数一定比上一个模型所对应的损失函数有较小的函数值。这样一步一步往前走，损失函数会一步一步下降，直到损失函数不再发生变化，则我们就得到了一个最优的模型。

如果我们的训练集中的数据是海量的，则每次使用多少数据就是一个问题（因为每次都使用训练集中的全部数据就太耗时），常用的方法包括批量梯度下降（Batch Gradient Descent，BGD）、随机梯度下降（Stochastic Gradient Descent，SGD）和小批量梯度下降（Mini-batch Gradient Descent，MBGD）。

在使用上述方法解决问题的过程中，有一个问题需要特别地关注，就是使用梯度下降算法求函数的极小值的前提是：该函数必须是凸函数。所以要注意，我们所建立的损失函数必须是凸函数，然后才能使用梯度下降算法。

# 第16章 线性回归算法

线性回归算法是人工智能领域的第一个基础算法，该算法不仅本身有极其重要的应用，并且对于我们理解机器学习的一般过程有重要的作用。

通过本章内容的学习，可以掌握：

- 线性回归的含义和应用场景；
- 损失函数的意义；
- 线性回归问题的损失函数；
- 线性回归问题的解决；
- 怎样解决非线性问题；
- 什么是过拟合，什么是正则化；
- 什么是超参数；
- 交叉验证的方法；
- 用 Python 编写代码解决线性回归问题。

## 16.1 线性回归算法

我们先来看一个例子：某公司的市场部为了销售产品，分别在电视、电台和报纸做广告，市场部统计了前一段时间在这三种媒体上不同的广告投放量与产品销量的关系，部分数据如图16.1所示。

我们的问题是：怎样找到这三种媒体的广告投放量与产品销量之间的关系呢？在找到这个关系之后，市场部就可以根据这个信息调整他们的广告投放方案，以用最小的广告投放来获得最大的产品销量。

这个问题就是一个线性回归问题。线性回归是一种监督学习算法，每个样本有 $n$ 个特征 $x_1, x_2, \cdots, x_n$。（在上面的例子中，每个样本有3个特征，分别是在 TV、Radio、Newspaper 的广告投放量。）我们采集到每个样本的这 $n$ 个特征的值及其结果：

$$x_1^{(i)}, x_2^{(i)}, \cdots, x_n^{(i)}, y^{(i)} \tag{16.1}$$

我们假定结果与这 $n$ 个特征之间都是线性关系，所以我们要求的是

| | TV | Radio | Newspaper | Sales |
|---|---|---|---|---|
| 1 | 230.1 | 37.8 | 69.2 | 22.1 |
| 2 | 44.5 | 39.3 | 45.1 | 10.4 |
| 3 | 17.2 | 45.9 | 69.3 | 9.3 |
| 4 | 151.5 | 41.3 | 58.5 | 18.5 |
| 5 | 180.8 | 10.8 | 58.4 | 12.9 |
| 6 | 8.7 | 48.9 | 75 | 7.2 |
| 7 | 57.5 | 32.8 | 23.5 | 11.8 |
| 8 | 120.2 | 19.6 | 11.6 | 13.2 |
| 9 | 8.6 | 2.1 | 1 | 4.8 |
| 10 | 199.8 | 2.6 | 21.2 | 10.6 |
| 11 | 66.1 | 5.8 | 24.2 | 8.6 |
| 12 | 214.7 | 24 | 4 | 17.4 |

**图 16.1 广告投放与产品销量数据**

$$h_\theta(x) = \theta_0 + \theta_1 x_1 + \theta_2 x_2 + \cdots \theta_n x_n = \sum_{i=1}^{n} \theta_i x_i \tag{16.2}$$

中各个 $\theta$ 的值。

写成矩阵形式就是

$$h_\theta(x) = \boldsymbol{\theta}^{\mathrm{T}} \boldsymbol{X} \tag{16.3}$$

其中

$$\boldsymbol{\theta} = \begin{pmatrix} \theta_0 \\ \theta_1 \\ \cdots \\ \theta_n \end{pmatrix} \tag{16.4}$$

$$X = \begin{pmatrix} 1 \\ x_1 \\ \cdots \\ x_n \end{pmatrix} \tag{16.5}$$

求出 $\boldsymbol{\theta}$ 之后，我们就可以用函数

$$h_\theta(x) = \boldsymbol{\theta}^{\mathrm{T}} \boldsymbol{X} \tag{16.6}$$

对于任何一组特征数据，预测它对应的值，这样问题就得到了解决。

在函数 $h_\theta(x) = \boldsymbol{\theta}^{\mathrm{T}} \boldsymbol{X}$ 中，如果只有 1 个特征，则该函数是一条直线；如果只有 2 个特征，则该函数是一个平面；如果多于 2 个特征，则该函数是一个超平面。对于任何一个样本 $x_i$，它的测量值 $y_i$ 可能并不在这个直线/平面/超平面上，而是有一个误差。

按照机器学习的一般思路，我们给出线性回归的损失函数（loss function）。

对于任何一个样本 $X^{(i)}$，$h_\theta(X^{(i)})$ 是用回归函数求得的预测值，而 $y^{(i)}$ 是真实值，它们之间的差值 $h\boldsymbol{\theta}(X^{(i)}) - y^{(i)}$ 就是对于样本 $X^{(i)}$ 的误差。

我们定义损失函数：

$$J(\theta_0,\theta_1,\cdots,\theta_n)\ \frac{1}{2m}\sum_{i=1}^{m}(h_\theta(X^{(i)}-y^{(i)})^2 \tag{16.7}$$

通过分析很容易得到:在线性回归中该损失函数是一个凸函数,如图 16.2 所示。

当 $\theta$ 逐渐接近于真实值时,$J$ 的值会越来越小;远离真实值时,$J$ 的值会越来越大。图 16.2 显示了有 1 个特征和有 2 个特征的情形。

对于凸函数,我们可以用梯度下降算法来求得它的极值。也就是不断地重复以下步骤:

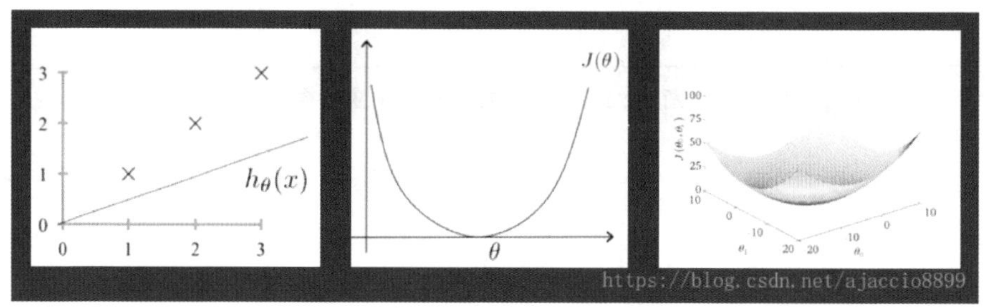


**图 16.2 损失函数是凸函数**

$$\theta_j = \theta_j - \alpha * \frac{\partial J}{\partial \theta_j} \tag{16.8}$$

这样,线性回归的基本问题就得到了解决。

在式 16.8 中,步长 $\alpha$ 的设置非常重要,在第 4 章第 2 节中我们已经讲到,在梯度下降算法中,步长是一个重要的参数,步长设置不合理,梯度下降算法将不会收敛,从而不能求得极值。那么这个参数怎样设置呢?我们将在 16.3 节进行讲解。

# 16.2 非线性问题的求解,过拟合和正则化

## 16.2.1 非线性问题的求解

在上面我们进行线性回归时,假设结果与所有的特征都是线性关系,如式 16.2 所示。

如果我们画出其中一个特征(比如 TV)与销量(Sales)之间的关系,代码是:

```
import  matplotlib.pyplot as plt
x1 = [230.1,44.5,17.2,151.5,180.8,8.7,57.5,120.2,8.6,199.8,66.1,214.7]
y = [22.1,10.4,9.3,18.5,12.9,7.2,11.8,13.2,4.8,10.6,8.6,17.4]
plt.scatter(x1,y)
plt.show()
```

图形如图 16.3 所示。

可以发现 TV 与 Sales 之间确实基本上呈线性关系。

但是,在很多情况下不一定是这样,比如图 16.4 所示的关系。

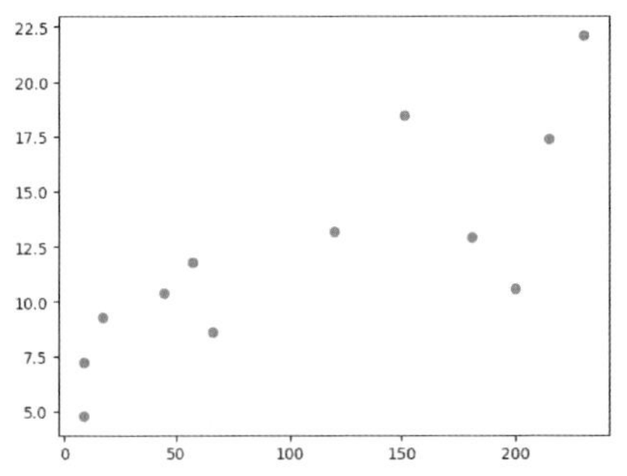


**图 16.3　TV 与 Sales 之间的关系**

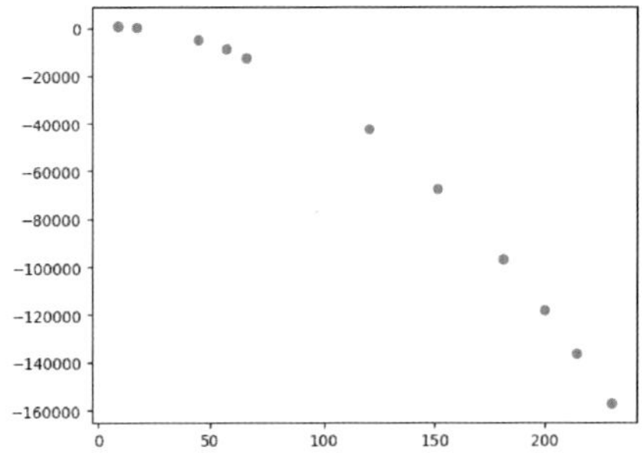

**图 16.4　某数据集中特征与结果之间的关系**

在这个数据集中,特征与结果之间明显不是线性关系,而更像是二次关系。也就是:

$$y = a * x^2 + b * x + c \tag{16.9}$$

还有的数据集,特征与结果之间甚至有更高次的关系。对于这样的数据集的问题,可以用线性回归算法来求解吗?

其实,线性回归算法解决这样的问题是完全没有压力的。以式 16.9 为例,我们完全可以将 $x$ 看作一个特征,将 $x^2$ 看作另一个特征,这样,式 16.9 就转化为式 16.2,问题解决了。

## 16.2.2　过拟合

为了了解什么是过拟合,我们先来看一个比较有趣的问题。

我们从很小的时候,就开始做“找规律”这样的题,比如:

1,2,4,8,?

对于上面这个题,你可能会填 16。但是你有没有想过,这样的问题实际上是一个“伪问题”,因为实际上你填任何数都是正确的。

上面这类问题的实质是,你需要:

(1) 填一个数;

(2) 说出这些数之间的规律。

但是实际上你填写任何一个数,都可以说出它们之间的规律。

下面我们就来证明这个结论。

设 $x = [1,2,3,4,5]$,$y = [1,2,4,8,\delta]$,其中 $\delta$ 是我们要填的数。我们令要找的规律是

$$y = a * x^4 + b * x^3 + c * x^2 + d * x + e \tag{16.10}$$

则我们有方程组：

$$\begin{cases} a*1^4 + b*1^3 + c*1^2 + d*1 + e = 1 \\ a*2^4 + b*2^3 + c*2^2 + d*2 + e = 2 \\ a*3^4 + b*3^3 + c*3^2 + d*3 + e = 4 \\ a*4^4 + b*4^3 + c*4^2 + d*4 + e = 8 \\ a*5^4 + b*5^3 + c*5^2 + d*5 + e = \delta \end{cases} \tag{16.11}$$

对于任意的 $\delta$，上述的方程组（它是一个线性方程组）总是有解的，也就是说，我们总是能够找到 $a, b, c, d, e$ 这些参数，因而可以确定式 16.10，证毕。

我们用图形来说明一下这个问题。如图 16.5 所示，无论当 $x = 5$ 时红色的问号是什么值，我们总能找到一组合适的参数 $a, b, c, d, e$，使得方程组 16.11 成立，因而可以确定式 16.10。

更一般地，如果图 16.5 中有 $n$ 个点，则只需要将式 16.10 改成 $n-1$ 次函数，则这个函数一定经过所有的这 $n$ 个点。

现在让我们回到线性回归问题。对于前面 TV 与 Sales 之间的关系，见图 16.3，图中有 12 个点，如果我们不认为它们之间是线性关系，而是用一个 11 次曲线来拟合它，则根据上面的结论，我们一定可以找到一条 11 次曲线，经过所有的这 12 个点，如图 16.6 所示。这样，我们的线性回归模型，在训练集上可以达到 100% 的准确率。

然而这样的模型实际应用效果怎么样呢？我们用测试集进行测试就能够看到。实际上，如图 16.7 所示，测试集上的数据（图中绿色的点）很可能不在这条曲线上。这样，在测试集上以及实际的应用中，这个模型的准确率远远达不到 100%。这种现象就称为过拟合。

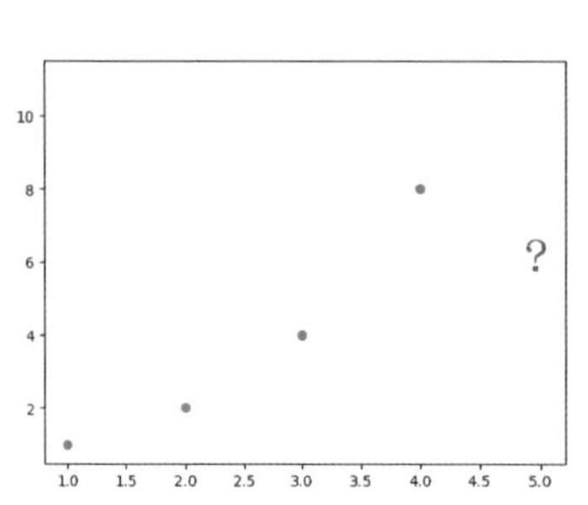


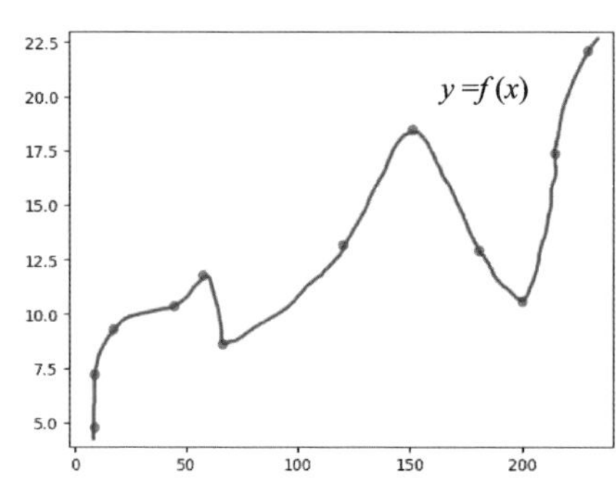


**图 16.5　高次函数解决“找规律”的问题　图 16.6　达到 100% 的准确率的线性回归模型**

一般地，如果通过训练得到的模型，它的准确率高于在测试集上的准确率，则说明我们的训练过拟合了。一个过拟合的模型在实际使用的时候效果并不好，这种情况下我们称模型的泛化能力不强，一个泛化能力不强的模型不是好模型，所以过拟合现象必须避免。（注意：不是模型在训练集上的准确率达到 100% 才认为是过拟合，只要这个准确率明显高于在测试集上的准确率就认为是过拟合。）

训练还可能出现另一种情况，就是欠拟合。例如对于图 16.4 所示的数据集，如果我们用一个一次曲线去模拟，如图 16.8 所示，在这种情况下，模型在训练集上和在测试集上的准确率都不高。欠拟合时需要继续提高模型在训练集上的准确率。

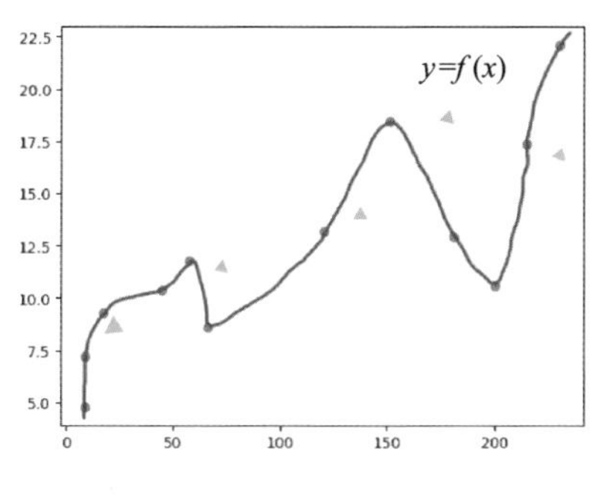


图 16.7　过拟合现象

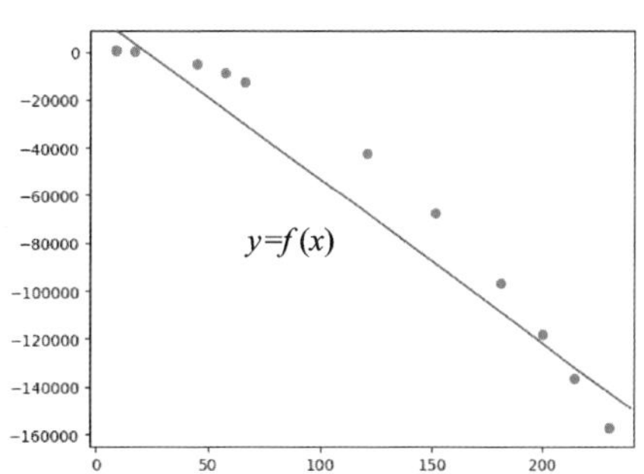


图 16.8　欠拟合现象

如果训练出现了欠拟合问题，我们可以通过用一个更高次的函数去拟合来解决。但是对于过拟合问题，我们应该怎样解决呢？

## 16.2.3　过拟合问题的解决-正则化

我们前面讲过，线性回归问题的损失函数是式 16.7。为了防止过拟合，我们在该损失函数的后面加上一项，称为正则化项，如式 16.12 所示：

$$J(\theta_0,\theta_1,\cdots,\theta_n)=\frac{1}{2m}\sum_{i=1}^{m}(h_\theta(X^{(i)})-y^{(i)})^2+\lambda\Omega(\theta) \tag{16.12}$$

通过在损失函数中添加正则化项来解决过拟合问题的方法就是正则化（Regularization）。

在实践中，正则化项一般有两种写法，一种是

$$\Omega(\theta)=\sum_{j=1}^{n}\theta_j^2 \tag{16.13}$$

它被称为 L2 正则化，用 L2 正则化的回归被称为岭回归（Ridge Regression）。

另一种是

$$\Omega(\theta)=\sum_{j=1}^{n}\left|\theta_j\right| \tag{16.14}$$

它被称为 L1 正则化，用 L1 正则化的回归被称为 LASSO(Least Absoulute Shrinkage and Selection Operator，最小绝对收缩选择算子)。

这两种正则化方法解决过拟合问题的思路是相同的：在求解参数 $\theta$ 也就是（$\theta_0$，

$\theta_1,\cdots,\theta_n$）时，要保证其中的每一个参数的值不能太大，如果太大，则会给与“惩罚”，即损失函数的值会增加。

过拟合问题在机器学习中是一个普遍存在的问题，而这里的正则化方法是针对线性回归算法。在后面我们还会学习到其他一些防止过拟合的方法，比如决策树算法中的剪枝、深度神经网络中的 Dropout 等。

在上面的正则化项中有一个参数 $\lambda$，它的值是需要在训练开始之前就确定的，它的大小决定了正则化项发挥作用的大小，当 $\lambda=0$ 时，损失函数没有正则化项，相当于一个标准的线性回归。在实践中 $\lambda$ 取值多少是一个问题，这就是我们下面马上要讲到的超参数的问题。

## 16.3 超参数和交叉验证

在本章第一节的最后我们讲到，在式 16.8 中，步长 $\alpha$ 的设置非常重要。在上一节最后我们也讲到，正则化项中的参数 $\lambda$ 的设置也非常重要。这里的参数 $\alpha$ 和参数 $\lambda$ 在机器学习中被称为超参数（Hyperparameter）。在机器学习的算法中，超参数是一个重要的问题，本课程后续的很多算法都涉及超参数。

一般地，超参数是需要在训练开始之前设置值的参数，而不是通过训练得到值的参数。在通常情况下，我们需要对超参数进行优化来选择最佳的超参数值，以提高学习的性能和效果。

那么超参数怎样优化呢？通常使用交叉验证的方法。

为了了解交叉验证，我们先看一下原始的机器学习算法的步骤。

第 1 步，我们将数据集分为训练集（比如 70%）和测试集（30%），如图 16.9 所示。

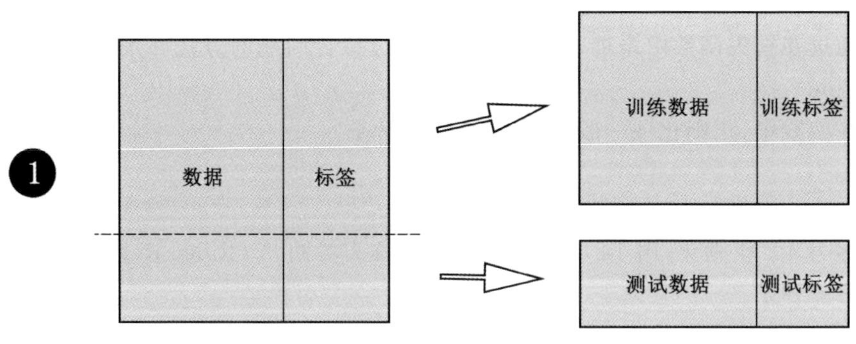


**图 16.9　原始的机器学习算法的步骤 1**

第 2 步，我们根据经验或者任何其他可以获得的方式使用超参数和学习算法获得一个模型，如图 16.10 所示。

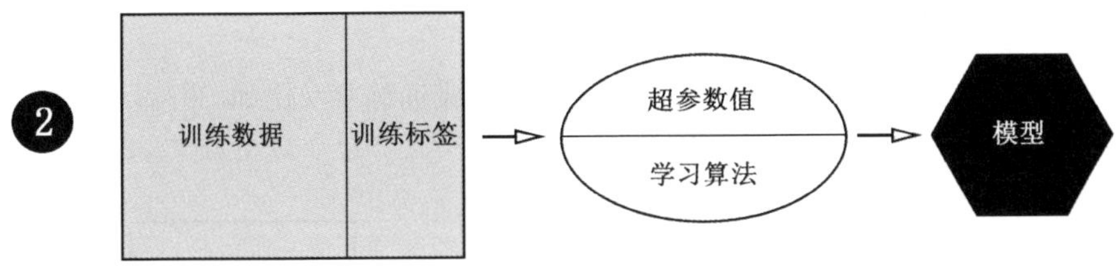


图 16.10　原始的机器学习算法的步骤 2

第 3 步，用测试集在训练好的模型上做测试以获得它的性能数据，如图 16.11 所示。

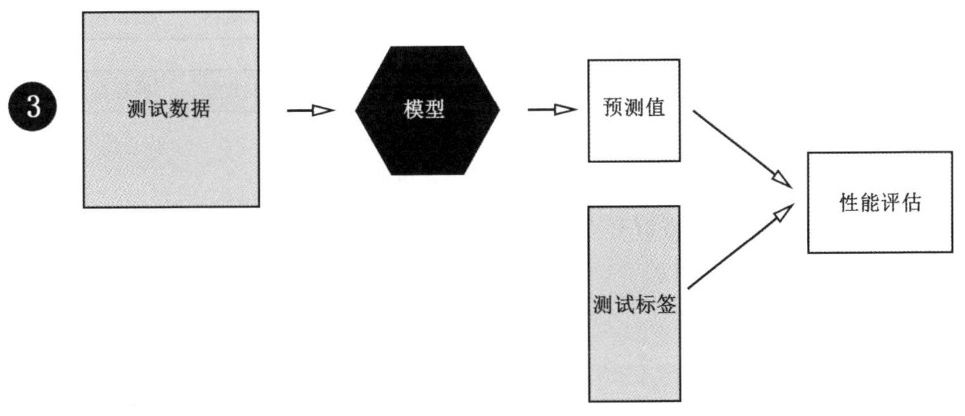


图 16.11　原始的机器学习算法的步骤 3

但是，这种做法浪费了 30% 的数据（工程人员采集数据并对它们做标记非常不容易，工作量巨大），所以还要有第 4 步，就是用全部的数据和已经确定的超参数再次训练，得到一个新的模型。这个模型才是最终的模型，如图 16.12 所示。

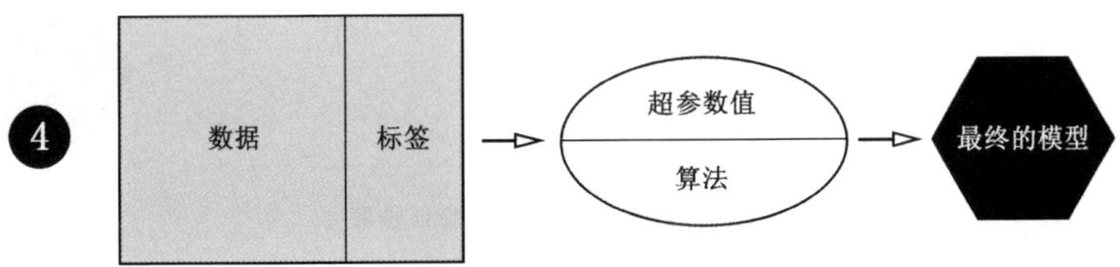


图 16.12　原始的机器学习算法的步骤 4

交叉验证是在上述步骤的基础上优化而成的。我们讲 3 种交叉验证方法：Holdout 交叉验证、K 折交叉验证和留一验证。

## 16.3.1 Holdout 交叉验证

Holdout 交叉验证的第 1 步，是将数据集分成训练集（比如 70%）、验证集（(比如 15%）和测试集（15%），如图 16.13 所示。

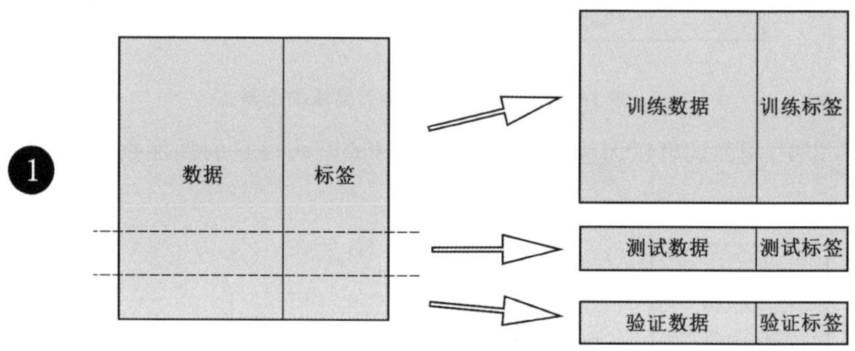


**图 16.13 Holdout 交叉验证步骤 1**

第 2 步，用暴力方式将所有可能的超参数在训练集上做训练，得到多个模型，如图 16.14 所示。

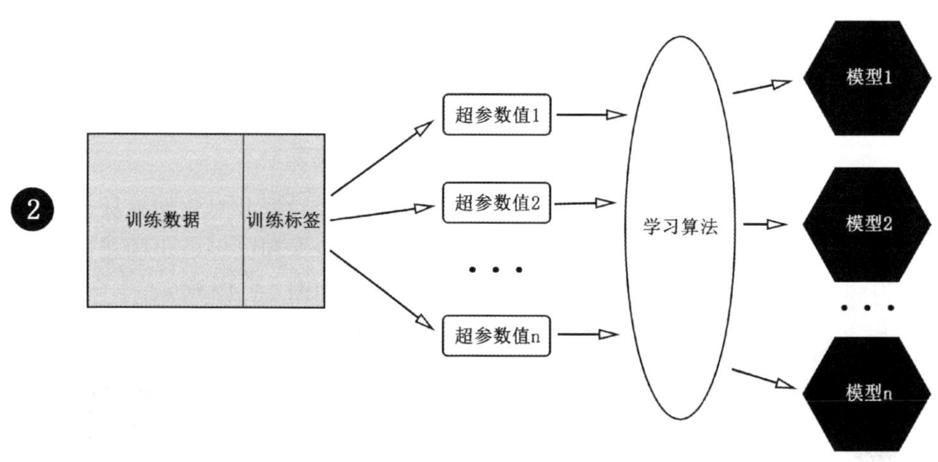


**图 16.14 Holdout 交叉验证步骤 2**

第 3 步，我们将得到的所有的模型在验证集上做评估，找出性能最佳的模型，这样，我们就找到了我们所需要的超参数，如图 16.15 所示。

第 4 步，用我们得到的超参数在训练集 + 验证集上做训练，得到一个新的模型，如图 16.16 所示。

第 5 步，用这个新的模型在测试集上做测试，得到该模型的性能评估数据，如图 16.17 所示。

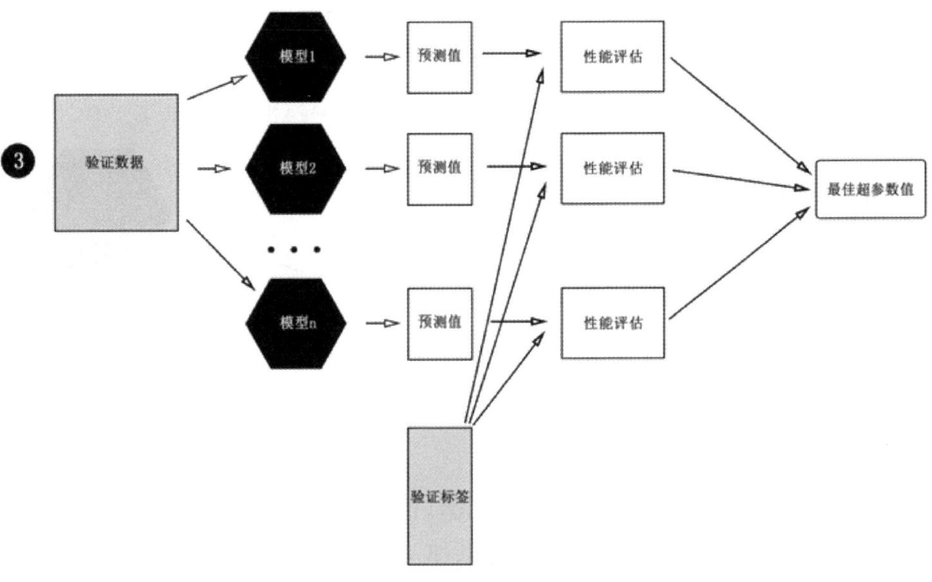


图 16.15　Holdout 交叉验证步骤 3

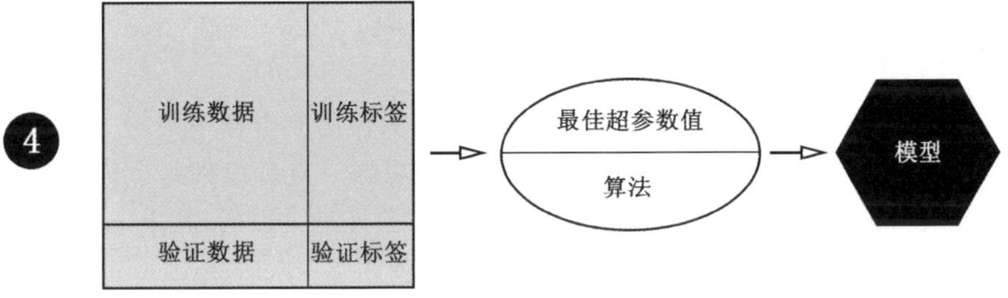


图 16.16　Holdout 交叉验证步骤 4

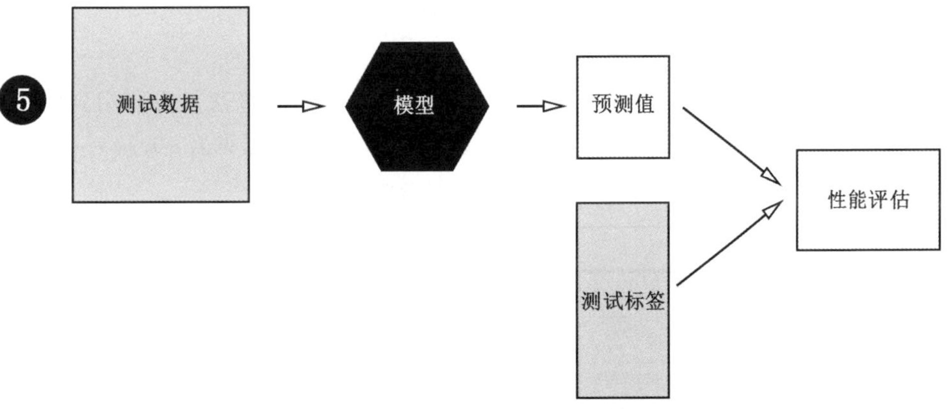


图 16.17　Holdout 交叉验证步骤 5

第 6 步，用已经确定的超参数在 100% 的数据集上重新训练，得到最终的模型，如图 16.18 所示。

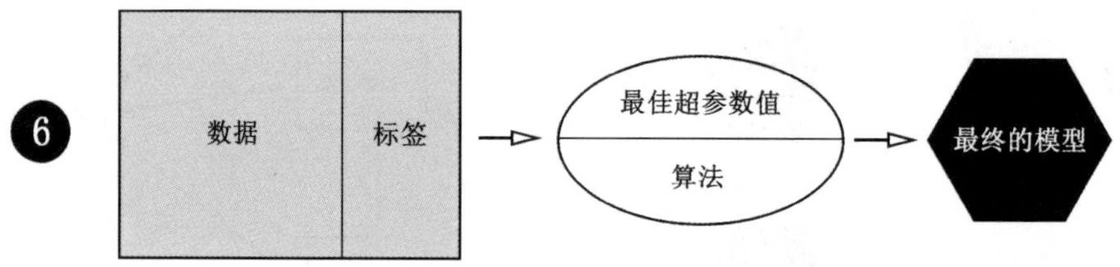


图 16.18　Holdout 交叉验证步骤 6

### 16.3.2　K 折交叉验证

K 折交叉验证（K-fold cross-validation），初始采样分割成 $K$ 个子样本，一个单独的子样本被保留作为验证模型的数据，其他 $K-1$ 个样本用来训练。交叉验证重复 $K$ 次，每个子样本验证一次，平均 $K$ 次的结果或者使用其他结合方式，最终得到一个单一估测。这个方法的优势在于，同时重复运用随机产生的子样本进行训练和验证，每次的结果验证一次，10 折交叉验证是最常用的。

### 16.3.3　留一验证

正如名称所建议，留一验证（LOOCV）意指只使用原本样本中的一项来当作验证资料，而剩余的则留下来当作训练资料。这个步骤一直持续到每个样本都被当做一次验证资料。事实上，这等同于和 K-fold 交叉验证是一样的，其中 $K$ 为原本样本个数。在某些情况下是存在有效率的演算法，如使用 Kernel regression 和 Tikhonov regularization。

## 16.4　线性回归算法的 Python 实现

在这一小节，我们用 Python 实现上面所讲的线性回归算法。我们用到的例子是本书第一部分"最小二乘法"章节中冰激凌的例子，它的数据见表 16.1。

表 16.1　冰激凌数据集

| 编号 /$i$ | 气温 /$x_i$ | 销量 /$y_i$ |
|---|---|---|
| 1 | 25 | 106 |
| 2 | 28 | 145 |
| 3 | 31 | 167 |

续表 16.1

| 编号 /$i$ | 气温 /$x_i$ | 销量 /$y_i$ |
|---|---|---|
| 4 | 35 | 208 |
| 5 | 38 | 233 |
| 6 | 40 | 258 |

首先我们画出这些数据的散点图，代码如下

```
import  numpy as np
import  matplotlib.pyplot as plt
X = np.array([[1,25],[1,28],[1,31],[1,35],[1,38],[1,40]]) #对温度数据增加一个维度并设置值为 1
y = np.array([[106],[145],[167],[208],[233],[258]])

x1 = X[…,1]#取温度数据
plt.scatter(x1.ravel(),y.ravel()) #ravel()函数返回以所有数据为元素的一个一维数组
plt.show()
```

散点图如图 16.19 所示。

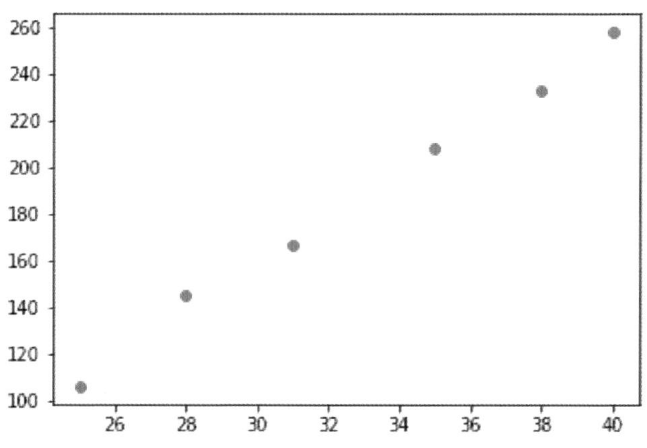


**图 16.19 冰激凌销量的散点图**

我们在温度数据中，人为地增加了一个维度，并把它们的数据都设置为 1。思考一下，为什么要这样做呢？

在这个例子中，我们的目标是求如下的线性关系：

$$h_\theta(x_1) = \theta_0 + \theta_1 x_1$$

其中 $x_1$ 是温度，$h_\theta(x_1)$ 是冰激凌的销量，所以在上式中，我们要求的是 $\theta_0$ 和 $\theta_1$。在程序中我们用一个 $2 \times 1$ 的矩阵表示它们，并令它们的初始值都是 0，也就是：

```
theta = np.zeros((2,1))
```

我们的解题思路就是用梯度下降的算法不断优化这两个值，直到损失函数的值达到最小。

我们定义损失函数：

```
def  cost(theta):
  m =  y.size
y_hat  =  X.dot(theta)
J  =  1.0/(2 * m) * np.square(y_hat - y).sum()
return   J
```

然后定义梯度下降函数：

```
def  gradientDescent(X,y,theta,alpha = 0.01,iters = 1500):
  m =  y.size
  for   i in range(iters):
    y_hat  =  X.dot(theta)
    theta -=  alpha *  (1.0/m)  *  (X.T.dot (y_hat - y))
return   theta
```

接下来我们设置步长 $alpha = 0.001$，调用梯度下降函数（迭代次数 iters 分别为 1000，10000，100000，500000，10000 打印最终 *theta* 的值和损失函数 $J$ 的值，并画出回归直线与原始数据的比对图，代码如下：

```
t =  gradientDescent(X,y,theta = theta,alpha = 0.001,iters = 1000)
print("theta = ",t.ravel())
J = cost(t)
print("J = ",J)
x1 = X[…,1]
y_hat = X.dot(theta)
plt.scatter(x1.ravel(),y.ravel())
plt.plot(x1.ravel(),y_hat.ravel())
plt.show()
```

当迭代次数是 1000 时，theta = [－3.23587619 5.87104515]，J = 225.90946984938037，对比图见图 16.20。

当迭代次数是 10000 时，theta = [－30.26023775 6.67296155]，J = 144.3307933417612，对比图见图 16.21。

当迭代次数是 100000 时，theta = [－123.79852789 9.44860115]，J =

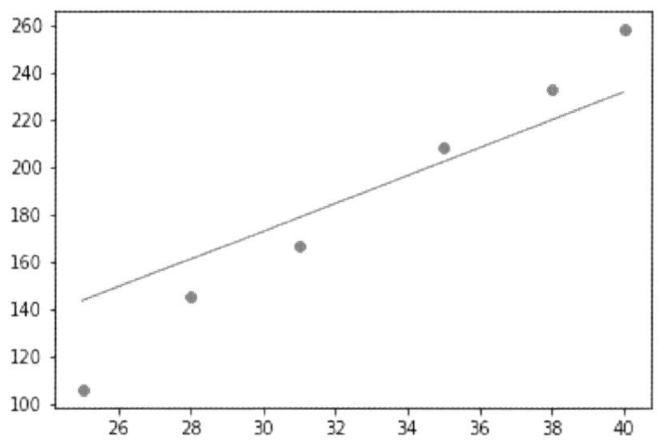


图 16.20　对比图（iters=1000）

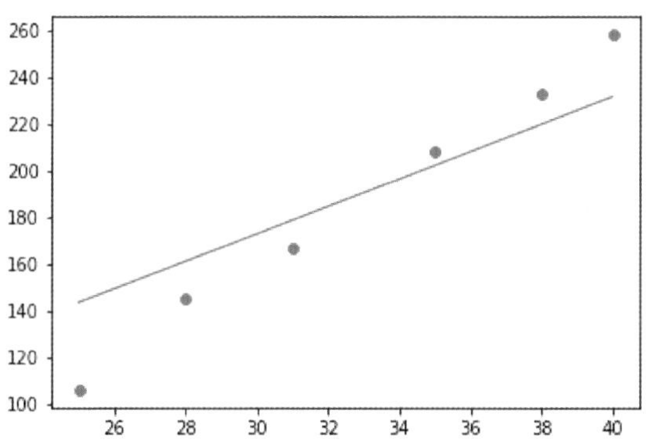


图 16.21　对比图（iters=10000）

7.05750834401694,对比图见图 16.22。

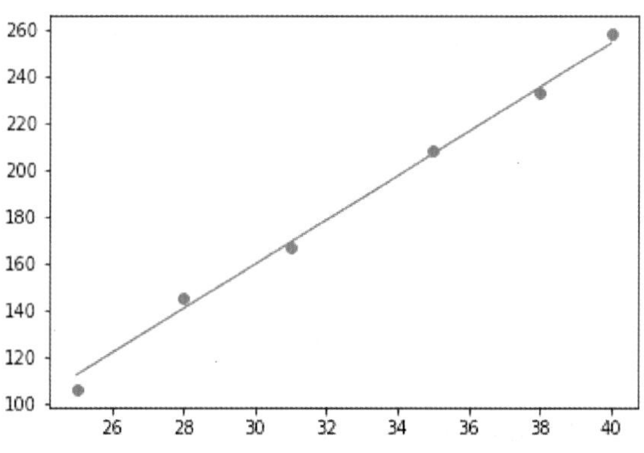


图 16.22　对比图（iters=100000）

当迭代次数是 500000 时，theta＝［－134.06208818 9.75316032］，J＝5.702113822721935，对比图见图 16.23。

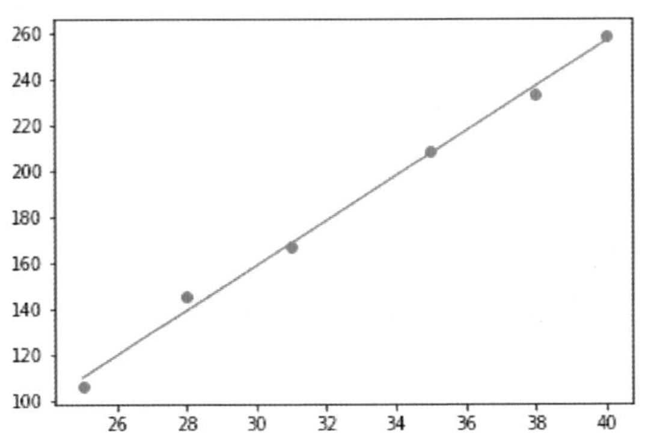

**图 16.23　对比图（iters＝500000）**

当迭代次数是 1000000 时，theta＝［－134.06243902 9.75317073］，J＝5.702113821138205，对比图见图 16.24。

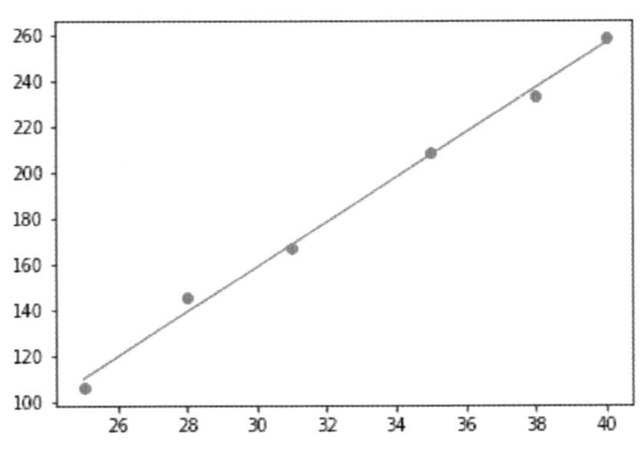

**图 16.24　对比图（iters＝1000000）**

可以看出，当迭代次数达到 500000 时，已经非常接近最终的值了，当迭代次数是 1000000 时，theta 和 J 的值几乎与迭代次数是 500000 时相同。

所以这个问题我们最终得到的解是：

theta＝［－134.06243902，9.75317073］

> 自己试一下：当步长 alpha 取不同的值时会是怎样的效果，跟自己设想的一样吗？

上面我们通过自己写损失函数和梯度下降函数，实现了一个线性回归的案例。实际上，这个典型的损失函数和梯度下降函数是不需要我们自己写的。下面我们使用 sklearn 库的 LinearRegression 模型来实现上述的线性回归案例。

Scikit-learn(sklearn) 是机器学习中常用的第三方模块，对常用的机器学习方法进行了封装，包括回归（Regression）、降维（Dimensionality Reduction）、分类（Classfication）、聚类（Clustering）等方法。在后面的章节，我们将主要使用 sklearn 这个模块来演示相应的算法。

以下是用 sklearn 进行上述的线性回归的程序代码：

```
import   numpy as np
from   sklearn.linear_model import   LinearRegression

x = np.array([[25],[28],[31],[35],[38],[40]])
y = np.array([[106],[145],[167],[208],[233],[258]])

linreg = LinearRegression() #声明一个线性回归模型
model = linreg.fit(x, y) #训练
print(model.intercept_) #截距
print(model.coef_) #系数
```

程序打印的结果是：[−134.06243902] [[9.75317073]]。

该结果与我们自己实现的线性回归算法的结果的吻合度很高。

当模型训练好之后，我们就可以输入一个温度的值，用该模型预测冰激凌的销量：

```
result = linreg.predict([[33]])
     print(result)
```

这个预测的结果是：当温度为 33 度时，冰激凌的销量是 187.79219512。

此外需要注意的是，在真实的项目中，我们采集的数据量会比较大（比如几十万条），前面讲过，这些数据一般被分为训练数据和测试数据（以及验证数据），训练数据用于训练以得到模型，测试数据用于对这个模型的性能进行测试。当我们得到一个足够好的模型之后，就可以在实际中使用这个模型了。

# 第 17 章

# Logistic 回归算法

Logistic 回归算法属于监督学习，它是一种典型的分类算法（基本的 Logistic 回归只解决二分类问题），然而，由于它使用了 Logistic 函数，将分类结果映射到一个 [0,1] 区间的连续值，所以在名称上出现了“Logistic 回归”。

通过本章内容的学习，可以掌握：

- Logistic 回归的思想和解决的问题；
- Logistic 回归问题的损失函数；
- Logistic 回归算法的 Python 实现。

## 17.1 Logistic 回归的思想

我们首先来了解一下 Logistic 回归算法的思想，考虑图 17.1 所示的具有两个特征的二分类问题。

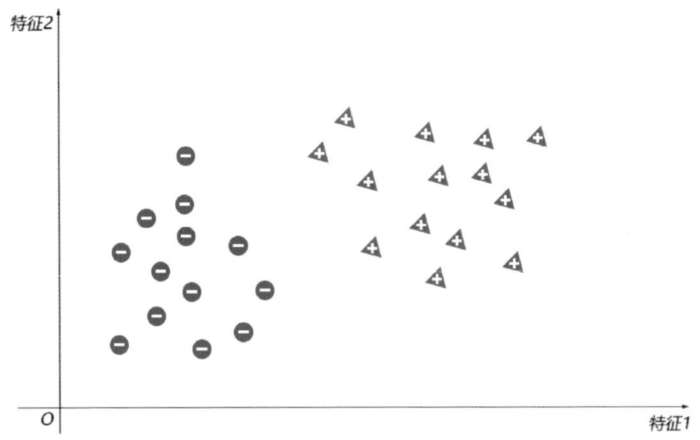


图 17.1 两个特征的二分类问题

对于这个问题，假设我们已经通过某个方法找到了它的“决策边界”，比如它是图 17.2 中的一条直线。

根据这条决策边界，就可以对新的数据进行分类判断（图中圆点类型为负样本，三角类型为正样本)：如果数据位于该决策边界的左下方，则该数据是负样本，否则是正样本。

但是 Logistic 回归算法并不满足于这一点，它进一步引入了“概率”的概念，它的想法是：如果数据落在决策边界上，则它是正样本或者负样本的概率都是 0.5；往左下方距离决策边界越远，则是负样本的概率越大，是正样本的概率越小；往右上方距离决策边界越远，则是正样本的概率越大，是负样本的概率越小。

那么，如果我们已经求出了样本点到决策边界的距离 $d$，怎样将它换算成上述的概率值呢？

Logistic 回归算法用的是 Logistic 函数，该函数的定义如下：

$$y=\frac{1}{1+e^{-x}} \tag{17.1}$$

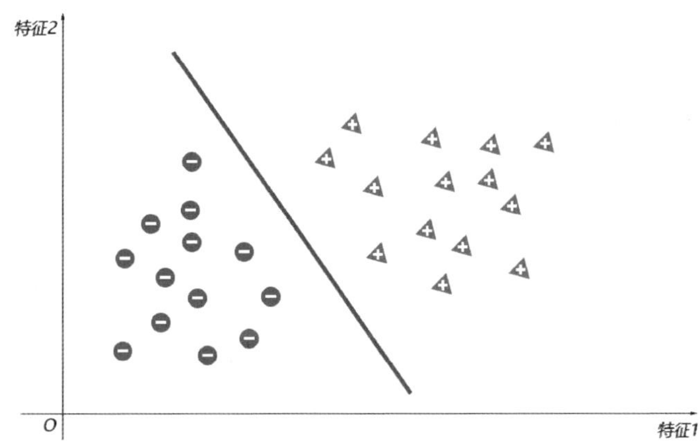


图 17.2　两个特征的二分类问题的决策边界

它在坐标系下有图 17.3 所示的图形。

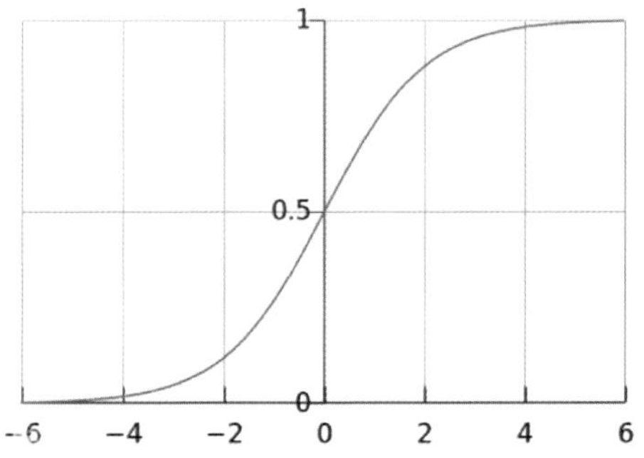


图 17.3　Logistic 函数 (Sigmoid 函数)

可以看出，这个函数具有优良的性质，刚好可以满足上面的需求：当自变量的值是 0 时，函数的值是 0.5；当自变量的值趋近于 $-\infty$ 时，函数的值趋近于 0；当自变

量的值趋近于 $\infty$ 时，函数的值趋近于 1。

由于 Logistic 函数的形状类似于一个 S，所以它又被称为 Sigmoid 函数。

## 17.2 Logistic 回归算法

好了，在了解了 Logistic 回归算法的基本思想之后，我们来介绍该算法。

我们还是来看上面提到的具有两个特征的二分类问题，如图 17.4 所示。

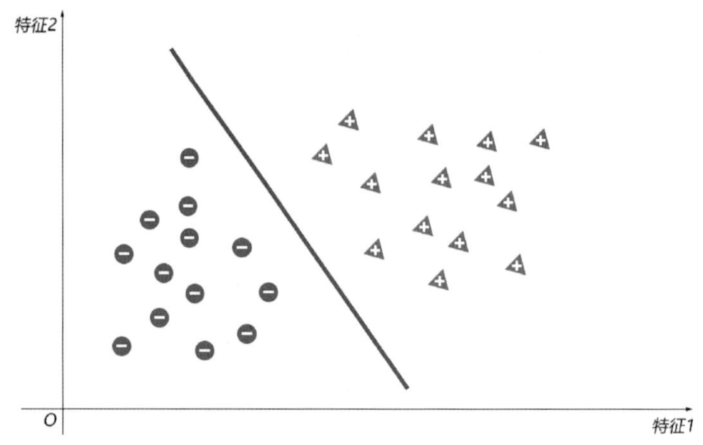


**图 17.4 两个特征的二分类问题**

我们需要解决的基本问题是，寻找一条"决策边界"，将图中所示的两类样本点区分开。

所谓决策边界（Decision Boundary），它在二维空间中是一条线，在三维空间中是一个面，在更高维的空间中是一个"超面"，用于将两类样本点区分开，所以它是分类问题中进行分类决策的依据。

如果二维空间中的样本点存在一条直线的决策边界；三维空间中的样本点存在一个平面的决策边界；更高维空间中的样本点存在一个超平面的决策边界，则我们称这些样本点是线性可分的。

对于二维空间中线性可分的问题，其决策边界是这样的一个函数：

$$f(x) = \theta_0 + \theta_1 x_1 + \theta_2 x_2 = \boldsymbol{\theta}^{\mathrm{T}} \mathbf{X} \tag{17.2}$$

如果令

$$g(x) = \frac{1}{1 + \mathrm{e}^{-x}} \tag{17.3}$$

然后令

$$h_\theta(x) = g(f(x)) = g(\theta_0 + \theta_1 x1 + \theta_2 x_2) \tag{17.4}$$

如果我们求出了其中的 $\theta_0, \theta_1, \theta_2$，就可以用上面的函数对新的数据进行判断

(判断结果是它属于正样本的概率值)。

要求上述的 $\theta_0,\theta_1,\theta_2$，首先我们要定义损失函数。那么前面我们在线性回归中使用的损失函数能不能用呢？那个损失函数是：

$$J(\theta_0,\theta_1,\cdots,\theta_n)=\frac{1}{2m}\sum_{i=1}^{m}(h_\theta(X^{(i)})-y^{(i)})^2 \tag{17.5}$$

答案是不能用，原因是在分类问题中，该损失函数不是一个凸函数，因而如果用它做损失函数，然后用梯度下降算法求最优解，则不会成功。

在 Logistic 回归算法中定义的损失函数是交叉熵（Cross Entropy）损失函数：

$$Cost(h_\theta(x),y)=\begin{cases}-log(h_\theta(x)) & if\ y=1\\ -log(1-h_\theta(x)) & if\ y=0\end{cases} \tag{17.6}$$

该损失函数的含义是：如果样本是一个正样本（$y=1$），则当 $h_\theta(x)$ 接近于 1 时损失函数接近于 0，当 $h_\theta(x)$ 接近于 0 时损失函数接近于无穷大；如果样本是一个负样本（$y=0$），则当 $h_\theta(x)$ 接近于 1 时损失函数接近于无穷大，当 $h_\theta(x)$ 接近于 0 时损失函数接近于 0。

如果我们对该损失函数做一点形式上的调整（注意这里的数学方法!），就得到如下的损失函数：

$$J(\theta)=-y*log(h_\theta(x))-(1-y)log(1-h_\theta(x)) \tag{17.7}$$

该损失函数是一个凸函数。接下来，我们用梯度下降算法来求该损失函数取得最小值时的 $\theta$(它是一组值)。

为此，我们求损失函数 $J(\theta)$ 对于 $\theta$ 的导数（这里需要用到相关函数的求导公式，这部分内容在本书第一部分没有涉及）：

$$\begin{aligned}\frac{\mathrm{d}J(\theta)}{\mathrm{d}\theta}&=-y*\frac{\mathrm{d}log(h_\theta(x))}{\mathrm{d}\theta}-(1-y)*\frac{\mathrm{d}log(1-h_\theta(x))}{\mathrm{d}\theta}\\&=\frac{y}{h_\theta(x)}*\frac{\mathrm{d}h_\theta(x)}{\mathrm{d}\theta}-\frac{1-y}{1-h_\theta(x)}*\frac{1-\mathrm{d}h_\theta(x)}{\mathrm{d}\theta}\\&=-\frac{y}{h_\theta(x)}*\frac{\mathrm{d}h_\theta(x)}{\mathrm{d}\theta}-\frac{1-y}{1-h_\theta(x)}*\frac{\mathrm{d}h_\theta(x)}{\mathrm{d}\theta}\\&=\left(-\frac{y}{h_\theta(x)}-\frac{1-y}{1-h_\theta(x)}\right)*\frac{\mathrm{d}h_\theta(x)}{\mathrm{d}\theta}\\&=\left(-\frac{y}{h_\theta(x)}-\frac{1-y}{1-h_\theta(x)}\right)*\frac{\mathrm{d}\left(1-\frac{1}{1+\mathrm{e}^{-\theta x}}\right)}{\mathrm{d}\theta}\\&=\left(-\frac{y}{h_\theta(x)}-\frac{1-y}{1-h_\theta(x)}\right)*(-h_\theta^2(x))\frac{\mathrm{d}(1+\mathrm{e}^{-\theta x})}{\mathrm{d}\theta}\\&=\left(-\frac{y}{h_\theta(x)}-1-\frac{y}{1-h_\theta(x)}\right)*(-h_\theta^2(x))\frac{\mathrm{d}(\mathrm{e}^{-\theta x})}{\mathrm{d}\theta}\end{aligned}$$

$$
\begin{aligned}
&=\left(-\frac{yx}{h_\theta(x)}-1-\frac{y}{1-h_\theta(x)}\right)*(-h_\theta^2(x))*\mathrm{e}^{-\theta x}\ \frac{\mathrm{d}(-\theta x)}{\mathrm{d}\theta} \\
&=\left(-\frac{y}{h_\theta(x)}-1-\frac{y}{1-h_\theta(x)}\right)*h_\theta^2(x)*\mathrm{e}^{-\theta x}*x
\end{aligned}
\tag{17.8}
$$

由于

$$h_\theta(x)=\frac{1}{1+\mathrm{e}^{-\theta x}}$$

所以

$$\mathrm{e}^{-\theta x}=\frac{1-h_\theta(x)}{h_\theta(x)}$$

所以

$$\frac{\mathrm{d}J(\theta)}{\mathrm{d}\theta}=\left(-\frac{y}{h_\theta(x)}-1-\frac{y}{1-h_\theta(x)}\right)*h_\theta^2(x)*1-\frac{h_\theta(x)}{h_\theta(x)}*x$$

化简得

$$\frac{\mathrm{d}J(\theta)}{\mathrm{d}\theta}=(h_\theta(x)-y)*x$$

由于梯度下降算法中的优化函数是：

$$\theta'=\theta-\alpha*\frac{\mathrm{d}J(\theta)}{\mathrm{d}\theta} \tag{17.9}$$

所以得到 Logistic 回归的优化函数是：

$$\theta'=\theta-\alpha*(h_\theta(x)-y)*x \tag{17.10}$$

如果将 $h_\theta(x)$ 记作 $\hat{y}$,则优化函数可以表示为：

$$\theta'=\theta-\alpha*(\hat{y}-y)*x \tag{17.11}$$

> 如果决策边界不是线性的,也可以将其转化为线性的,然后用 Logistic 回归的方法使问题得到解决。但是本书不讨论这个问题。

前面我们讲的 Logistic 算法只能解决二分类问题,那么,它可以用来解决多分类问题吗？答案是肯定的。

考虑图 17.5 的三分类问题,我们可以有两种方法来解决,第一种方法是,我们将这些样本点中的每两种取出来组合而成为一个二分类问题,然后用上述的二分类算法对它们进行分类,这样,我们就可以得到 3 个二分类的分类器,分别是 C1、C2 和 C3,如图 17.6 所示。

然后,我们就可以用这 3 个分类器对一个新出现的样本进行判断,取概率最大的那个类别作为它的类别。

第二种方法是,我们每次都从这些样本中取出一个类的所有样本,它们与其他的所有样本进行二分类,这样,我们也得到 3 个分类器,分别是 C1、C2 和 C3,如图 17.7 所示。

接下来的步骤跟第一种方法是一样的,我们用这 3 个分类器对一个新出现的样本进行判断,取概率最大的那个类别作为它的类别。

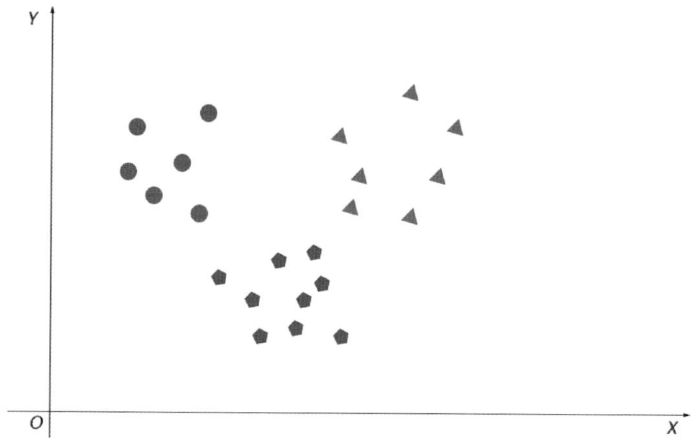


图 17.5　三分类问题

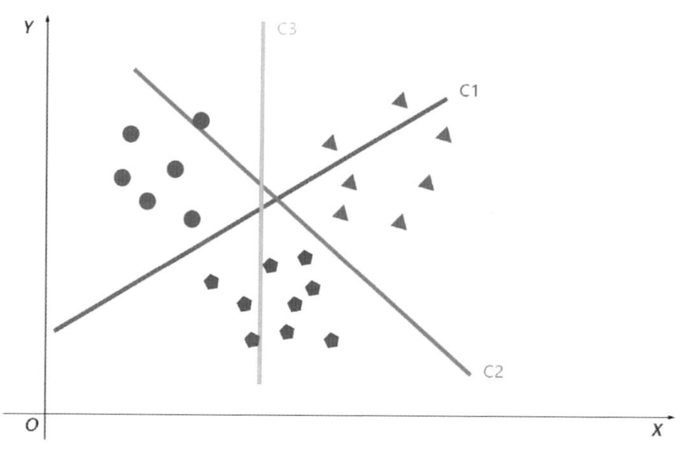


图 17.6　三分类问题的第一种解法

## 17.3　Logistic 回归算法的 Python 实现

我们来看下面的例子：假设你是一个大学新生录取工作处的管理员，你想根据每个考生两门课程的考试成绩来判断他/她的录取机会。你有以前的申请人的历史数据，你可以用它作为逻辑回归的训练集。该历史数据对于每一个考生有两门课程的分数和最终的录取结果。你需要在此历史数据基础上建立一个分类模型，根据考试成绩估计入学概率。

首先需要下载该数据集，它可以从 https://github.com/TolicWang/MachineLearningWithMe/blob/master/Lecture_02/data/LogiReg_data.txt 上下载。

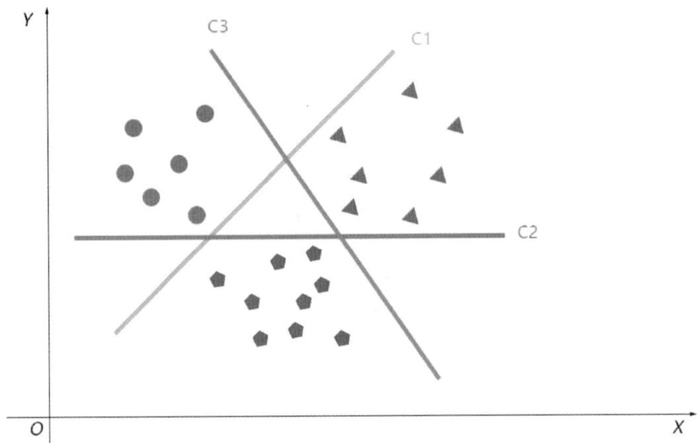


**图 17.7　三分类问题的第二种解法**

接下来导入相应的模块，加载该数据集，并将它的数据分布画出来：

```
import matplotlib.pyplot as plt
import numpy as np
from sklearn.linear_model.logistic import LogisticRegression
with open ("data/LogiReg_data.txt") as f
data = np.loadtxt(f,delimiter = ",")

positive= data[data[:,2] = =1,:]
negative = data[data[:,2] = =0,:]
plt.scatter(positive[:,0],positive[:,1], s=30, c='g', marker='o')
plt.scatter(negative[:,0],negative[:,1], s=30, c='r', marker='x')
```

图形如图 17.8 所示，其中绿色表示被录取，红色表示未被录取。

接下来对数据集进行数据整理，并直接调用 sklearn 的 LogisticRegression() 进行训练。

```
L=data.shape[0]
x0=np.ones((data.shape[0],1))# 增加一个全 1 列
x1=data[:,0].reshape(L,1)# 原数据的第一列
x2=data[:,1].reshape(L,1)# 原数据的第二列
y=data[:,2]# 原数据的第三列
X=np.concatenate((x0,x1,x2),axis = 1)

classifier=LogisticRegression()
classifier.fit(X,y)
```

接下来就可以使用训练好的模型对任意输入的数据进行预测（注意增加一个值

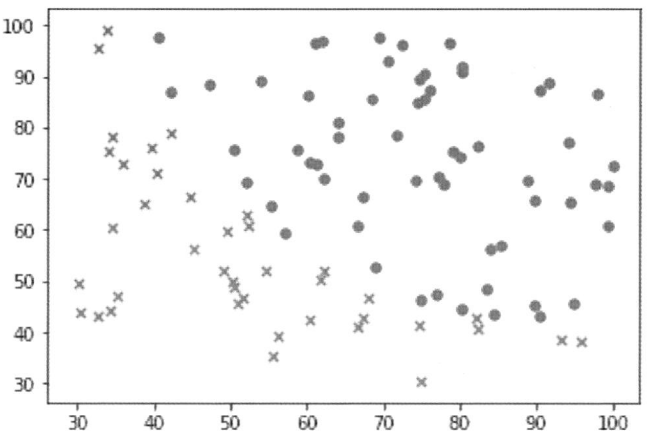


图 17.8 大学录取数据集

总为 1 的维度)：

```
result = classifier.predict([[1,20,30]]) #预测录取结果
print (result)
proba = classifier.predict_proba([[1,60,80]]) #预测被录取的概率
print (proba)
```

以上预测的结果分别是:[0.] [[0.2616549 0.7383451]]。

其中 0 表示未被录取,0.2616549 表示未被录取的概率,0.7383451 表示被录取的概率。

# 第 18 章

# SVM 算法

SVM 算法属于监督学习，与 Logistics 回归算法一样，也是一种分类算法。

SVM 被提出于 1964 年，在 20 世纪 90 年代后得到快速发展并衍生出一系列改进和扩展算法，在人像识别、文本分类等模式识别（pattern recognition）问题中有重要的应用。

SVM 算法同时是线性代数在人工智能领域的应用的一个经典案例。

通过本章内容的学习，可以掌握：

- SVM 算法的思想；
- SVM 算法的推导过程；
- SVM 算法的 Python 实现。

## 18.1 SVM 算法的思想

在 Logistic 回归算法中，只要判定边界能够将所有的训练样本都进行了正确的划分，则优化过程（用梯度下降算法）就会停止下来，因为这个时候损失函数的值已经达到最低，无法再继续优化了，如图 18.1 所示。

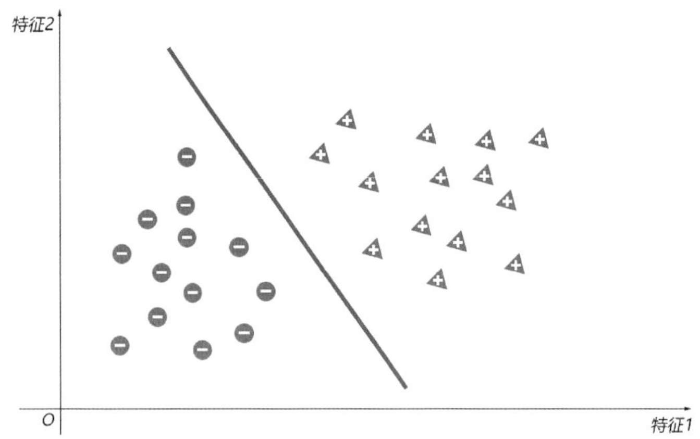


图 18.1 两个特征的二分类问题

而 SVM 算法对于这类线性可分问题，不仅追求正确的划分，并且追求所有的正确划分里面最佳的那一个。

如图 18.2 所示，C1，C2，C3 这三个分类器都对训练样本进行了正确的划分，那么在这三个分类器中，哪个是最佳的呢？

SVM 的一个基本想法是：如果能够使得决策边界到两边最近的样本点的间隔最大，则这条决策边界是最佳的。这是符合我们的直觉的，因为这样的决策边界具有最好的"鲁棒性"，也就是，当新的数据出现的时候，它比其他的决策边界有更大的可能判断正确。

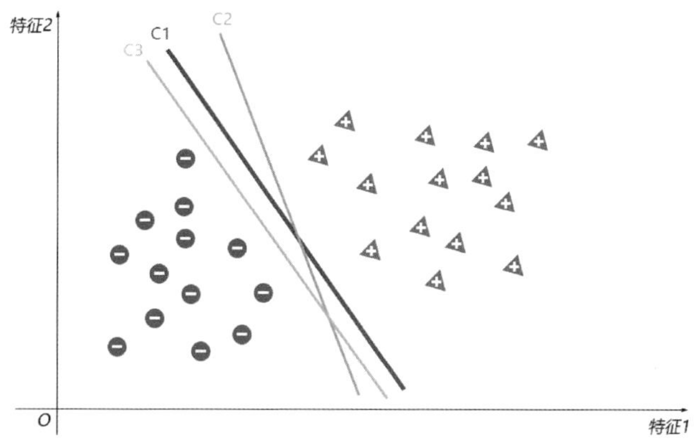


图 18.2　多个决策边界

我们用另一种语言来描述上面的最佳的决策边界：我们以该决策边界为中心线，对其两边都做平行线，使这两条平行线分别通过两边最近的样本，则这两条平行线会形成一条"街道"，最佳的决策边界是使得这条街道最宽的那个决策边界，如图 18.3 所示。

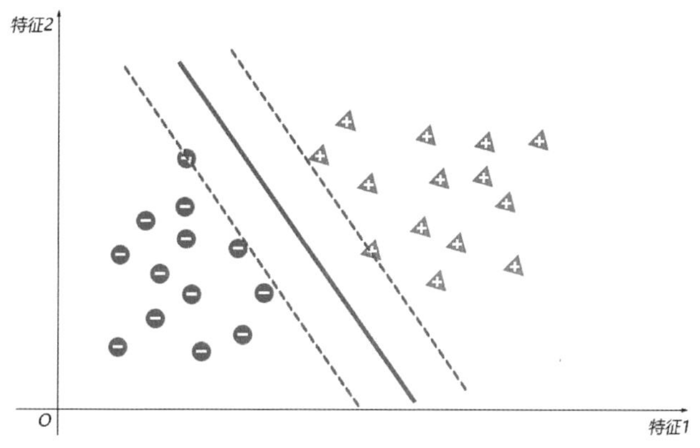


图 18.3　最佳决策边界

## 18.2 SVM 算法的推导

下面我们要用数学的方法求出这条决策边界。

如图 18.4 所示，设图中街中心线（蓝色实线）为我们要求的决策边界，街宽为 $width$。我们作街中心线的法向量 $\vec{w}$。

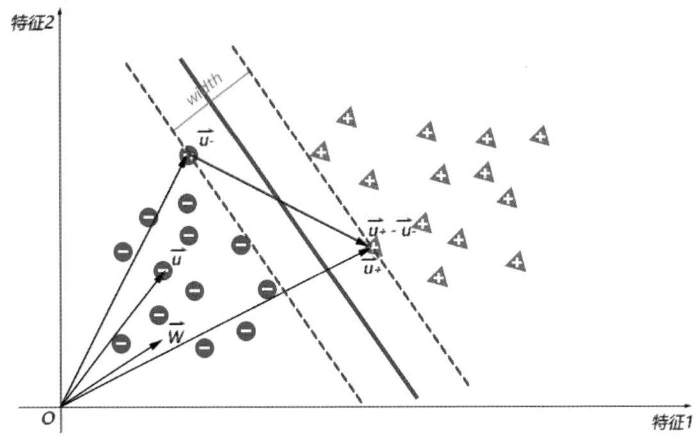


**图 18.4 SVM 算法**

我们总是可以取向量 $\vec{w}$ 的一个合适的长度，以及一个合适的常量 $b$，使得在训练集中：

$$\begin{cases} \vec{w} \cdot \vec{u}_+ + b \geqslant 1 \\ \vec{w} \cdot \vec{u}_- + b \leqslant -1 \end{cases} \tag{18.1}$$

其中 $\vec{u}_+$ 为正样本，$\vec{u}_-$ 为负样本。如果取正样本的 $y_i$ 为 1，负样本的 $y_i$ 为 −1，则上述两式可以合并为：

$$y_i(\vec{w} \cdot \vec{u}_i + b) \geqslant 1 \tag{18.2}$$

而街边的点满足

$$y_i(\vec{w} \cdot \vec{u}_i + b) = 1 \tag{18.3}$$

这些街边的点对于决定决策边界取决定作用，因而被称为支持向量（Support Vector）。

下面我们求“街宽”。由向量减法的几何意义可得：

$$width = (\vec{u}_+ - \vec{u}_-) \cdot \frac{\vec{w}}{\| w \|} \tag{18.4}$$

其中 $\vec{u}_+$ 和 $\vec{u}_-$ 为街边上的正样本和负样本。求解它，

$$width = (\vec{u}_+ - \vec{u}_-) \cdot \frac{\vec{w}}{\| w \|}$$

$$
\begin{aligned}
&= \frac{\vec{u}_{+} \cdot \vec{w}}{\|\vec{w}\|} - \frac{\vec{u}_{-} \cdot \vec{w}}{\|\vec{w}\|} \\
&= \frac{1-b}{\|\vec{w}\|} - \frac{-1-b}{\|\vec{w}\|} \\
&= \frac{2}{\|\vec{w}\|}
\end{aligned} \tag{18.5}
$$

由于我们要求的决策边界是街宽最大的，所以我们的优化目标是

$$
max\left(\frac{2}{\|\vec{w}\|}\right) \tag{18.6}
$$

或者写成

$$
min(\|\ \vec{w}\ \|) \tag{18.7}
$$

进一步写成

$$
min\left(\frac{1}{2}\|\vec{w}\|^2\right) \tag{18.8}
$$

约束条件是

$$
y_i(\vec{x} \cdot \vec{w} + b) - 1 = 0 \tag{18.9}
$$

这是一个典型的条件极值问题，我们运用本书第一部分所讲的“拉格朗日乘数法”，得拉格朗日函数为

$$
L = \frac{1}{2}\|\vec{w}\|^2 - \sum \alpha_i [y_i(\vec{w} \cdot \vec{x}_i + b) - 1] \tag{18.10}
$$

求解该函数的极值，则问题得到解决。

> 上面我们讨论的决策边界是一条直线，但是在很多情况下，并不能将两个类别用一条直线分隔开。对于非直线的决策边界，SVM 算法是用“核函数”来解决的。但是本书不讨论这个问题。

## 18.3　SVM 算法的 Python 实现

这一小节我们继续使用 sklearn 模块来演示 SVM 的算法。sklearn 提供了 3 种基于 svm 的分类方法：

- descriptionsklearn. svm. SVC()；
- sklearn. svm. LinearSVC()；
- sklearn. svm. NuSVC()。

关于这 3 种方法的具体说明可以查看 sklearn 的官方文档，这里我们使用第一种方法。

我们的任务是要对鸢尾花数据分类。鸢尾花数据集是机器学习中非常经典的一

个数据集,我们在前面已经介绍过它。现在我们就来加载这个数据集:

```
from  sklearn import  svm
from  sklearn import  datasets
from  sklearn.model_selection import  train_test_split as ts

iris = datasets.load_iris()
X = iris.data
y = iris.target
print(X.shape)
```

上面的程序打印的结果是:

(150, 4)

它表明数据集共有 150 条数据,每条数据有 4 个特征。

将这 150 条数据的第 1,2 个特征及其分类打印到一张图上,第 3,4 个特征及其分类打印到另一张图(见图 18.5)上,程序如下:

```
color_list = ['#e26346', '#29322e','#10d17a']
for i in range (X.shape[0]):
x = X[i]
plt.scatter(x[0], x[1], c = color_list[y[i]], marker = '.')
plt.show()

for i in range (X.shape[0]):
x = X[i]
plt.scatter(x[2], x[3], c = color_list[y[i]], marker = '.')
plt.show()
```

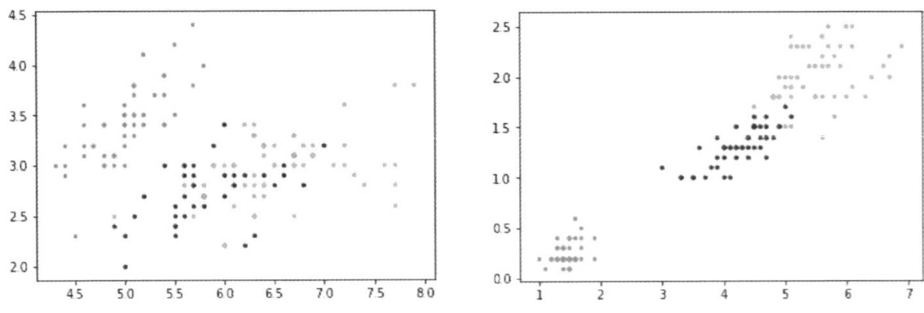


**图 18.5 鸢尾花数据的图示**

我们把数据集划分为训练集和测试集,然后用训练集进行训练:

```
X_train,X_test,y_train,y_test = ts(X,y,test_size=0.3)
rbf = svm.SVC(kernel='rbf')
rbf.fit(X_train,y_train)
```

上面的代码中的 kernel='rbf' 是我们上一节最后提到的核函数，它的值可以是 'rbf'，'linear' 或者 'poly'，我们用的是 'rbf'。

训练结束之后，用测试集对得到的模型进行测试并评分：

```
score_rbf = rbf.score(X_test,y_test)
print ("The score of rbf is : % f" % score_rbf)
```

评分的结果是 0.977778，也就是准确率为 97.7778%。

# 第 19 章

# 朴素贝叶斯算法和概率图模型

我们在本书第一部分“概率论”中讲了贝叶斯公式，并指出贝叶斯公式在机器学习领域有很重要的应用，很多机器学习算法都是基于这个公式。本章将对这些内容做一个基本的了解。

通过本章内容的学习，可以掌握：

- 朴素贝叶斯算法解决分类问题；
- 贝叶斯网络；
- 概率图模型；
- 朴素贝叶斯算法的 Python 实现。

## 19.1 朴素贝叶斯算法

贝叶斯公式是：

$$P(B \mid A)=\frac{P(A \mid B)P(B)}{P(A)} \tag{19.1}$$

将贝叶斯公式用于机器学习中的分类任务，就是朴素贝叶斯算法。当用于分类任务时，其中 $P(A)$ 是某事件发生的先验概率，$P(B)$ 是某类别发生的先验概率，$P(A|B)$ 是该类别下某事件发生的条件概率，而 $P(B|A)$ 表示某事发生了，它属于该类别的概率的后验概率。有了这个后验概率，我们就可以进行分类。

下面我们用一个例子来说明朴素贝叶斯算法。

我们要举的例子是垃圾邮件分类器，该分类器所要解决的问题是：来了一个邮件，判断它是垃圾邮件的可能性有多大。

邮件是一个文本，里面有很多的词。假设我们的词典中有 80000 个词，组成一个 80000 * 1 的向量，那么根据邮件中是否出现某个词，就可以将该邮件转换成一个 80000 * 1 的向量，其中每个元素的值要么是 1，表示出现了这个词，要么是 0，表示没有出现这个词。这样，我们就得到了 $X$。我们假定 $y=1$ 表示该邮件是垃圾邮件，$y=0$ 表示该邮件不是垃圾邮件，则问题转变为求 $P(y|X)$，也就是说，来了一个邮件，判断它是垃圾邮件的概率是多少。

“朴素”的贝叶斯认为，一封邮件是否是垃圾邮件，取决于邮件中出现各个的词，而邮件中出现各个的词,它们之间是独立的(这实际上不符合事实,比如出现了“优惠”这个词后,实际上出现“买”这个词的概率要高),这就是“朴素”(naive)这个词的含义。

这样,根据贝叶斯公式,我们有:

$$P(y=1 \mid X)=\frac{P(X \mid y=1)P(y=1)}{P(X)} \tag{19.2}$$

而在“朴素”条件下,$P(X|y=1)$ 可以表示为:

$$P(X \mid y=1)=P(x_1 \mid y) * P(x_2 \mid y)\cdots * P(x_{80000} \mid y) \tag{19.3}$$

也就是说,如果一封邮件是垃圾邮件,它恰好是当前收到的邮件的概率,等于垃圾邮件出现第一个单词 $x_1$ 的概率乘以垃圾邮件出现第一个单词 $x_2$ 的概率。它是容易求的。

$P(y=1)$ 也是容易求的。(它就是垃圾邮件占全部邮件的比例。)

$P(X)$ 不用求。因为在计算 $P(y=1|X)$和 $P(y=0|X)$ 的时候,$P(X)$ 是共同的分母,而我们只需要比较 $P(y=1|X)$和 $P(y=0|X)$ 的大小就可以了。

## 19.2 贝叶斯网络

机器学习中的很多分类任务,都是要对孤立的数据进行分类,比如判断一幅图像是狗还是花,判断一个手写数字是 0 到 9 中的哪一个。

但是还有一些分类任务不在上述的范围之内。比如,给定一个句子,标注句子中每个词的词性(名词,动词,形容词等)。比如 I like machine learning 这个句子中的 learning,它的词性并不是孤立的,需要根据上下文来进行判断。概率图模型(PGM/Probabilistic Graphical Model)就是一种用于学习这些带有依赖(dependency)的模型的强大框架。

我们在这一小节里,学习一种概率图模型:贝叶斯网络。在下一小节学习另一种概率图模型:隐马尔科夫模型。

贝叶斯网络的一个典型案例是所谓的学生网络(student network),它看起来像如图 19.1 所示。

在这个图中,课程的难度(Difficulty)和学生的智力水平(Intelligence)决定了学生的评级(Grade),学生的 Intelligence 除了会影响他们的 Grade,还会影响他们的 SAT 分数。而 Grade 又决定了学生能否从教授那里得到一份好的 Letter。

图中与每个节点关联的表格,它们的正式名称是条件概率分布(CPD/Conditional Probability Distribution)。

首先看一下 Difficulty 和 Intelligence 的 CPD,它们非常简单,因为这些变量并不依赖于其他任何变量。表格只显示这两个变量取值为 0 和 1 的概率。

接下来看看 SAT 的 CPD。每个单元格都有条件概率 p(SAT=$s$|Intelligence=

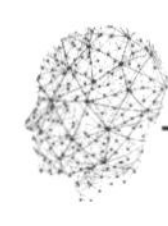



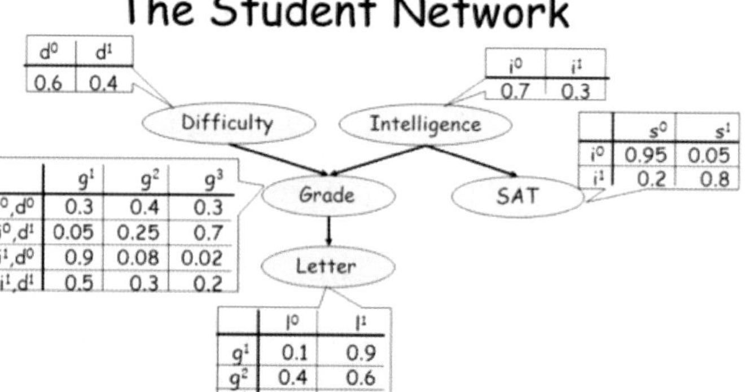


**图 19.1　学生网络**

$i$)，也就是说：给定 Intelligence 的值为 $i$，则其为 SAT 的值为 $s$ 的概率。

接下来，Grade 和 Letter 的 CPD 就很容易理解了。我们注意到，图中每一个表格中所有概率值的总和都是 1，这是显然的。

贝叶斯网络的一个基本要求是图必须是有向无环图（DAG/Directed Acyclic Graph）

## 19.3　隐马尔科夫模型

隐马尔科夫（Hidden Markov Model）模型是一类基于概率统计的模型，是一种结构最简单的动态贝叶斯网，是一种重要的有向图模型。自 20 世纪 80 年代发展起来，在时序数据建模，例如：语音识别、文字识别、自然语言处理等领域广泛应用。

### 19.3.1　隐马尔科夫过程

假设随机过程中某一时刻的状态的概率分布满足：

$$P(S_t \mid S_{t-1}, S_{t-2}, \cdots, S_{t-n}) = P(S_t \mid S_{t-1}) \tag{19.4}$$

也就是说，随机过程中某一状态 St 发生的概率，只与它的前一个状态有关，而与更前的所有状态无关，这就是马尔科夫性质。我们知道自然世界中的很多现象都不符合这一性质，但是我们可以假设其具有马尔科夫性质，这为原来很多无章可循的问题提供了一种解法。

如果某一随机过程满足马尔科夫性质，则称这一过程为马尔科夫过程，或称马尔科夫链。图 19.2 就是一个马尔科夫链。

在马尔科夫链中，每一个圆圈代表相应时刻的状态，有向边代表了可能的状态转移，权值表示状态转移概率。

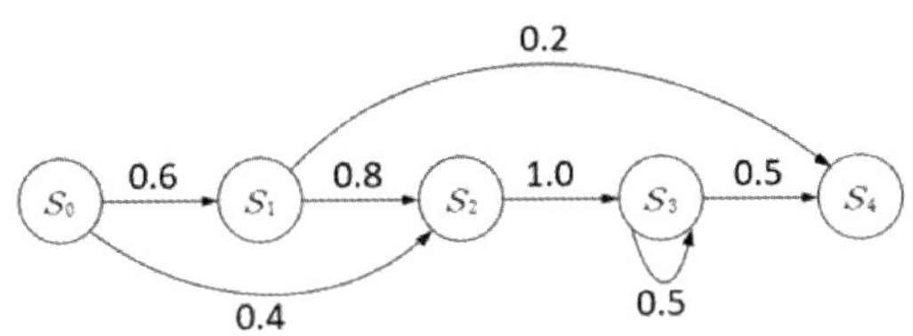


图 19.2　马尔科夫链

假定一个随机过程中的马尔科夫链无法直接被观测到，但是每个状态都有一个输出结果，这个输出结果只与状态有关，且可以被观测到，则这个过程就称为隐马尔科夫过程，或者称为隐马尔科夫模型，如图 19.3 所示。

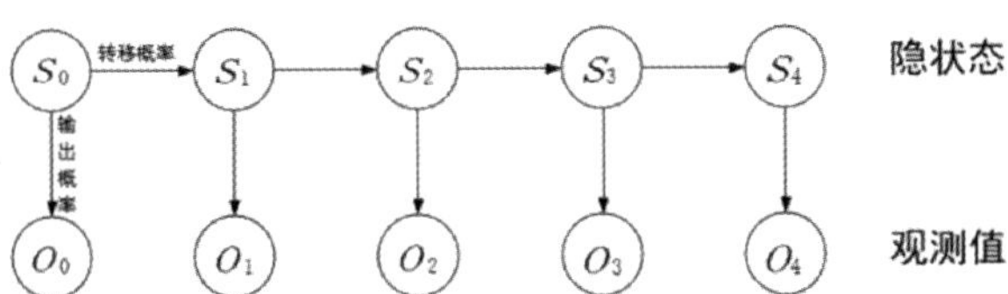


图 19.3　隐马尔科夫过程

隐马尔科夫模型中马尔科夫链指的是隐状态 $S_0, S_1, \cdots, S_t$ 序列。

## 19.3.2　一个隐马尔科夫模型的例子

假定一个赌场里来了一个老千，他带有两种作弊骰子，分别记为骰子 2，骰子 3，骰子 2 掷出较小点数的概率较大，骰子 3 掷出较大点数的概率更大。所以现在我们有三种骰子，分别是赌场正常骰子 1，和两种作弊骰子 2，骰子 3。这就是三种隐状态，因为我们不知道老千每次使用的是哪种骰子。但是我们知道老千切换骰子的习惯，如图 19.4 所示。

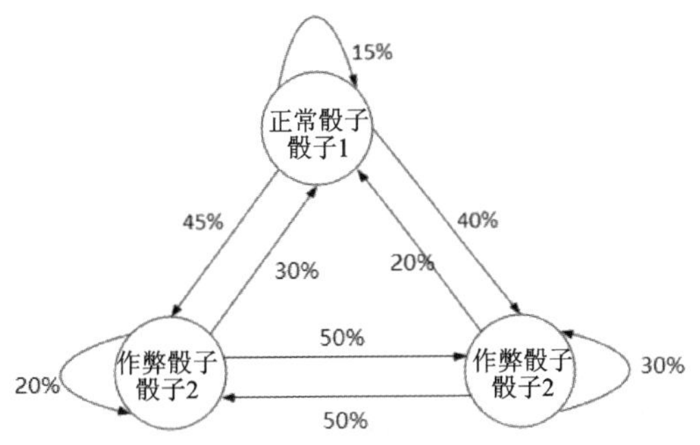


图 19.4　老千切换骰子的习惯

这个概率就是转移概率，表明了隐状态从一种状态转换到另一种状态的概率，写成矩阵形式就是：

$$\mathbf{A} = \begin{bmatrix} 0.15 & 0.45 & 0.40 \\ 0.30 & 0.20 & 0.30 \\ 0.20 & 0.50 & 0.30 \end{bmatrix} \tag{19.5}$$

我们也知道三种骰子掷出 1～6 点的概率分别如图 19.5 所示。

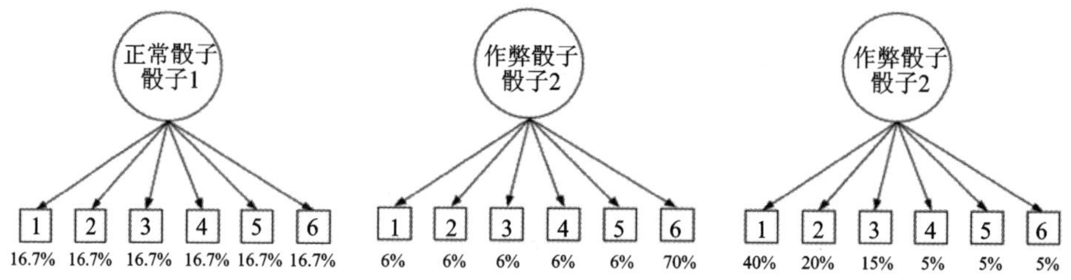


**图 19.5　三种骰子掷出 1～6 点的概率**

这些概率就称作输出概率，因为这个概率表明了从某种骰子（隐变量）到骰子点数（可观测值）的概率。输出概率也可以用矩阵的形式表示如下：

$$\boldsymbol{B}=\begin{bmatrix}0.16 & 0.16 & 0.16 & 0.16 & 0.16 & 0.16\\0.06 & 0.06 & 0.06 & 0.06 & 0.06 & 0.70\\0.40 & 0.20 & 0.15 & 0.05 & 0.05 & 0.05\end{bmatrix} \tag{19.6}$$

以上转移概率矩阵和输出概率矩阵就囊括了整个 HMM 模型，这个模型描述了状态转移的所有可能以及概率，也表明了状态改变带来的外在表现的呈现以及概率。

因此，用一句话总结 HMM 模型就是：有一个随时间不断改变的隐藏状态，它持续影响系统的外在表现。

## 19.4　朴素贝叶斯算法的 Python 实现

在 scikit-learn 中，一共有 3 个朴素贝叶斯的分类算法类。分别是 GaussianNB，MultinomialNB 和 BernoulliNB。其中 GaussianNB 就是先验为高斯分布的朴素贝叶斯，MultinomialNB 就是先验为多项式分布的朴素贝叶斯，而 BernoulliNB 就是先验为伯努利分布的朴素贝叶斯。我们使用 GaussianNB 完成下面的案例。

海伦小姐是一个大龄单身女青年，她提供了她以前所有的相亲案例，总共 1000 场（相亲好像有点多了），希望我们的 AI 能够帮助她分析一下这些数据，让她以后不用见面就能先大致知道对方属于自己心目中的哪一类人，以决定是否有必要去相这个亲。

海伦小姐的历史数据总共考察了 3 个指标，分别是：每年获得的飞行常客里程数、玩视频游戏所耗时间百分比、每周消费的冰淇淋公升数。海伦小姐对他们的评价也分为三类：不感兴趣，有点小心动，以及极具魅力的人。

首先我们导入相关的模块，加载 datingTestSet. txt 这个数据集（该数据集可以到网上自行下载）：

```
from  sklearn import metrics
from   sklearn.naive_bayes import GaussianNB
from   sklearn.model_selection import train_test_split
from   sklearn.preprocessing import MinMaxScaler

X = []
Y = []
fr = open("data/datingTestSet.txt")
index = 0
for line in fr.readlines():
line = line.strip()
line = line.split('\t')
X.append(line[:3])
Y.append(line[-1])
```

然后对数据进行归一化,并将数据集划分为训练集和测试集:

```
scaler = MinMaxScaler()
X = scaler.fit_transform(X)

train_X,test_X, train_y, test_y = train_test_split(X, Y, test_size = 0.2)
```

然后进行训练:

```
model = GaussianNB()
model.fit(train_X, train_y)
```

用测试数据进行测试,对模型进行评估:

```
expected = test_y
predicted = model.predict(test_X)
print(metrics.classification_report(expected, predicted))
```

好了,我们的模型已经建立好了。下面有一个新的相亲对象,他的每年获得的飞行常客里程数、玩视频游戏所耗时间百分比、每周消费的冰淇淋公升数这三个数据分别是:40920,8.326976,0.953952,看一看模型的预测结果吧:

```
X = [40920, 8.326976, 0.953952]
predicted = model.predict([X * scaler.scale_])
print(predicted)
```

预测的结果是 3,男神级别哦。

# 第 20 章

# KNN 算法

在这一章里，我们学习 KNN 算法，它在我们所学习的所有的机器学习算法中是最简单的一种算法，但是该算法的思想还是会给我们带来比较多的启示。

通过本章内容的学习，可以掌握：

➢ KNN 算法的思想；

➢ KNN 算法的 Python 实现。

## 20.1 KNN 算法的思想

KNN 算法是一种分类算法，它属于监督学习的一种。

KNN 是 k-Nearest-Neighbor 的缩写，其含义是 $k$ 个距离最近的邻居。该算法的理论基础是：相似的样本之间的距离较近。

如图 20.1 所示，数据集中有两类样本点，分别用红色的方块和蓝色的三角表示，注意它们是标记好的（所以 KNN 算法属于监督学习）。现在对于一个新的样本，即图中的绿色圆点，我们的任务是，怎样判断这个样本属于哪个类型呢？

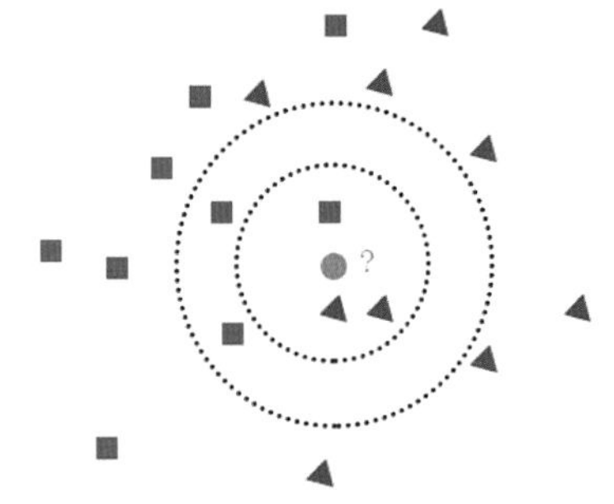


**图 20.1　KNN 算法**

KNN 算法的思想非常简单：找到距离它最近的 $k$ 个点，用这 $k$ 个点进行投票，如果这 $k$ 个点中大部分点属于某个类 A，则它属于类 A。

如图所示，当 $k=3$ 时，大部分的点属于蓝色三角所表示的类别，所以待判断的绿色圆点属于蓝色三角所表示的类别；当 $k=5$ 时，大部分的点属于红色方块所表示的类别，所以待判断的绿色圆点属于红色方块所表示的类别。

在实践中，我们首先要确定 $k$ 的值，然后进行分类。可以看出，$k$ 值的选择是非常重要的，它会直接影响分类的结果。

从上述的过程可以看出，KNN 算法并没有一个明显的训练过程，而是直接用标记好的数据来进行判断，这是值得我们注意的。

另外一个值得注意的是，KNN 算法不仅可以用于分类，同样可以用于回归。

回忆一下：在机器学习中什么是回归，什么是分类？

在用于回归任务时，先确定 $k$ 的值，然后用这个 $k$ 值取得待测样本点的 $k$ 个近邻，然后用这 $k$ 个近邻的标记值的算术平均值作为待测样本点的标记值。

一个改进的算法是，可以给这 $k$ 个近邻的标记值赋予不同的权值，距离越近，则权值越大。

## 20.2 KNN 算法的 Python 实现

下面我们通过 Python 实现来了解 KNN 算法。

我们仍然使用鸢尾花数据集，只取出该数据集的前两种类型来进行二分类问题的演示。

首先加载数据集，将第一类数据标记为红色，第二类数据标记为蓝色，待测数据标记为绿色。

```
import  numpy as np
import  matplotlib.pyplot as plt
from  sklearn import  datasets
iris = datasets.load_iris()
X = iris.data
Y = iris.target

#只取出 Y = 0,1 的数据，也就是两种类别的数据
x = X[Y<2,:2]
y = Y[Y<2]
plt.scatter(x[y = = 0,0],x[y = = 0,1],color = 'red')
plt.scatter(x[y = = 1,0],x[y = = 1,1],color = 'blue')
plt.scatter(5.6,3.2,color = 'green')
x_1 = np.array([5.6,3.2])
plt.title('KNN Demo')
```

结果如图 20.2 所示。

```
#计算距离
    distances = [np.sqrt(np.sum((x_t - x_1) * * 2)) for x_t in x]
#对距离进行排序
nearest = np.argsort(distances)
```

```
＃取距离最小的 k 个
k = 6 topk_y = [y[i] for i in nearest[:k]]


from collections import Counter
＃对 topk_y 进行投票统计 votes = Counter(topk_y)
＃返回票数最多的类别
predict_y = votes.most_common(1)[0][0]
print(predict_y)
```

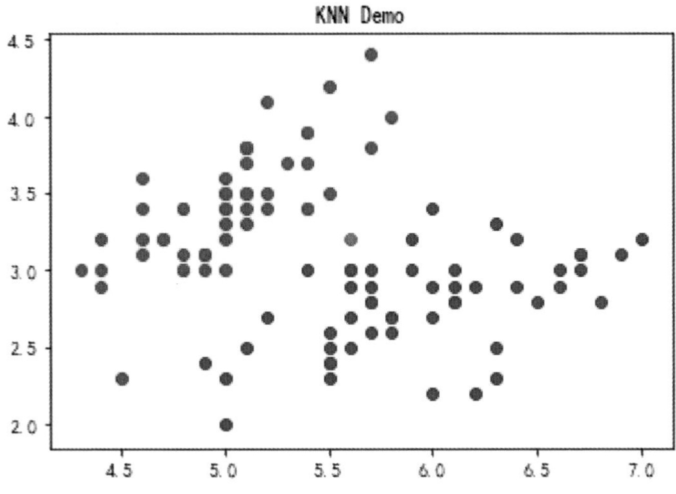


图 20.2　鸢尾花数据集

# 第21章

# 降维算法

降维是机器学习中另一类重要的算法，与其他算法不同的是，降维算法通常不单独使用，而是用于数据的预处理，将复杂的数据进行简化。

通过本章内容的学习，可以掌握：

- 降维的概念；
- LDA 降维算法的思想和推导；
- PCA 降维算法的思想和推导；
- PCA 降维算法的 Python 实现。

## 21.1 什么是降维

降维是将一个复杂的问题进行化简的一种重要的方法。为了理解什么是“降维”，我们先来看几个例子：

例 1：如图 21.1 所示立方体的边长为 $a$，一只蚂蚁从顶点 $A$ 沿立方体的表面爬到顶点 $C$，问该蚂蚁爬过的最短路程为多少？

把表面展开，将 $A$ 与 $C$ 置于同一平面中，如图 21.2 所示。

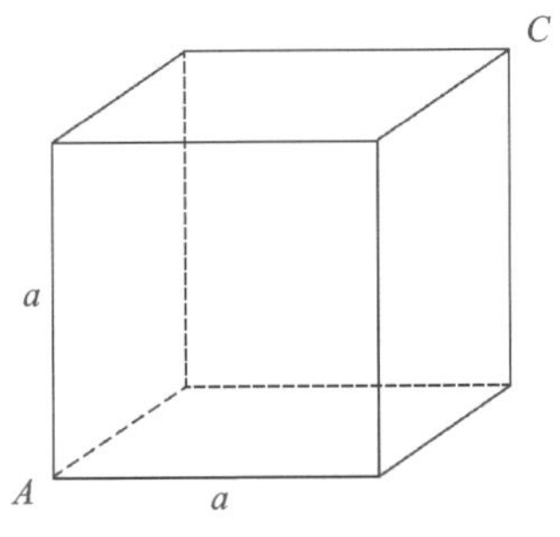


图 21.1　蚂蚁问题(一)

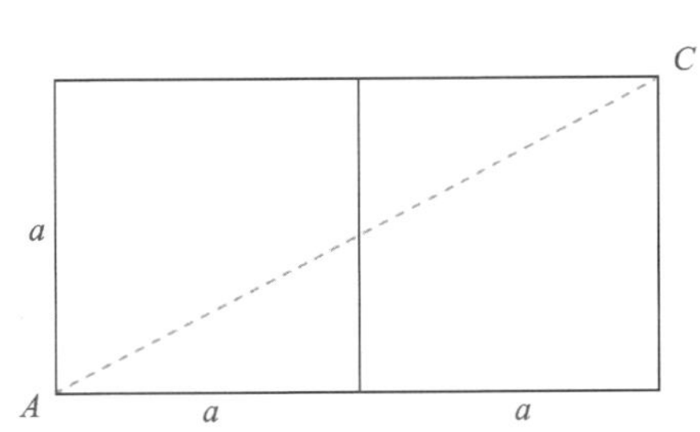


图 21.2　蚂蚁问题（二）

原问题简化为求平面图上 $A$、$C$ 两点之间的最短路径。由于在同一平面上，两点之间的线段最短，因此线段 $AC$ 的长度：

$$d = \sqrt{(2a)^2 + a^2} = \sqrt{5}a \tag{21.1}$$

即为最短路径。

在这个例子中，我们把一个立体几何的问题化简为一个平面几何的问题，因此它是一个“降维”的过程。

例 2：一个数据集中有两类样本，如图 21.3 所示。我们在图中随意取一条直线，然后作所有样本到该直线的投影。（这是样本有两个特征的情形，如果样本有三个特征，则取一个平面；如果样本特征大于三个，则取一个超平面。）

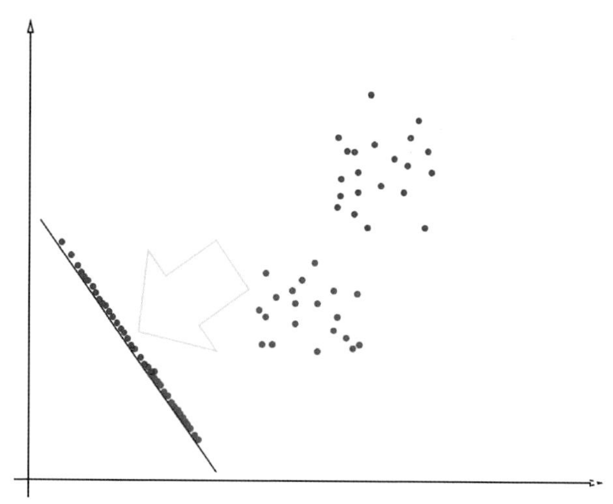

**图 21.3　样本的投影（一）**

如果该数据集是线性可分的，那么我们将该直线进行旋转，则一定可以找到一条直线，当我们将所有的样本都投影到该直线上之后，该数据集线性可分，如图 21.4 所示。

这样，通过旋转这条直线，并将样本点投影到该直线的方法，我们就可以将数据集进行分类。这也是一种降维解决问题的方法，我们将在本章的第二小节继续研究这一方法。

例 3：现在我们要分析北京地区的房价受哪些因素的影响，因此我们收集了很多数据得到一个数据集，这个数据集有很多的特征，比如位置、交通、容积率、楼型、房屋面积、房间数量、物业费，等等。由于特征很多，我们分析问题会很费力，于是我们想到通过减少特征数量的方式来降低问题的复杂程度。通过研究我们发现，这些特征之间并不是相互完全独立的，比如说，房屋面积和房间数量就有很高的相关性（房屋面积越大则房间数量往往越多），所以我们可以把房间数量这个特征去掉，这样，当我们减少这些相关性很高的特征时，我们就降低了问题的复杂性，并且对于我们的预测结果并不会有太大的影响。

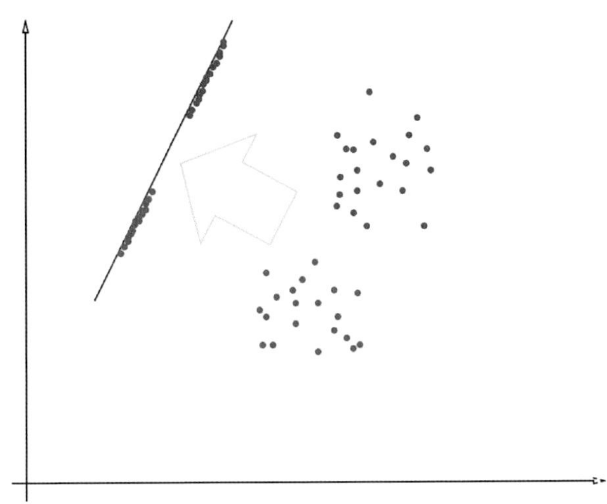

图 21.4　样本的投影（二）

上述的方法也是一种降维解决问题的方法，我们将在本章的第三小节继续研究这一方法。

## 21.2　LDA 算法—线性判别分析（Linear Discriminant Analysis）

在这一小节里，我们继续考察上面的例 2，该问题的实质是：求一个旋转向量 $\vec{w}$，将数据 $\vec{x}$ 投影到一维，即：

$$y = \vec{w}^T \cdot \vec{x} \tag{21.2}$$

投影后，存在一个阈值 $y_0$，当 $y \geqslant y_0$ 时，属于 $C_1$ 类，否则属于 $C_2$ 类。

假设 $C_1$ 类中有 $N_1$ 个点，$C_2$ 类中有 $N_2$ 个点，则投影前的类内均值为

$$\begin{cases} \vec{m}_1 = \dfrac{1}{N_1} \sum\limits_{i=1}^{N_1} \vec{x}_i \\ \vec{m}_2 = \dfrac{1}{N_2} \sum\limits_{i=1}^{N_2} \vec{x}_i \end{cases} \tag{21.3}$$

投影后的类内均值和松散度（松散度是样本松散程度的度量，值越大，越分散）为

$$\begin{cases} m_1 = \vec{w}^T \cdot \vec{m}_1 \\ m_2 = \vec{w}^{\mathrm{T}} \cdot \vec{m}_2 \end{cases} \tag{21.4}$$

$$\begin{cases} s_1^2 = \sum_{i=1}^{N_1} (y_i - m_1)^2 \\ s_2^2 = \sum_{i=1}^{N_2} (y_i - m_2)^2 \end{cases} \tag{21.5}$$

其中的松散度 $s^2$ 除以 $N$ 就是方差。

则我们的目标函数可以写成(Fisher 判别准则)：

$$J(\vec{w}) = \frac{(m_2 - m_1)^2}{s_1^2 + s_2^2} \tag{21.6}$$

它的含义是:投影之后的两类点的均值越远越好,并且散列程度越小越好。

由于

$$\begin{aligned} (m_2 - m_1)^2 &= (\vec{w}^T \cdot \vec{m}_2 - \vec{w}^T \cdot \vec{m}_1)^2 \\ &= (\vec{w}^T \cdot (\vec{m}_2 - \vec{m}_1))^2 \\ &= ((\vec{m}_2 - \vec{m}_1)^T \cdot \vec{w})^2 \\ &= ((\vec{m}_2 - \vec{m}_1)^T \cdot \vec{w})^T((\vec{m}_2 - \vec{m}_1)^T \cdot \vec{w}) \\ &= (\vec{w}^T \cdot (\vec{m}_2 - \vec{m}_1))((\vec{m}_2 - \vec{m}_1) \cdot \vec{w}) \\ &= \vec{w}^T \cdot (\vec{m}_2 - \vec{m}_1) \cdot (\vec{m}_2 - \vec{m}_1)^T \cdot \vec{w} \end{aligned} \tag{21.7}$$

令 $S_b = (\vec{m}_2 - \vec{m}_1) \cdot (\vec{m}_2 - \vec{m}_1)^T)$,得

$$(m_2 - m_1)^2 = \vec{w}^T \cdot S_b \cdot \vec{w} \tag{21.8}$$

用类似的方法,我们可以得到：

$$s_1^2 + s_2^2 = \vec{w}^T \cdot S_w \cdot \vec{w} \tag{21.9}$$

$$S_w = \left(\sum_{i=1}^{N_1} (\vec{x}_i - \vec{m}_1) \cdot (\vec{x}_i - \vec{m}_1)^T\right) + \left(\sum_{i=1}^{N_2} (\vec{x}_i - \vec{m}_2) \cdot (\vec{x}_i - \vec{m}_2)^T\right)$$

在上面的式子中,$S_b$ 和 $S_w$ 分别是类内散列值和类间散列值,它们可以通过样本计算得到,是已知的。

这样,损失函数变成：

$$J(\vec{w}) = \frac{\vec{w}^T \cdot S_b \cdot \vec{w}}{\vec{w}^T \cdot S_w \cdot \vec{w}} \tag{21.10}$$

为求它的极值,我们来求它的偏导：

$$\begin{aligned} \frac{\partial J(\vec{w})}{\partial \vec{w}} &= \left(\frac{\vec{w}^T \cdot S_b \cdot \vec{w}}{\vec{w}^T \cdot S_w \cdot \vec{w}}\right)' \\ &= \frac{(\vec{w}^T \cdot S_b \cdot \vec{w})'(\vec{w}^T \cdot S_b \cdot \vec{w}) - (\vec{w}^T \cdot S_w \cdot \vec{w})'(\vec{w}^T \cdot S_w \cdot \vec{w})}{(\vec{w}^T \cdot S_w \cdot \vec{w})^2} \\ &= \frac{2S_b\vec{w}(\vec{w}^T \cdot S_w \cdot \vec{w}) - 2S_w\vec{w}(\vec{w}^T \cdot S_b\vec{w})}{(\vec{w}^T \cdot S_W \cdot \vec{w})^2} \end{aligned} \tag{21.11}$$

令上式为 0，得：

$$S_b\vec{w}(\vec{w}^T \cdot S_w \cdot \vec{w}) = S_w\vec{w}(\vec{w}^T \cdot S_b \cdot \vec{w}) \quad (21.12)$$

由于 $\vec{w}^T \cdot S_w \cdot \vec{w}$ 和 $\vec{w}^T \cdot S_b \cdot \vec{w}$ 都是标量，所以上式的含义是：$S_b\vec{w}$ 与 $S_w\vec{w}$ 同方向。

由于

$$S_b = (\vec{m}_2 - \vec{m}_1) \cdot (\vec{m}_2 - \vec{m}_1)^T \quad (21.13)$$

所以

$$S_b\vec{w} = (\vec{m}_2 - \vec{m}_1) \cdot (\vec{m}_2 - \vec{m}_1)^T\vec{w} \quad (21.14)$$

由于 $(\vec{m}_2 - \vec{m}_1)^T\vec{w}$ 是一个标量，所以上式的含义是 $S_b\vec{w}$ 与 $\vec{m}_2 - \vec{m}_1$ 同方向。

由于 $S_b\vec{w}$ 与 $S_w\vec{w}$ 同方向，所以 $S_w\vec{w}$ 与 $\vec{m}_2 - \vec{m}_1$ 同方向。

如果 $S_w$ 可逆，则 $\vec{w}$ 与 $S_w^T \cdot (\vec{m}_2 - \vec{m}_1)$ 同方向，问题得到了解决。

## 21.3　PCA 算法—主成分分析（PCA-Principle Component Analysis）

### 21.3.1　数学预备知识 1：矩阵的特征值和特征向量

#### 1. 方阵的特征值和特征向量

我们在本书的第二章讲到，方阵表示一个线性变换，它将一个向量变换为另一个同维向量，这种变换包括将向量进行伸缩和旋转。

一个方阵可以对同维的所有向量都进行线性变换（伸缩和旋转），在这些向量中，如果存在某些向量，如果方阵对它们只做伸缩，不做旋转，则这些向量称为该方阵的特征向量，伸缩的比例称为该特征向量所对应的特征值（它是实数，当特征值为负数时，实际上变换后的向量和原向量会反向）。

下面是方阵的特征值和特征向量的定义：

设 $\boldsymbol{A}$ 是 $n$ 阶方阵，如果实数 $\lambda$ 和 $\boldsymbol{n}$ 维非零列向量 $\boldsymbol{\alpha}$ 使关系式

$$\boldsymbol{A}\alpha = \lambda\boldsymbol{\alpha}$$

成立，则实数 $\lambda$ 称为矩阵 $\boldsymbol{A}$ 的特征值，非零向量 $\boldsymbol{\alpha}$ 称为 $\boldsymbol{A}$ 的对应于特征值 $\boldsymbol{\theta}$ 的特征向量。

这个关系式的意义是什么呢？方阵所表示的线性变换将其特征向量 $\boldsymbol{\alpha}$ 保持方向不变，而将其长度伸缩 $\lambda$ 倍（$\lambda$ 是实数的情形，对于非特征向量，上述关系式的解中 $\lambda$ 是虚数，即对该向量进行旋转操作）。下面是几个例子：

例 1：如图 21.5 所示（我们只考察第一象限的情况），垂直错切矩阵 $\begin{bmatrix} 1 & m \\ 0 & 1 \end{bmatrix}$ 将所

有的向量进行错切，只有 $x$ 轴上的向量方向不变（并且长度也不变），所以 $x$ 轴上的向量 $(k,0)$ 是该方阵的特征向量，其对应的特征值是 1。

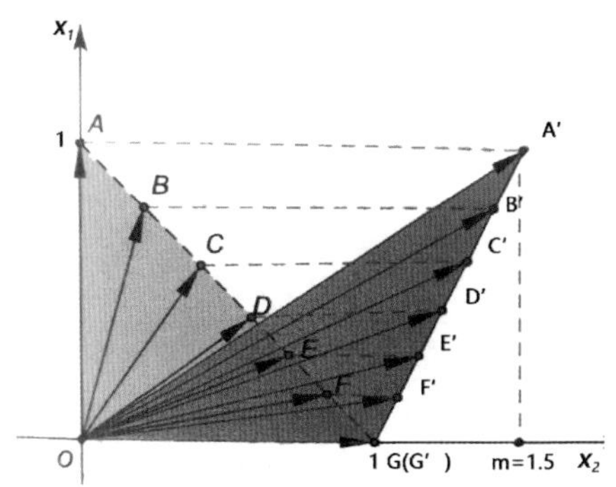


图 21.5　方阵的特征值和特征向量

例 2：方阵 $\begin{bmatrix}\cos\theta & -\sin\theta\\ \sin\theta & \cos\theta\end{bmatrix}$ 将所有的（二维）向量都逆时针旋转 $\theta$ 度，所以该方阵没有特征向量。

例 3：矩阵 $\begin{bmatrix}2 & 0\\ 0 & 2\end{bmatrix}$ 将所有的向量都在其原方向上放大了 2 倍，因而所有的向量都是其特征向量，对应的特征值都是 2。

## 2. 对角阵的特征值和特征变量

我们举几个例子来考察一下对角阵的特征值和特征变量的性质。

例 1：单位矩阵 $\begin{bmatrix}1 & 0\\ 0 & 1\end{bmatrix}$

由特征方程

$$\begin{vmatrix}\lambda-1 & 0\\ 0 & \lambda-1\end{vmatrix}=0$$

得特征值 $\lambda_1=\lambda_2=1$。

由方程

$$(\boldsymbol{A}-\lambda\boldsymbol{E})\boldsymbol{X}=0$$

得任意向量都是该矩阵的特征向量。

实际上，单位矩阵 $\begin{bmatrix}1 & 0\\ 0 & 1\end{bmatrix}$ 所表示的线性变换为恒等变换，也就是说，它把所有的向量都变换为该向量本身。这跟我们所得到的关于该矩阵的特征值和特征向量的性质的结论是一致的。

例 2：

对角阵 $\begin{bmatrix} 1 & 0 \\ 0 & 3 \end{bmatrix}$

由特征方程

$$\begin{vmatrix} \lambda - 1 & 0 \\ 0 & \lambda - 3 \end{vmatrix} = 0$$

得特征值 $\lambda_1 = 1, \lambda_2 = 3$。

将 $\lambda_1 = 1$ 带入方程

$$(\boldsymbol{A} - \lambda\boldsymbol{E})\boldsymbol{X} = 0$$

得到其特征向量是 $k\begin{vmatrix} 1 \\ 0 \end{vmatrix}$，也就是说，该矩阵所表示的线性变换将所有 $x$ 轴上的向量都做恒等变换。

将 $\lambda_2 = 3$ 带入方程

$$(\boldsymbol{A} - \lambda\boldsymbol{E})\boldsymbol{X} = 0$$

得到其特征向量是 $k\begin{vmatrix} 0 \\ 1 \end{vmatrix}$，也就是说，该矩阵所表示的线性变换将所有 $y$ 轴上的向量都加长 3 倍。

对于其他的任意向量，则保持其 $x$ 轴上的长度不变，$y$ 轴上的长度都加长 3 倍。

例 3：对角阵 $\begin{bmatrix} 1 & 0 & 0 \\ 0 & 3 & 0 \\ 0 & 0 & 3 \end{bmatrix}$

通过与上面完全类似的计算可以得到该矩阵的特征值为 $\lambda_1 = 1, \lambda_2 = \lambda_3 = 3$。

对应特征值 $\lambda_1 = 1$ 的特征向量是 $k\begin{vmatrix} 1 \\ 0 \\ 0 \end{vmatrix}$，也就是说，该矩阵所表示的线性变换将所有 $x$ 轴上的向量都做恒等变换。

对应特征值 $\lambda_2 = \lambda_3 = 3$ 的两个线性无关的特征向量是 $k\begin{vmatrix} 0 \\ 1 \\ 0 \end{vmatrix} k\begin{vmatrix} 0 \\ 0 \\ 1 \end{vmatrix}$，根据特征向量的性质，所有的向量 $k_1\begin{vmatrix} 0 \\ 1 \\ 0 \end{vmatrix} + k_2\begin{vmatrix} 0 \\ 0 \\ 1 \end{vmatrix}$ 都是其特征向量，也就是说，该矩阵所表示的线性变换将所有与 $x$ 轴垂直的平面上的向量都加长 3 倍。

关于对角阵的特征值和特征向量，我们有以下的重要结论：对角阵的特征向量都是沿着基的方向。

### 3. 实对称矩阵的特征值和特征向量的性质

例 1：实对称矩阵 $\boldsymbol{A}=\begin{bmatrix}1 & 1\\1 & 1\end{bmatrix}$ 的特征值是 $\lambda_1=0$，$\lambda_2=2$。

特征值 $\lambda_1=0$ 对应的特征向量是 $k\begin{bmatrix}1\\-1\end{bmatrix}$，特征值 $\lambda_1=2$ 对应的特征向量是 $k\begin{bmatrix}1\\1\end{bmatrix}$。

也就是说，该实对称矩阵将所有的向量 $k\begin{bmatrix}1\\-1\end{bmatrix}$（与 $x$ 轴成 145°角的向量）都线性变换为 0 向量，将所有的向量 $k\begin{bmatrix}1\\1\end{bmatrix}$（与 $x$ 轴成 45°角的向量）都加长 2 倍。

而对于任意的向量，该线性变换将它在与 $x$ 轴成 145°角的方向上的分量都清零，将它在与 $x$ 轴成 45°角的方向上的分量都加长 2 倍。

例 2：实对称矩阵 $\begin{bmatrix}1 & 2\\2 & 1\end{bmatrix}$ 的特征值是 $\lambda_1=3$，$\lambda_2=-1$。

特征值 λ1＝3 对应的特征向量是 $k\begin{bmatrix}1\\1\end{bmatrix}$，特征值 λ1＝ −1 对应的特征向量是 $k\begin{bmatrix}1\\-1\end{bmatrix}$。

也就是说，该实对称矩阵将所有的向量 $k\begin{bmatrix}1\\1\end{bmatrix}$（与 $x$ 轴成 45°角的向量）都加长 3 倍，将所有的向量 $k\begin{bmatrix}1\\-1\end{bmatrix}$（与 $x$ 轴成 145°角的向量）都反转方向且保持长度不变。

而对于任意的向量，该线性变换将它在与 $x$ 轴成 45°角的方向上的分量都加长 3 倍，将它在与 $x$ 轴成 145°角的方向上的分量都反转方向且保持长度不变。

到此我们已经可以得出关于线性变换与特征值和特征向量之间的关系的重要结论，即下面的谱定理(Spectral Theorem)：

一个线性变换（用矩阵乘法表示）可表示为它的所有的特征向量的一个线性组合，其中的线性系数就是每一个向量对应的特征值。写成公式就是：

$$T(v)=\lambda_1(v_1\cdot v)v_1+\lambda_2(v_2\cdot v)v_2+\cdots$$

以下是关于实对称矩阵的特征值和特征向量的结论：

(1) 实对称矩阵的特征值都是实数，特征向量都是实向量。

(2) 实对称矩阵的不同特征值对应的特征向量是正交的。

(3) $n$ 阶实对称矩阵 $\boldsymbol{A}$ 的一个 $k$ 重的特征值 $\lambda$ 必有 $k$ 个线性无关的特征向量。或者说必有秩

$$r(\lambda\boldsymbol{E}-\boldsymbol{A})=n-k$$

### 4. 相似矩阵

方阵相似的定义如下：设 $\boldsymbol{A}$,$\boldsymbol{B}$ 都是 $n$ 阶方阵，若存在可逆矩阵 P，使

$$\boldsymbol{P}^{-1}\boldsymbol{AP}=\boldsymbol{B}$$

则称 $\boldsymbol{B}$ 是 $\boldsymbol{A}$ 的相似矩阵，或者说矩阵 $\boldsymbol{A}$ 与 $\boldsymbol{B}$ 相似。$\boldsymbol{P}$ 称为把 $\boldsymbol{A}$ 变成 $\boldsymbol{B}$ 的相似变换矩阵。

相似矩阵的几何意义是：如果一个线性变换在两组不同的基下的矩阵分别是 $\boldsymbol{A}$ 和 $\boldsymbol{B}$，则 $\boldsymbol{A}$ 和 $\boldsymbol{B}$ 相似。

以下是关于实对称矩阵的相似矩阵的结论：

实对称矩阵必与一个对角阵相似，并且相似对角阵上的元素即为矩阵本身的特征值，相似变换矩阵 $\boldsymbol{P}$ 是由所有线性无关的特征向量组成的。

### 5. 特征值分解

一个方阵可以分解为下面的形式：

$$\boldsymbol{A}=\boldsymbol{Q}\Sigma\boldsymbol{Q}^{-1}$$

其中 $\boldsymbol{Q}$ 是这个矩阵 $\boldsymbol{A}$ 的特征向量组成的矩阵，$\Sigma$ 是一个对角阵，每个对角线上的元素就是一个特征值。

### 6. 奇异值分解

对于任意的 $m * n$ 矩阵来说，则可以分解为以下的形式：

$$\boldsymbol{A}=\boldsymbol{U}\Sigma\boldsymbol{V}^{\mathrm{T}}$$

假设 $\boldsymbol{A}$ 是一个 $m*n$ 的矩阵，则得到的 U 是一个 $m*m$ 的方阵（里面的向量是正交的，称为左奇异向量），$\Sigma$ 是一个 $m*n$ 的矩阵（除了对角线上的元素外都是 0，对角线上的元素称为奇异值），$V^{\mathrm{T}}$是一个 $n*n$ 的方阵（里面的向量是正交的，称为右奇异向量）。那么奇异值，左奇异向量和右奇异向量是怎么得到的呢？

首先我们计算 $\boldsymbol{A}^{\mathrm{T}}\boldsymbol{A}$（它是一个方阵）的特征值和特征向量：

$$(\boldsymbol{A}^{\mathrm{T}}\boldsymbol{A})\boldsymbol{V}_i=\lambda_i v_i$$

这里得到的 $\boldsymbol{v}$ 就是上面的右奇异向量。接着我们计算：

$$\sigma_i=\sqrt{\lambda_i}$$

$$\boldsymbol{u}_i=\frac{1}{\sigma_i}\boldsymbol{A}v_i$$

这里的 $\sigma$ 就是奇异值，$\boldsymbol{u}$ 就是左奇异向量。

奇异值 $\sigma$ 跟特征值类似，在矩阵 $\Sigma$ 中也是从大到小排列，而且 $\sigma$ 的减少特别的快，在很多情况下，前 10：

$$\boldsymbol{A}_{m*n}\approx\boldsymbol{U}_{m*r}\approx\boldsymbol{\Sigma}_{r*r}\approx\boldsymbol{V}^{\mathrm{T}}_{r*n}$$

这里 $r$ 要远小于 $m$ 和 $n$，右边的三个矩阵相乘的结果将会是一个接近于 $A$ 的矩阵。$r$ 越接近于 $n$，则相乘的结果越接近于 $A$。而这三个矩阵的数据量之和要远远小于原始的矩阵 $A$，我们如果想要压缩空间来表示原矩阵 $A$，我们存下这里的三个矩

阵：$U$、$\Sigma$、$V$ 就好了。

这里需要指出，奇异值的计算是一个难题，它是一个 $O(N^3)$ 的算法，在单机情况下，Matlab 在一秒钟内就可以算出 1000 * 1000 的矩阵的所有奇异值，但是当矩阵的规模增长的时候，计算的复杂度呈 3 次方增长，就需要并行计算参与了。目前已经有算法解决了这个难题。

## 21.3.2 数学预备知识 2：方差、协方差和协方差矩阵

假定有一些随机数：

$$X = x_1, x_2, \cdots, x_n \tag{21.15}$$

我们可以求得它们的均值

$$\mu = \frac{x_1 + x_2 + \cdots + x_n}{N} = \frac{\Sigma x_i}{N} \tag{21.16}$$

均值 $\mu$ 是关于这些随机数的一个很重要的度量。不过光有均值还不够，我们还需要度量各个随机数距离均值的偏差。最初想到的一个方法是，计算各个随机值与均值的差的平均值（也就是各个随机值与均值的差的和除以样本数 N）。但是由于各个随机值与均值的差有正有负，所以它们可能相互抵消（最极端的情况下，虽然各个随机值与均值之间均有偏差，但是计算出来的平均值为 0）。为了避免这种情况，我们改求各个随机值与均值的差的平方和再除以样本数 $N$，这就是方差的定义：

$$\sigma^2 - \frac{\Sigma (x_i - \mu)^2}{N} \tag{21.17}$$

接下来我们考察相互有关的多个随机变量的问题。例如：一个班级 50 个学生的语文、数学、英语 3 门课程的成绩。再比如一幅彩色照片的三个通道的值。对于相互有关的多个随机变量，一方面，我们仍然可以求出每个随机变量的方差，另一方面，我们可以求出各个随机变量两两之间的协方差。协方差的定义是：

$$\mathrm{conv}(x, y) = \frac{\Sigma (x_i - \mu_x)(y_i - \mu_y)}{N} \tag{21.18}$$

协方差度量的是两个变量偏离均值的相关性，如果一个变量正向偏离均值时，另一个变量也正向偏离均值，则它们的协方差是正的；如果一个变量正向偏离均值时，另一个变量负向偏离均值，则它们的协方差是负的；如果两个变量偏离均值没有相关性，则它们的协方差为 0。

如图 21.6 所示，两条横线分别表示两个随机变量的均值，而样本 1 -样本 5 的这两个随机变量的值都用小圆点表示，当这些样本的这两个随机变量的值（几乎全部）同方向变动时，协方差是正值。

如图 21.7 所示，当这些样本的这两个随机变量的值（几乎全部）反方向变动时，协方差是负值。

如图 21.8 所示，当这些样本的这两个随机变量的值的变动方向没有规律时，协

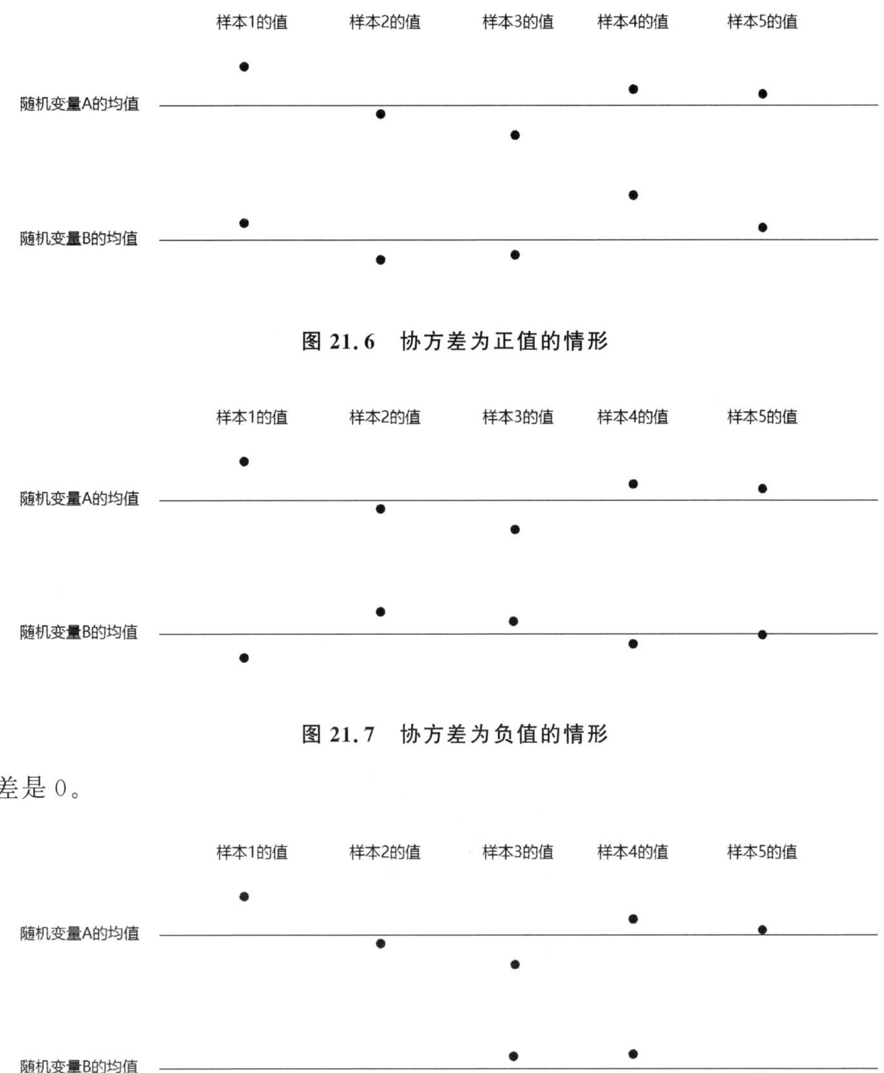


图 21.6　协方差为正值的情形



图 21.7　协方差为负值的情形

方差是 0。



图 21.8　协方差为 0 的情形

根据方差和协方差的定义，我们还可以看出：方差实际上是一种特殊的协方差，即随机变量和它自身的协方差。

对于 $n$ 个随机变量，这些协方差可以可以组成一个 $n*n$ 的方阵，称为协方差矩阵。

$$C = \begin{bmatrix} \mathrm{conv}(x_1, x_1) & \mathrm{conv}(x_1, x_2) & \cdots & \mathrm{conv}(x_1, x_n) \\ \mathrm{conv}(x_2, x_1) & \mathrm{conv}(x_2, x_2) & \cdots & \mathrm{conv}(x_2, x_n) \\ \mathrm{conv}(x_n, x_1) & \mathrm{conv}(x_n, x_2) & \cdots & \mathrm{conv}(x_n, x_n) \end{bmatrix} \tag{21.19}$$

由于 $\mathrm{conv}(x_i, x_j) = \mathrm{conv}(x_j, x_i)$，所以协方差矩阵是一个对称阵。由于 $\mathrm{conv}(x_i, x_i)$ 就是随机变量 $x_i$ 的方差，所以协方差矩阵的对角线上的各个元素就是随机变量 $x_1, x_2, \cdots, x_n$ 的方差。

### 21.3.3 主成分分析

在实际问题中往往需要研究很多个特征，而这些特征存在一定的相关性。主成分分析(PCA)的思路是，将多个特征综合为少数几个有代表性的特征，它们既能够代表原始特征的绝大多数信息，组合后的特征又不相关。这样，我们通过减少特征的数量(即降维)达到了降低问题复杂性，又尽可能少地减少数据的特征损失的目的，这就是主成分分析(PCA)。

那么我们怎么提取数据的“主成分”呢？

假定我们采集到如图 21.9 所示的原始数据。

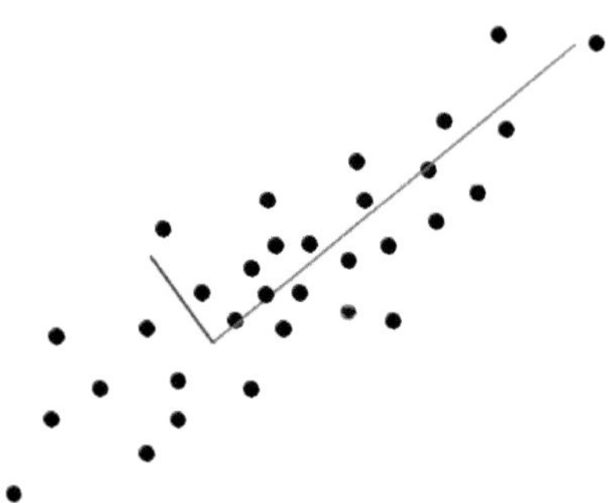

**图 21.9　PCA 分析**

为了寻找样本的主方向，将所有的 $m$ 个样本投影到某直线 $L$ 上，得到 $m$ 个位于直线 $L$ 上的点，计算这 $m$ 个投影点的方差，我们认为方差最大的直线方向是主方向(图中绿线所在的方向)。

PCA 的全部工作简单点说，就是在原始的空间中顺序地找一组相互正交的坐标轴，第一个轴是使得方差最大的，第二个轴是在与第一个轴正交的平面中使得方差最大的，第三个轴是在与第 1、2 个轴正交的平面中方差最大的，这样假设在 $N$ 维空间中，我们可以找到 $N$ 个这样的坐标轴，我们取前 $r$ 个去近似这个空间，就可以提取数据的前 $r$ 个“主成分”了。

下面我们进行 PCA 的推导。

我们的任务在于,对于一个有 $m$ 个样本,每个样本有 $n$ 个特征的数据组成的矩阵:

$$A=\begin{bmatrix} a_{11} & a_{12} & \cdots a_{1n} \\ a_{21} & a_{22} & \cdots a_{2n} \\ \cdots & & \\ a_{m1} & a_{m2} & \cdots a_{mn} \end{bmatrix} \tag{21.20}$$

要找到一个投影直线 $L$,使得所有的数据投影到该直线上的方差最小。

设投影直线 $L$ 方向上的单位向量为 $\boldsymbol{u}$,则根据上面的补充知识,$\boldsymbol{Au}$ 这个向量的各个分量就是 $m$ 个样本在 $L$ 方向上的投影的长度。假定 $m$ 个样本事先是去均值的,则向量 $\boldsymbol{Au}$ 的方差

$$Var(\boldsymbol{Au})=(\boldsymbol{Au}-\boldsymbol{E})^{\mathrm{T}}(\boldsymbol{Au}-\boldsymbol{E})=(\boldsymbol{Au})^{\mathrm{T}}(\boldsymbol{Au})=\boldsymbol{u}^{\mathrm{T}}\boldsymbol{A}^{\mathrm{T}}\boldsymbol{Au} \tag{21.21}$$

所以目标函数

$$\boldsymbol{J}(\boldsymbol{u})=\boldsymbol{u}^{\mathrm{T}}\boldsymbol{A}^{\mathrm{T}}\boldsymbol{Au} \tag{21.22}$$

我们要求 $\boldsymbol{J}(\boldsymbol{u})$ 的最大值,约束条件为 $\boldsymbol{u}$ 是单位向量,即 $\|\boldsymbol{u}\|_2=1$,也就是 $\boldsymbol{u}^{\mathrm{T}}\boldsymbol{u}=1$。

求约束条件下的极值问题,我们直接用拉格朗日公式:

$$\boldsymbol{L}(\boldsymbol{u})=\boldsymbol{u}^{\mathrm{T}}\boldsymbol{A}^{\mathrm{T}}\boldsymbol{Au}-\lambda(\boldsymbol{u}^{\mathrm{T}}\boldsymbol{u}-1) \tag{21.23}$$

对其求 $\boldsymbol{u}$ 的导数:

$$\frac{\mathrm{d}\boldsymbol{L}(\boldsymbol{u})}{\mathrm{d}\boldsymbol{u}}=\boldsymbol{A}^{\mathrm{T}}\boldsymbol{Au}-\lambda\boldsymbol{u} \tag{21.24}$$

令其为 0,得到

$$\boldsymbol{A}^{\mathrm{T}}\boldsymbol{Au}=\lambda\boldsymbol{u} \tag{21.25}$$

由于 $\boldsymbol{A}^{\mathrm{T}}\boldsymbol{A}$ 是一个方阵,所以上式的含义就是,$\mathbf{u}$ 是方阵 $\boldsymbol{A}^{\mathrm{T}}\boldsymbol{A}$ 的特征向量,$\lambda$ 是方阵 $\boldsymbol{A}^{\mathrm{T}}\boldsymbol{A}$ 的特征值(它就是转置到 $\mathbf{u}$ 方向之后的方差)。

由于 $\boldsymbol{A}^{\mathrm{T}}\boldsymbol{A}$ 与 $\boldsymbol{A}$ 的协方差矩阵只相差一个系数 $n-1$,所以上述问题转化为求 $\boldsymbol{A}$ 的协方差矩阵的特征向量和特征值。

求出 $\boldsymbol{A}$ 的协方差矩阵(实对称阵)的特征向量和特征值之后,就可以用特征值分解的方法进行降维了。

## 21.4 PCA 算法的 Python 实现

我们仍然用鸢尾花数据集来做演示。我们知道,鸢尾花数据集有 4 个特征,所以它的维度是 4,这一小节我们的目标是,将数据集的维度降为 2,而能保证其主要特征没有太大的损失。以下是程序的代码:

```
import   matplotlib.pyplot as plt
from    sklearn.decomposition import PCA
from    sklearn.datasets import load_iris

data = load_iris()
y = data.target
x = data.data
pca = PCA(n_components = 2)
reduced_x = pca.fit_transform(x)

color_list = [ '#e26346', '#29322e','#10d17a']
marker_list = [ 'x', 'D','.']
for i in range (len(reduced_x)):
x =  reduced_x[i]
plt.scatter(x[0], x[1], c = color_list[y[i]], marker = marker_list[y[i]])
plt.show()
```

程序运行的结果如图 21.10 所示。

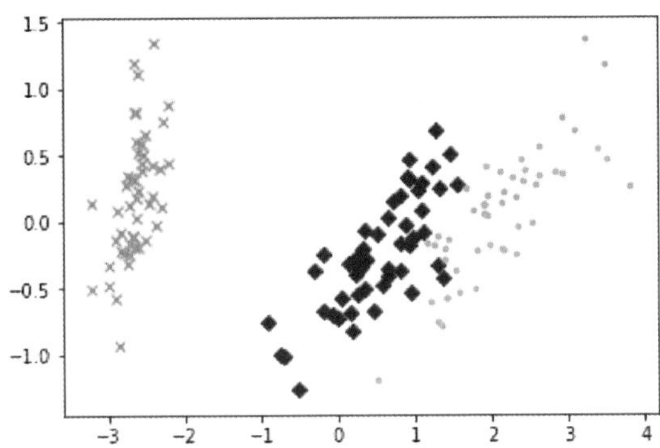


**图 21.10　对鸢尾花数据集进行 PCA 降维**

# 第22章

# 聚类算法

本章我们学习聚类算法，它是一种无监督的算法。通过本章内容的学习，可以掌握：

➢ 聚类的概念；

➢ K-MEANS 聚类算法的做法；

➢ K-MEANS 聚类算法的 Python 实现。

## 22.1 聚类的概念

在自然科学和社会科学中，存在着大量的分类问题。聚类(Clustering)算法是根据数据本身的相似性来对数据进行划分的一种算法，也就是“物以类聚，人以群分”。回忆一下前面所讲的“数据集的表示方法”的内容，我们可以将数据集中所有样本点用图形的方式表示出来，而样本点之间的距离表示了它们之间的相似程度。

假设一个数据集中所有的样本点如图 22.1 所示。

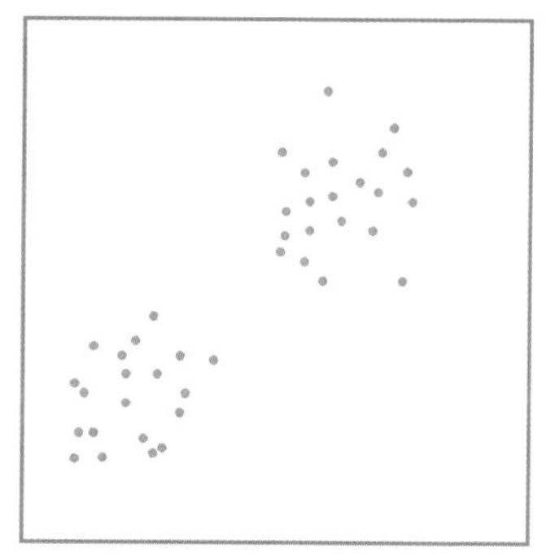

**图 22.1 聚 类**

我们可以直观地根据样本点之间的距离大致将这些样本分为两类，而聚类就是这样的一种根据样本点的相似性进行分类的算法。聚类算法是一种无监督的机器学习算法，也就是说，数据是没有标签的，需要算法根据数据本身的特点来“自我学习”，将数据分成几个类别（簇）。常见的聚类算法有 K-MEANS 算法和 DBSCAN 算法等，我们只学习 K-MEANS 算法。

## 22.2 K-MEANS 聚类算法

K-MEANS 算法首先要指定一个 $k$ 值，用于确定将数据分成几个簇。

其次，需要确定每个簇的“质心”，所谓质心，就是将该簇中所有数据的各个维度

取平均值所得到的数据点。

K－MEANS 算法的优化目标是：

$$\min \sum_{i=1}^{k} \sum_{x \in C_i} \text{dist}\ (C_i, x)^2 \tag{22.1}$$

其中 $C_i$ 是第 $i$ 个质心。也就是说，优化目标是对于每个簇来说，簇中的所有数据点到其质心的距离的平方和最小。

下面我们看一下 K－MEANS 算法的工作流程。

假定我们要对图 22.2 所示的数据进行聚类。

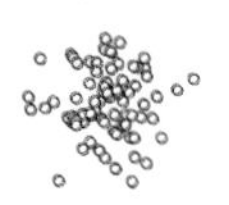

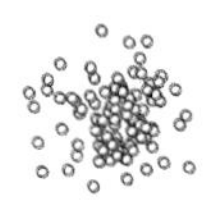

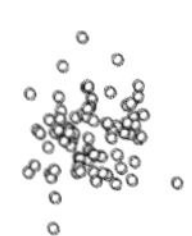

**图 22.2　K－MEANS 算法（一）**

第 1 步：我们指定聚类的 $k$ 值为 3，也就是打算把数据分成 3 个簇。

然后，我们随机地生成 3 个质心，如图 22.3 所示。

第 2 步：将所有的数据进行聚类，距离哪个质心较近，就属于哪个类，如图 22.4 所示。

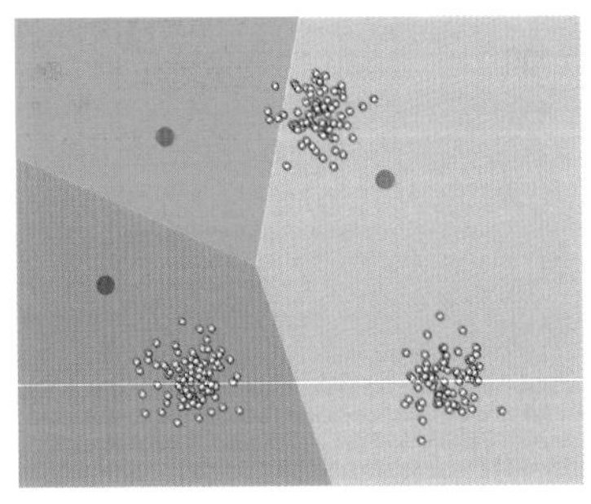

**图 22.3　K－MEANS 算法（二）**

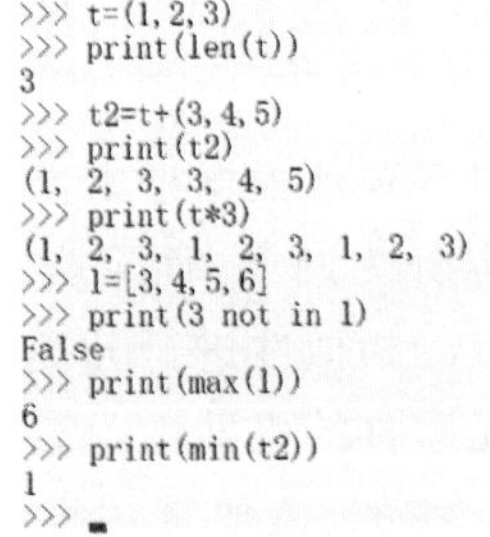


**图 22.4　K－MEANS 算法（三）**

第 3 步：对于每个类，重新计算其质心的位置，如图 22.5 所示。

第 4 步：重复上面的第 2，3 两步，直至所有的数据的类别都不再发生变化，如图 22.6 和图 22.7 所示，聚类完成。

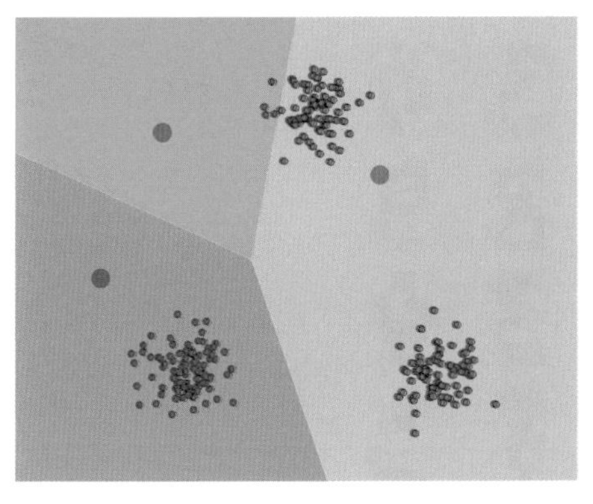

图 22.5　K-MEANS 算法（四）

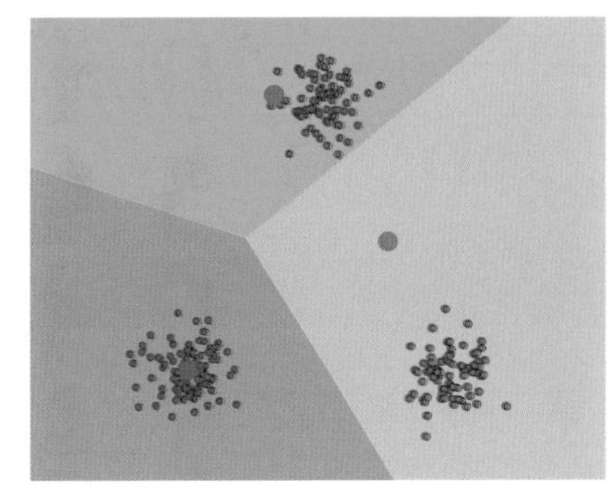

图 22.6　K-MEANS 算法（五）

K-MEANS 算法的优势是：简单，快速，适合常规数据集。

K-MEANS 算法的劣势是：$k$ 值难确定；复杂度与样本呈线性关系；很难发现任意形状的簇，比如图 22.8 所示的数据集。

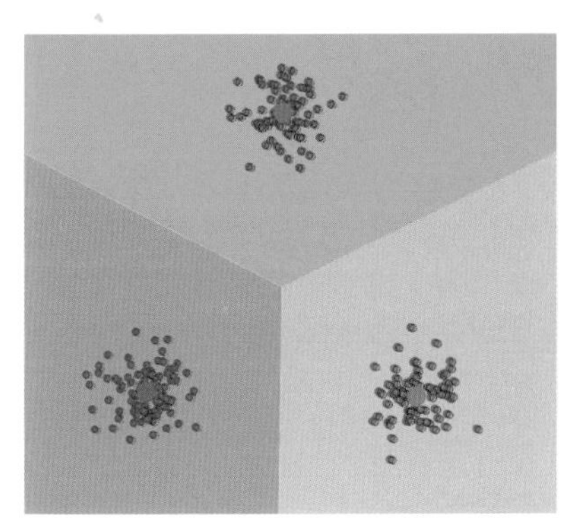

图 22.7　K-MEANS 算法（六）

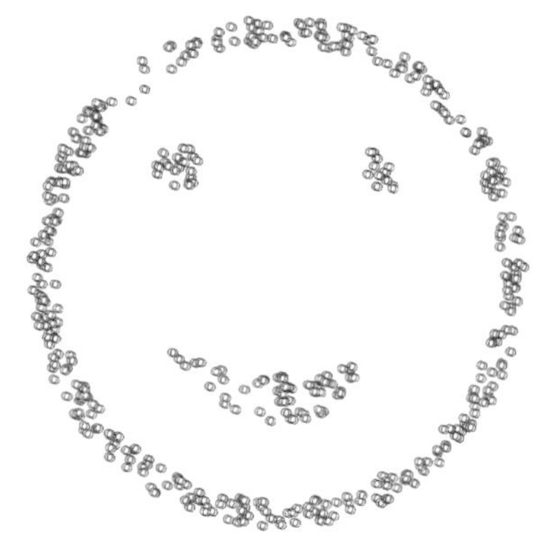

图 22.8　任意形状的簇

## 22.3　K-MEANS 聚类算法的 Python 实现

在这一小节，我们要用聚类算法对手写数字进行识别，我们使用的是 sklearn 自带的数据集。它由 1979 幅 8×8 的手写数字照片组成，图 22.9 是部分数据。

首先导入相应的模块，加载数据集，并对数据进行标准化和 PCA 降维：

图 22.9　手写数字数据

```
from   sklearn.datasets import load_digits
from   sklearn.cluster import KMeans
import   matplotlib.pyplot as plt
from   sklearn.decomposition import   PCA
from   sklearn.preprocessing import   scale

digits = load_digits()
data = scale(digits.data)
reduced_data = PCA(n_components = 2).fit_transform(data)
```

我们可以将这些点画出来：

```
plt.scatter(reduced_data[:, 0], reduced_data[:, 1], marker = '.')
```

结果如图 22.10 所示。

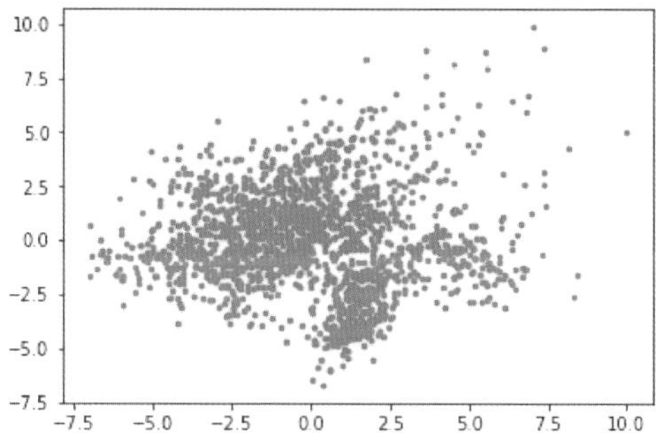


图 22.10　手写数字数据的图形

接下来调用 KMeans 对数据集进行训练：

```
n_digits = 10
kmeans  =  KMeans(init = 'k - means + + ', n_clusters = n_digits, n_init = 10)
kmeans.fit(reduced_data)
```

训练完成后，就可以将分类的结果（10 个簇心以及每个点所属的类别）画出来，如图 22.10 和图 22.11 所示。

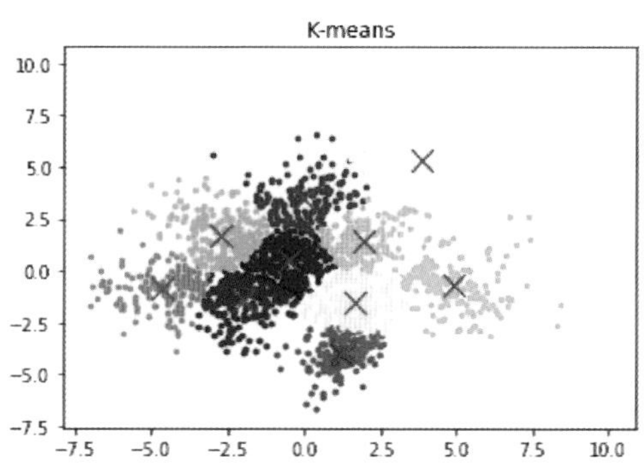


**图 22.11　手写数字识别的结果**

```
plt.clf()
centroids  =  kmeans.cluster_centers_
plt.scatter(centroids[:, 0], centroids[:, 1],
marker = 'x', s = 169, linewidths = 3,
color = 'w', zorder = 10)
color_list = [ '#000080', '#006400','#00CED1', '#800000', '#800080',
'#CD5C5C', '#DAA520', '#E6E6FA', '#F08080', '#FFE4C4']
label_pred  =  kmeans.labels_
for i in range  (n_digits):
x =  reduced_data[label_pred = =  i]
plt.scatter(x[:, 0], x[:, 1], c = color_list[i], marker = '.', label = 'label % s' % i)
```

# 第 23 章

# 决策树算法

本章我们学习机器学习算法中的另一个重要的算法:决策树(Decision Tree)算法。通过本章内容的学习,可以掌握:

- ➢ 决策树算法的概念;
- ➢ 决策树的训练;
- ➢ 怎样处理连续值的问题;
- ➢ ID3 算法,C4.5 算法和 CART 算法;
- ➢ 决策树的过拟合问题。

## 23.1 什么是决策树

首先我们看一下什么是决策树。通过一个例子,我们就很容易理解决策树的概念。有一位白富美,当别人给她介绍对象的时候,她有图 23.1 所示的是否见面的原则。

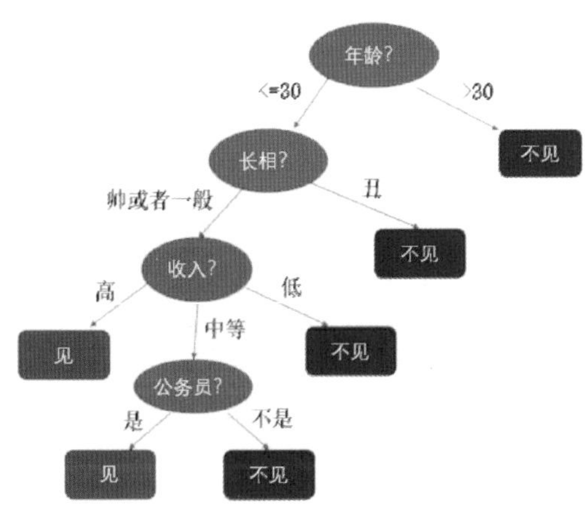


图 23.1 相亲决策

在这幅图中,桔红色的部分形成一棵树,其中的每个节点表示一个判断,通过这棵树,可以将相亲对象分为"见"或者"不见"两类,这就是一棵典型的决策树。

决策树算法是一种监督学习算法，它通过对已经做好标记的数据集进行训练，从而得到一棵决策树。图23.1所示的就是一棵训练好的决策树。当我们得到决策树后，使用这课决策树进行决策的过程非常简单：对于一个新的数据（在本例中是一个新的相亲对象），只需要走一遍决策树就能够判断该数据是属于哪个类别（见还是不见）。

所以，决策树算法的核心就是怎样建立决策树，一个显而易见的问题是：在上面的例子中，对于年龄、长相、收入、是否公务员这4个条件，我们先判断哪一个条件呢？依据是什么呢？这正是决策树算法要解决的问题。

## 23.2　决策树的训练

下面我们通过一个例子，讲一下决策树的训练过程。

如图23.2所示，这个数据集是采集到的以往在不同的天气条件（Outlook，Temperature，Humidity，Windy）下小明是否出去打球的数据，总共有14条。我们的目标就是要根据这14条数据构造一棵决策树，以供以后判断在不同的天气条件下小明是否会出去打球。

| Day | Outlook | Temperature | Humidity | Windy | Play |
|---|---|---|---|---|---|
| 1 | sunny | hot | high | FALSE | no |
| 2 | sunny | hot | high | TRUE | no |
| 3 | overcast | hot | high | FALSE | yes |
| 4 | rainy | mild | high | FALSE | yes |
| 5 | rainy | cool | normal | FALSE | yes |
| 6 | rainy | cool | normal | TRUE | no |
| 7 | overcast | cool | normal | TRUE | yes |
| 8 | sunny | mild | high | FALSE | no |
| 9 | sunny | cool | normal | FALSE | yes |
| 10 | rainy | mild | normal | FALSE | yes |
| 11 | sunny | mild | normal | TRUE | yes |
| 12 | overcast | mild | high | TRUE | yes |
| 13 | overcast | hot | normal | FALSE | yes |
| 14 | rainy | mild | high | TRUE | no |

图23.2　打球问题

首先我们看一下如果按天气进行划分的话，会是什么结果，如图23.3所示。

接下来，我们发现Outlook=overcast的情况下，所有的数据都已经划分好，所以不需要进一步划分了；Outlook=sunny的情况下，通过Temperature这个特征可以进行很好的划分；Outlook=rainny的情况下，通过Windy这个特征可以进行很好的划分。因此，进一步划分之后的情况如图23.4所示。

这样，通过两级的划分，每个叶子节点都只有一种数据，数据得到了很好的划分，

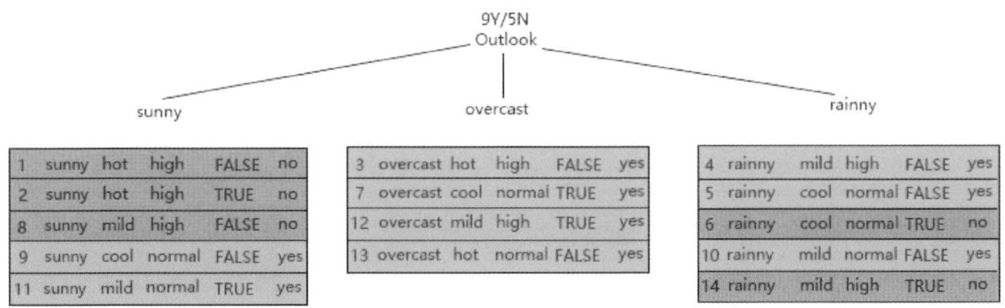


**图 23.3 按天气进行划分**

我们的决策树就建立好了。

但是问题是,在这 4 个特征中,我们应该首先用哪个特征进行判断呢?也就是说,在我们所构造的决策树中,谁应该是这棵树的根节点呢?接下来,第二层的节点又应该怎样确定呢?这显然是构造决策树时候的最基本和最核心的问题。

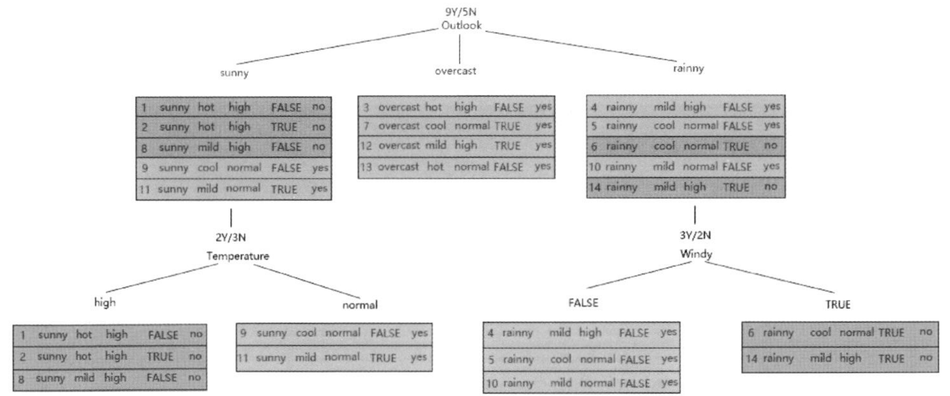


**图 23.4 进一步划分之后的情况**

很明显的思路是,我们应该比较这 4 个特征中,用哪个特征进行划分更加"有效",最"有效"的特征应该作为决策树的根节点;确定了接节点之后,我们用同样的思路,判断剩下的特征中,哪个特征更加"有效",从而将其中最"有效"的特征作为下一层的节点。如此不断地进行下去,就可以构造出我们所需要的最"有效"的决策树。

那么,我们怎样衡量一个划分的"有效性"呢?为了解决这个问题,我们引入熵(Entropy)的概念。所谓"熵",它是一个集合里面元素的混乱程度的度量。一个集合中元素越是多种多样,则它的"熵"值越高;反之,一个集合中元素越是单一化,则它的"熵"值越低。比如我们看以下两个集合:

集合 $A$:[1,1,1,1,1,2,1,2,2,1,1]

集合 $B$:[1,2,3,4,5,6,7,8,9,1,0]

显然，集合 $B$ 的“熵”值比集合 $A$ 的“熵”值要高。

“熵”的计算公式为：

$$H(x) = -\sum_{i=0}^{n}(p_i * \log(p_i)) \quad (i = 1,2,\cdots,n\text{，其中 } p_i \text{ 是第 } i \text{ 个元素出现的概率}) \tag{23.1}$$

有了“熵”的概念之后，我们就可以计算一次划分所获得的信息增益（Information Gain）：用划分之前系统的“熵”减去划分之后系统的“熵”，就是这次划分所获得的“信息增益”。一个划分所获得的“信息增益”越大，则该划分就越有效，这样，就解决了我们上面的问题。

下面我们看一下怎样计算一个划分的信息增益。如图 23.5 所示，以基于天气的划分为例：划分之前系统的熵为：

$$\frac{9}{14} - \frac{9}{14} * \log_2\left(\frac{9}{14}\right) - \frac{5}{14} * \log_2\left(\frac{5}{14}\right) = 0.0940$$

用同样的方法可以计算出按照天气进行划分之后，

outlook＝sunny 时的熵为 0.971

outlook＝overcast 时的熵为 0

outlook＝rainy 时的熵为 0.971

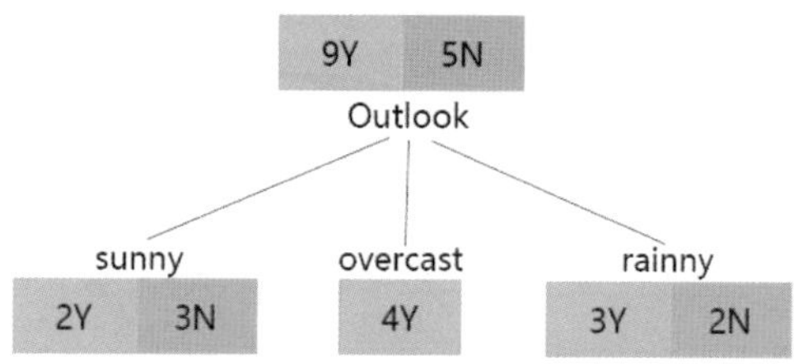


**图 23.5　基于天气的划分**

所以系统熵值为

$$5/14 * 0.971 + 4/14 * 0 + 5/14 * 0.971 = 0.693$$

信息增益为

$$\text{gain(outlooking)} = 0.940 - 0.693 = 0.247$$

用同样的方法可以算得

$$\text{gain(temperature)} = 0.029$$

$$\text{gain(humidity)} = 0.152$$

$$\text{gain(windy)} = 0.048$$

由于 gain（outlooking）最大，所以应该用 outlooking 特征作为决策树的根节点。

接下来，我们用同样的方法就能够确定应该使用哪个特征来决策树的每一个节点，这样，我们怎样构造决策树的问题就得到了解决。

上面所描述的这个算法称为 ID3 算法，下面我们总结一下这个算法的执行过程：

(1) 对当前样本集合，计算所有属性的信息增益；

(2) 选择信息增益最大的属性作为测试属性，把测试属性取值相同的样本化为同一个子样本集；

(3) 若子样本集的类别属性只含有单个属性，则分支为叶子节点，判断其属性值并标上相应的符号，然后返回调用出；否则对子样本集递归调用本算法。

## 23.3 构造决策树的若干问题

### 23.3.1 连续值的处理

如果某个特征的值是连续值，比如表 23.1 所列的“Taxable Income”，应该怎样处理呢？

这种情况，我们需要在这些值中确定一个值 $n$，将整个数据即划分为 2 个部分，即大于 $n$ 的为一部分，小于等于 $n$ 的为另一部分。

为了确定这个 $n$，我们采用贪婪算法：

(1) 排序：60，70，75，85，90，95，100，120，125，220；

**表 23.1　Taxable Income**

| Tid | Refund | Marital Status | Taxable Income | Cheat |
|---|---|---|---|---|
| 1 | Yes | Single | 125K | No |
| 2 | No | Married | 100K | No |
| 3 | No | Single | 70K | No |
| 4 | Yes | Married | 120K | No |
| 5 | No | Divorced | 95K | Yes |
| 6 | No | Married | 60K | No |
| 7 | Yes | Divorced | 220K | No |
| 8 | No | Single | 85K | Yes |
| 9 | No | Married | 75K | No |
| 10 | No | Single | 90K | Yes |

(2) 从每个位置进行划分，共有 9 种分法；

(3) 对于每一种分法，计算其信息增益；

(4)使用信息增益最大的那种分法。

## 23.3.2　用“信息增益”作为衡量划分有效性的标准所存在的问题

在上述的算法中，我们用“信息增益”作为衡量划分有效性的标准，这个算法称为 ID3 算法。这个算法在某些情况下可能是存在问题的。比如在“预测小明今天是否出去打球”这个案例中，如果 Day 也是一个特征，我们按照这个特征对数据集进行划分，会将整个数据集划分成 14 个部分，每个部分只有一个样本，因而每个部分的“熵”值都是 0。这样，按照 Day 进行划分的信息增益肯定最大。但是显然，按照 Day 进行划分是完全无效的。为了解决这个问题，提出了不是按照“信息增益”，而是按照“信息增益率”作为衡量划分有效性的标准，C4.5 算法就使用了这个标准。

信息增益比的定义如下：

$$\mathrm{GainRatio}(S,A)=\frac{\mathrm{Gain}(S,A)}{-\sum\left(\frac{|S_A|}{|S|}*\log\left(\frac{|S_A|}{|S|}\right)\right)} \tag{23.2}$$

除了使用信息增益和信息增益比之外，还有一种方法是使用 Gini 系数来衡量划分有效性。Gini 系数的定义如下：

$$\mathrm{Gini}(P)=-\sum_{i=0}^{n}(p_i*(1-p_i)) \tag{23.3}$$

CART 算法使用了 Gini 系数来作为衡量划分有效性的标准。

表 23.2 是上述 3 种算法的描述。

## 23.3.3　过拟合问题

决策树算法同样存在过拟合问题：当数据集的特征很多，并且数据量也很大的时候，可以想象，如果对决策树的建造不加控制，则会形成一棵很深的树，极端情况下，每个叶子节点都只有一个样本。这样，虽然在训练集上该决策树的分类效果很好，但是在测试集上却表现不佳（泛化能力差），从而形成过拟合。

决策树算法防止过拟合问题的方法是剪枝，也就是剪去决策树的不必要的分支，从而防止过拟合。

**表 23.2　三种算法的描述**

| 算法 | 算法描述 |
|---|---|
| ID3 | 其核心是在决策树的各级节点上，使用信息增益方法作为属性的选择标准，来帮助确定生成每个节点时所应采用的合适属性。 |
| C4.5 | 相对于 ID3 算法的重要改进是使用信息增益率来选择节点属性。C4.5 算法可以克服 ID3 算法的不足：ID3 算法只适用于离散的描述属性，而 C4.5 算法既能够处理离散的描述属性，也能够处理连续的描述属性。 |
| CART | CART 决策树是一种十分有效的非参数分类和回归方法。通过构建树、修剪树、评估树来构建一个二叉树。当终节点是分类变量时，该树为分类树。 |

剪枝的策略从剪枝时机来说，可以分为预剪枝和后剪枝。所谓预剪枝就是边建立决策树边进行剪枝，后剪枝是建立完决策树之后再进行剪枝。预剪枝在决策树建立的过程中就可以通过参数设定（比如使用多少个特征，叶子节点个数，叶子节点样本数等等）来决定树的高度，宽度和其他特征，建立树的效率也更高，通常情况下是更实用的方案。

预剪枝：限制深度（深度到达指定值后就不再分裂），叶子节点个数（叶子节点个数到达指定值后就不再分裂），叶子节点样本数（叶子节点样本数到达指定值后就不再分裂），信息增益（信息增益小于指定值后就不再分裂）等。前三个是最常用的。

后剪枝：树建立完成之后，对节点按照某个衡量标准进行判断，如果不分裂的效果反而更好，则进行剪枝。（衡量标准略。）

除了剪枝方法可以防止决策树的过拟合问题外，随机森林也可以防止过拟合。

# 第24章

# 人工神经网络与深度学习

在本章我们将学习人工神经网络和深度学习的一些基本概念和理论知识。通过本章内容的学习，可以掌握：

- 神经元模型即 MP 模型；
- 单层神经网络即感知器模型；
- 两层神经网络；
- 多层神经网络即深度学习。

## 24.1 人工神经网络发展的坎坷历程

人工神经网络（Artificial Neural Network，ANN，简称神经网络）是一门重要的机器学习技术。它是目前最为火热的研究方向-深度学习的基础。然而，人工神经网络并不等同于深度学习，在人工智能的历史上，人工神经网络的出现要比深度学习早很多。

1943 年，心理学家 McCulloch 和数学家 Pitts 参考了生物神经元的结构，发表了抽象的神经元模型 MP。

1958 年，计算科学家 Rosenblatt 提出了由两层神经元组成的神经网络。他给它起了一个名字-“感知器”（Perceptron），它是当时首个可以学习的人工神经网络。Rosenblatt 现场演示了其学习识别简单图像的过程，在当时的社会引起了轰动。人们认为已经发现了智能的奥秘，许多学者和科研机构纷纷投入到人工神经网络的研究中。

但是，感知器只能做简单的线性分类任务。1969 年，Minsky 出版了一本叫《Perceptron》的书，里面用详细的数学证明了感知器的弱点，尤其是感知器对 XOR（异或）这样的简单分类任务都无法解决。Minsky 认为，如果将计算层增加到两层，计算量则过大，而且没有有效的学习算法。所以，他认为研究更深层的网络是没有价值的。

从那时起，神经网络的研究陷入了冰河期。这个时期又被称为“AI winter”。直到 1986 年，Rumelhar 和 Hinton 等人提出了反向传播（Backpropagation，BP）算法，解决了两层神经网络所需要的复杂计算量问题，才带动业界进入了一个新的神经网络研究的热潮。

两层神经网络在多个地方的应用说明了其效用与价值。10 年前困扰神经网络界的异或问题被轻松解决。神经网络在这个时候，已经可以发力于语音识别，图像识别，自动驾驶等多个领域。

但是神经网络仍然存在若干的问题：尽管使用了 BP 算法，一次神经网络的训练仍然耗时太久，而且困扰训练优化的一个问题就是局部最优解问题，这使得神经网络的优化较为困难。同时，隐藏层的节点数需要调参，这使得使用不太方便，工程和研究人员对此多有抱怨。

20 世纪 90 年代中期，由 Vapnik 等人发明的 SVM(Support Vector Machines，支持向量机）算法诞生，很快就在若干个方面体现出了对比神经网络的优势：无须调参；高效；全局最优解。基于以上种种理由，SVM 迅速打败了神经网络算法成为主流。神经网络的研究再次陷入了冰河期。

Geoffery Hinton

然而在这种情况下，Hinton 并没有停止他的研究，20 年后即 2006 年，Hinton 首次提出了“深度信念网络”的概念。与传统的训练方式不同，“深度信念网络”有一个“预训练”(pre-training) 的过程，这可以方便地让神经网络中的权值找到一个接近最优解的值，之后再使用“微调”(fine-tuning)技术来对整个网络进行优化训练。这两个技术的运用大幅度减少了训练多层神经网络的时间。他给多层神经网络相关的学习方法赋予了一个新名词-“深度学习”。至此，深度学习才正式诞生了。

很快，深度学习在语音识别领域崭露头角。接着，2012 年，深度学习技术又在图像识别领域大放异彩。Hinton 与他的学生在 ImageNet 竞赛中，用多层的卷积神经网络成功地对包含一千类别的一百万张图片进行了训练，取得了分类错误率 15% 的好成绩，这个成绩比第二名高了近 11 个百分点，充分证明了多层神经网络识别效果的优越性。

2018 年，曾经遭受怀疑甚至嘲笑的 Hinton 获得图灵奖。当今的人工智能领域已经是深度学习的天下。深度学习在搜索技术，数据挖掘，机器学习，机器翻译，自然语言处理，多媒体学习，语音，推荐和个性化技术，以及其他相关领域都取得了很多成果。

在此期间，也出现了多个神经网络模型，其中包括 CNN(Conventional Neural Network，卷积神经网络）与 RNN(Recurrent Neural Network，循环神经网络）。

在本章，我们将讲述神经网络和深度学习的一些基本概念。在后面我们学习一个深度学习框架 TensorFlow，然后用两章的内容分别学习卷积神经网络和它在计算机视觉方面的应用，以及循环神经网络和它在自然语言处理方面的应用。

## 24.2　神经元模型

人工神经网络是一种模拟人脑的神经网络以期能够实现类人工智能的机器学习技术。人脑中的神经网络是一个非常复杂的组织。成人的大脑中估计有 1000 亿个神经元之多。

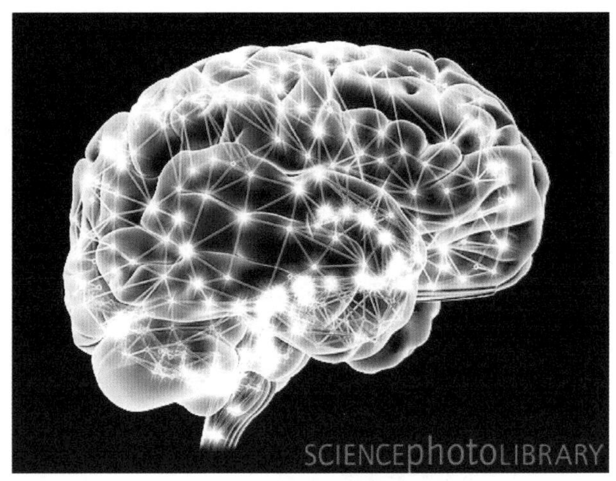


图 24.1　人脑神经网络

人脑中的神经元的形状如图 24.2 所示，一个神经元通常具有多个树突，主要用来接受传入信息；而轴突只有一条，轴突尾端有许多轴突末梢可以给其他多个神经元传递信息。轴突末梢跟其他神经元的树突产生连接，从而传递信号。

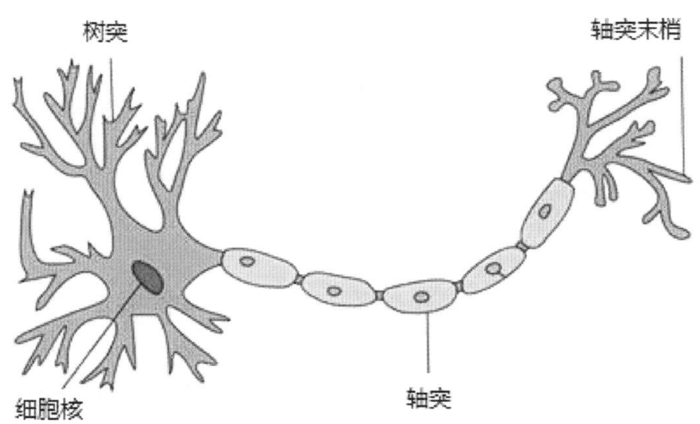


图 24.2　人脑中的神经元

而在计算机的神经网络中，神经元模型是一个包含输入，输出与计算功能的模型。输入可以类比为神经元的树突，而输出可以类比为神经元的轴突，计算则可以类比为细胞核。

图 24.3 是一个典型的神经元模型，它包括 3 个输入，1 个输出和 2 个计算功能。注意图中输入与计算功能之间的连接线，它们被称为连接。每一个连接上都有一个权值。连接是神经元中最重要的内容，神经网络的训练过程就是不断地调整这些连接上的权值，使得整个网络的模型达到最优。

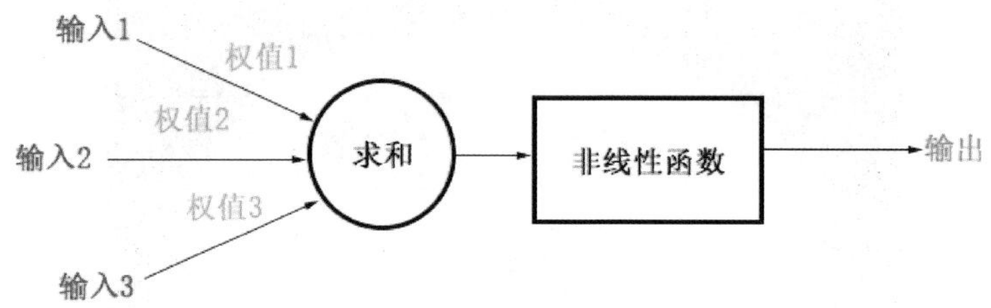


图 24.3　神经元模型（一）

如果我们把输入的数据记为 $a$，把权值记为 $w$，把求和计算记为 sum，非线性函数记为 $g$，将两个计算合并，输出用 $z$ 表示，则得到图 24.4。

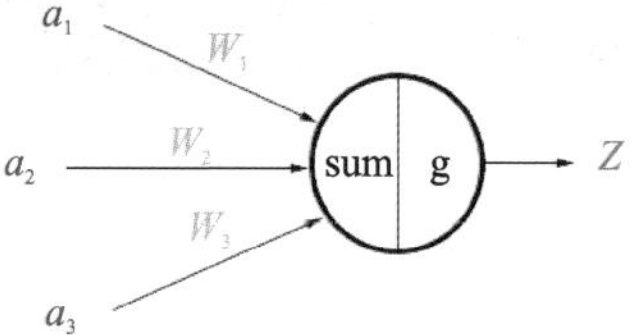


图 24.4　神经元模型（二）

在这幅图中，我们可以得到

$$z = g(a_1 * w_1 + a_2 * w_2 + a_3 * w_3) \tag{24.1}$$

关于非线性函数 $g$ 的内容，我们将在后面的相关章节进行讲解。

## 24.3　单层神经网络（感知器）

在图 24.4 的基础上，我们把每个输入也用神经元节点表示，其他不变，则得到图 24.5，这就是单层神经网络，也称为感知器模型。

注意，在这个模型中，输入层中只有数据，并不对数据进行计算，只有输出层才对数据进行计算，它是一个计算层，所以按照计算层的多少来计算，该模型是一个单层的神经网络。

如果我们要预测的不是一个值而是多个值，则可以在输出层增加节点，例如如果要预测的是两个值，则可以在输出层增加一个节点，如图 24.6 所示。

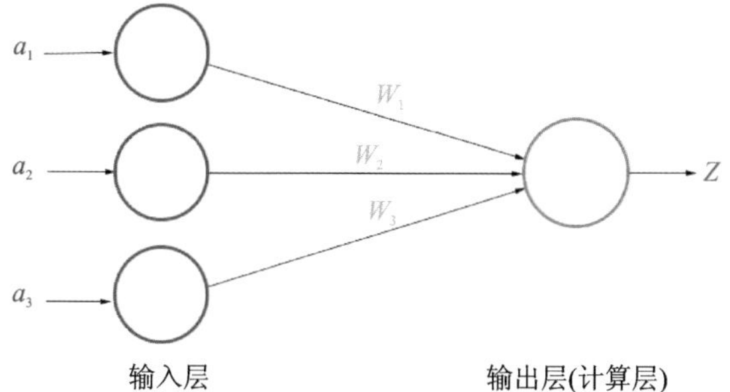


图 24.5　单层神经网络

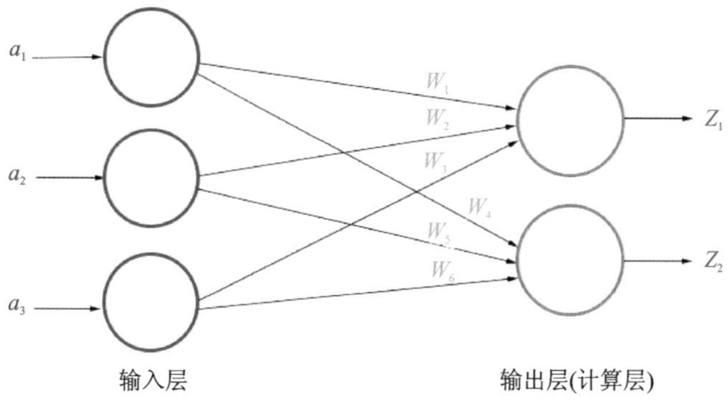


图 24.6　有两个输出层节点的单层神经网络（一）

根据式 24.1,我们有：

$$\begin{cases} z_1 = g(a_1 * w_1 + a_2 * w_2 + a_3 * w_3) \\ z_2 = g(a_1 * w_4 + a_2 * w_5 + a_3 * w_6) \end{cases} \tag{24.2}$$

不过 $w_1, w_2, \cdots, w_6$ 这种下标表示方式的可读性并不是很好,我们换一种表示方法,用 $w_{x,y}$ 这种下标,其中 $x$ 表示后一层神经元的编号,$y$ 表示前一层神经元的编号,则图 24.6 变成图 24.7,式 24.2 变成式 24.3。

$$\begin{cases} z_1 = g(a_1 * w_{1,1} + a_2 * w_{1,2} + a_3 * w_{1,3}) \\ z_2 = g(a_1 * w_{2,1} + a_2 * w_{2,2} + a_3 * w_{2,3}) \end{cases} \tag{24.3}$$

如果我们令

$$\boldsymbol{a} = \begin{bmatrix} a_1 \\ a_2 \\ a_3 \end{bmatrix} \tag{24.4}$$

$$\boldsymbol{z} = \begin{bmatrix} z_1 \\ z_2 \end{bmatrix} \tag{24.5}$$

$$\boldsymbol{W} = \begin{bmatrix} w_{1,1} & w_{1,2} & w_{1,3} \\ w_{2,1} & w_{2,2} & w_{2,3} \end{bmatrix} \tag{24.6}$$

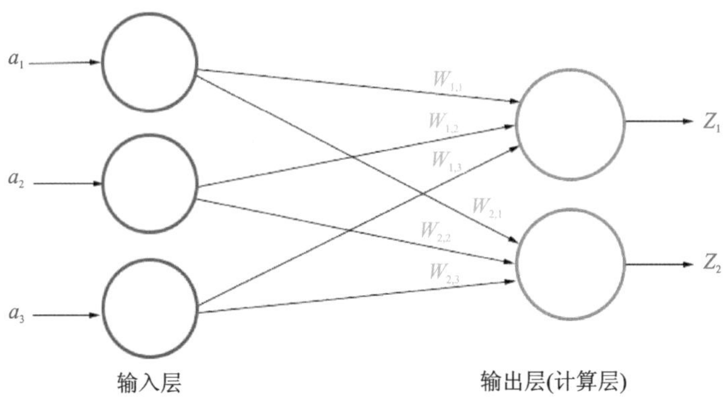


**图 24.7　有两个输出层节点的感知器模型（二）**

则式 24.3 可以写成式 24.7。

$$\boldsymbol{z} = g(\boldsymbol{W} * \boldsymbol{a}) \tag{24.7}$$

这就是单层神经网络的计算的矩阵表示。我们可以看出，它非常的简洁，并且，上面我们只是在输出层增加了一个节点，如果我们增加的是多个节点，那么式 24.3 会变得非常庞大（每个节点对应一行算式），但是如果用矩阵表示，则仍然是式 24.7，不会有变化，这就看出了矩阵表示的好处。因此在神经网络的计算中，我们大量地使用这种矩阵表示的方法。

到目前为止，我们还没有提到偏置节点（bias note），事实上，该节点是存在的。为了说明偏置节点的作用，我们回顾一下 Logistic 回归算法那一章的内容。我们将式 17.4 重新写在下面：

$$h_\theta(x) = g(f(x)) = g(\theta_0 + \theta_1 x_1 + \theta_2 x_2) \tag{24.8}$$

在这个式子中，$x_1$，$x_2$ 是输入，$\theta_0$，$\theta_1$，$\theta_2$ 是我们要求的参数。把这个式子与式 24.1 进行比较，就会发现 $x_1$，$x_2$ 对应 $a_1$，$a_2$，$a_3$，而 $\theta_1$，$\theta_2$ 对应 $w_1$，$w_2$，$w_3$（只不过前者是 2 个输入和 2 个参数，后者是 3 个输入和 3 个参数）。

| 在线性回归算法中，也有完全类似的内容。参见式 16.2。 |
| --- |

但是，式 24.8 中还有一项 $\theta_0$，它也是一个我们要求的参数，如果按统一的形式把它写到 24.1 里面，就会变成

$$z = g(a_0 * w_0 + a_1 * w_1 + a_2 * w_2 + a_3 * w_3) \tag{24.9}$$

这就是我们要加的偏置项。如果将其中的 $a_0$ 看成恒为 1，$w_0$ 写成 $b$，则上式变成

$$z = g(1 * b + a_1 * w_1 + a_2 * w_2 + a_3 * w_3) \tag{24.10}$$

我们把 1 和 b 加到图 24.5 中，就会变成图 24.8。

可以看出，偏置节点与其他的节点是很容易区分的：偏置节点没有输入，它的值永远是 1。

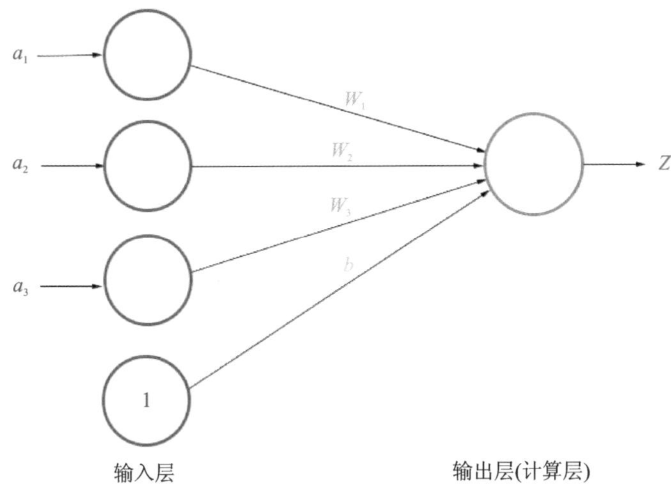


图 24.8　带有偏置节点的感知器模型（一）

如果在图 24.7 加入偏置节点，则变成图 24.9。

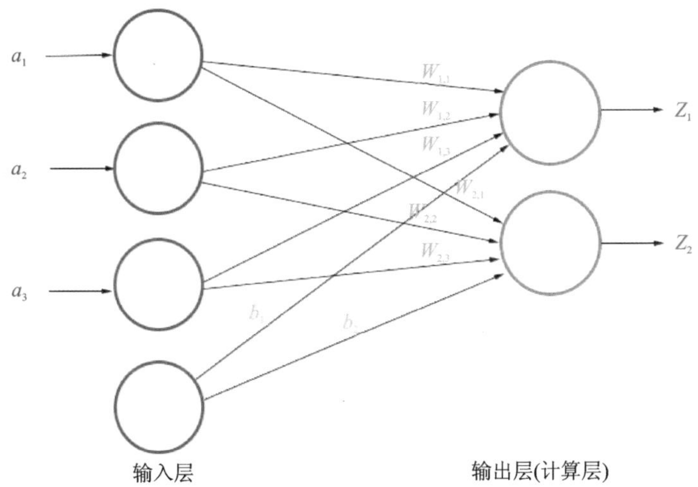


图 24.9　带有偏置节点的感知器模型（二）

加上偏置节点之后，式 24.7 变成

$$z = g(W * a + b) \tag{24.11}$$

接下来，我们需要关注一下单层神经网络的功能。看一下式 24.10，如果我们令

$$y = 1 * b + a_1 * w_1 + a_2 * w_2 + a_3 * w_3 \tag{24.12}$$

则可以看出，$y$ 与输入项 $a_1, a_2, a_3$ 之间是一个线性的关系，因而，单层神经网络即感知器只能处理线性问题，这是我们的一个重要的结论。

接下来看一下函数 $g$。在 MP 模型里，函数 $g$ 是 sgn 函数，即符号函数（sgn 是单词 sign 的缩写）。这个函数当输入大于 0 时，输出 1，否则输出 0。也就是：

$$\operatorname{sgn}(x)=\begin{cases}1 & (x>0)\\ 0 & (x\leqslant 0)\end{cases} \tag{24.13}$$

它的图形如图 24.10 所示。

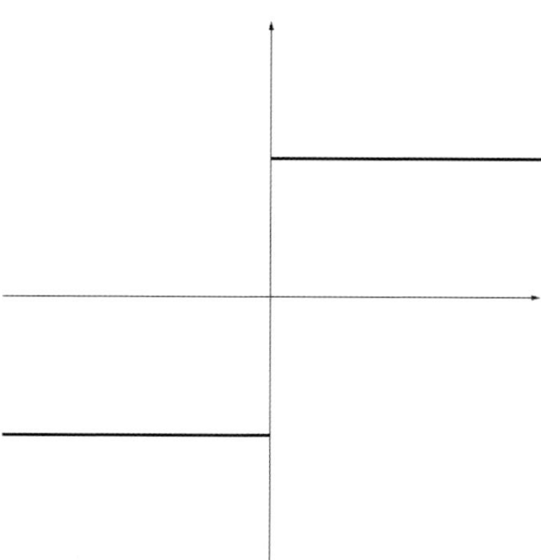

**图 24.10　sgn 函数**

可以看出，sgn 函数的功能就是分类（具体地说是二分类），它将 $x$ 的值划分为两类：$x>0$ 的分为一类，其他的分为另一类。sgn 函数也称为阈值函数（Threshold Function）。

sgn 函数的作用与 Logistic 回归算法中的 Sigmoid 函数的作用是类似的。我们后面会看到，在神经网络发展的不同阶段，使用了不同的函数作为函数 $g$，它们在神经网络中，统一被称为激活函数（active function）。

作为单层神经网络的感知器模型，它只能处理线性分类问题，也就是如图 15.27 所示的分类问题。在本章第一小节我们提到，Minsky 证明了感知器模型对于异或这样简单的非线性分类任务都无法解决。

所谓异或问题，是指图 24.11 所示的分类问题。如果我们将图中的 4 个圆分别标记为 (0,0)，(0,1)，(1,0) 和 (1,1)，用 $\oplus$ 表示异或操作，由于

$$\begin{aligned}0\oplus 0=1\oplus 1=0\\ 0\oplus 1=1\oplus 0=1\end{aligned} \tag{24.14}$$

所以这个问题被称为异或问题。

很明显，在这样的一个异或问题中，我们是无法画出一条线性分界来将它们进行分类的。

在下一小节，我们将看到两层神经网络是怎样解决这个问题的。

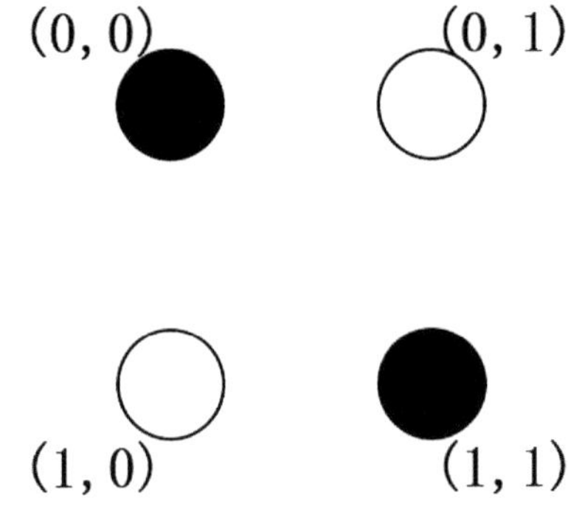


图 24.11　异或问题

## 24.4　两层神经网络

两层神经网络除了包含一个输入层，一个输出层以外，还增加了一个中间层，这个中间层称为隐层。此时，隐层和输出层都是计算层，因此它是一个两层的神经网络。

我们在图 24.5 的基础上增加一个有两个节点的隐层，得到一个两层的神经网络，如图 24.12 所示。

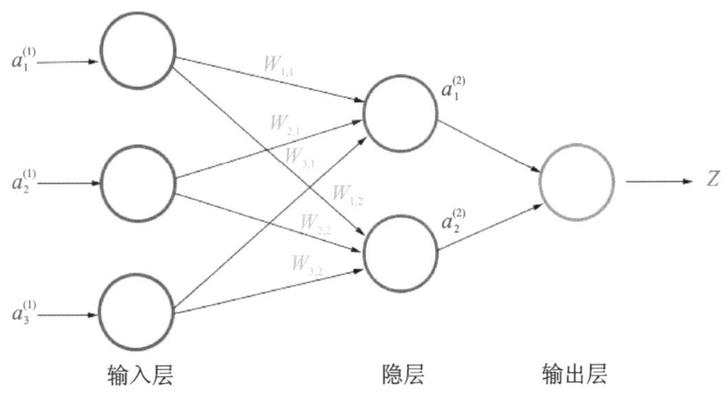


图 24.12　两层神经网络

由于出现了两个层次，所以我们用上标来表示层次的编号，例如 $a_x^{(y)}$ 中的 $y$ 表示的就是层次的编号，$w_{m,n}^{(y)}$ 中的 $y$ 表示的也是层次的编号。

因此我们写出第一层的计算公式如下：

$$\begin{cases} a_1^{(2)} = g(a_1^{(1)} * w_{1,1}^{(1)} + a_2^{(1)} * w_{1,2}^{(1)} + a_3^{(1)} * w_{1,3}^{(1)}) \\ a_2^{(2)} = g(a_1^{(1)} * w_{2,1}^{(1)} + a_2^{(1)} * w_{2,2}^{(1)} + a_3^{(1)} * w_{2,3}^{(1)}) \end{cases} \tag{24.15}$$

第二层的计算公式如下：

$$z = g(a_1^{(2)} * w_{1,1}^{(2)} + a_2^{(2)} * w_{1,2}^{(2)}) \tag{24.16}$$

如果用矩阵表示，则可以合并为

$$\begin{cases} a^{(2)} = g(W^{(1)} * a^{(1)}) \\ z = g(W^{(2)} * a^{(2)}) \end{cases} \tag{24.17}$$

注意，这里出现了两个权值矩阵，分别是 $w^{(1)}$ 和 $w^{(2)}$。

当然，与单层神经网络相同，如果我们预测的是多个值，则只需要增加输出层的节点就可以了，如图 24.13 所示。

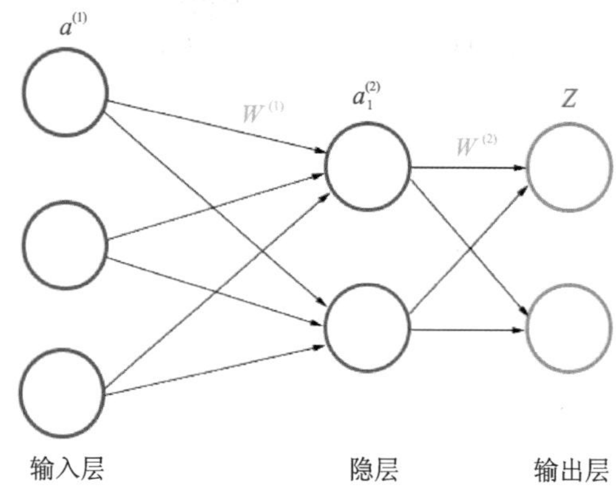


**图 24.13　有两个输出层节点的两层神经网络**

在这种情况下，该神经网络的计算公式仍然如式 24.17 所示，没有变化。

对于两层的神经网络，我们同样需要增加偏置节点。我们在图 24.13 中增加偏置节点之后，(注意除输出层之外的所有层也就是输入层和隐层都需要加。) 就会变成图 24.14。

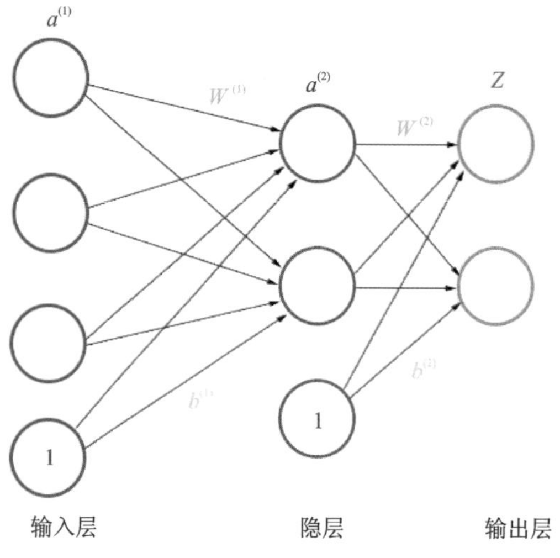


**图 24.14　带有偏置节点的两层神经网络**

加上偏置节点之后，式 24.17 变成

$$\begin{cases}a^{(2)}=g(W^{(1)} * a^{(1)}+b^{(1)})\\ z=g(W^{(2)} * a^{(2)}+b^{(2)})\end{cases} \tag{24.18}$$

在上一节我们提到，在单层神经网络中，异或问题是无法解决的。但是这个问题在两层神经网络中可以得到解决。在这个问题中，我们的输入是 2 个，输出是 1 个，我们用一个有 2 个神经元的隐层就可以解决，如图 24.15 所示。

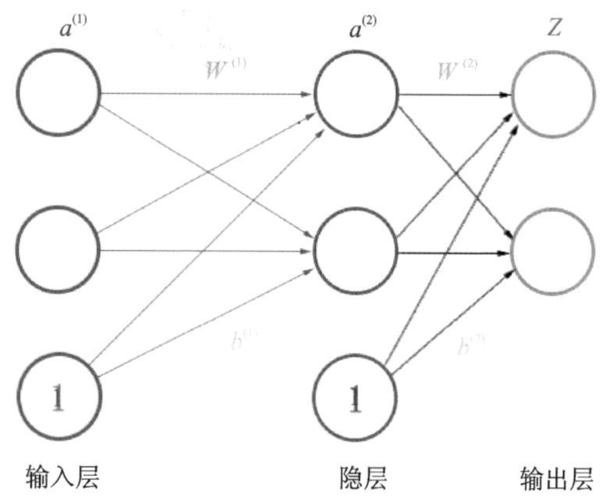


**图 24.15　两层神经网络解决异或问题**

在该图中，我们取

$$W^{(1)}=\begin{bmatrix}1 & 1\\ 1 & 1\end{bmatrix} \tag{24.19}$$

$$b^{(1)}=\begin{bmatrix}-1.5\\ -0.5\end{bmatrix} \tag{24.20}$$

$$W^{(2)}=\begin{bmatrix}-2\\ 1\end{bmatrix} \tag{24.21}$$

$$b^{(2)}=[-0.5] \tag{24.22}$$

则该问题可以得到解决。决策边界如图 24.16 所示。

在上面我们解决异或问题的过程中，引入了另一个问题，就是神经网络中节点的数目是怎么确定的。在上面的例子中，输入层的节点数是 2 个，隐层的节点数是 2 个，输出层的节点数是 1 个。一般情况下，输入层的节点数和输出层的节点数是由需要解决的问题本身决定的，输入层的节点数等于特征的维度，输出层的节点数等于目标的维度（比如一个 3 分类问题的输出层的节点数一定是 3）。但是，隐层的节点数却是由我们自己决定的。但是，节点数设置的多少，却会影响到整个模型的效果。如何决定这个自由层的节点数呢？目前业界没有完善的理论来指导这个决策。一般是根据经验来设置。较好的方法就是预先设定几个可选值，通过切换这几个值来看整个模型的预测效果，选择效果最好的值作为最终选择。这种方法又叫做网格搜索

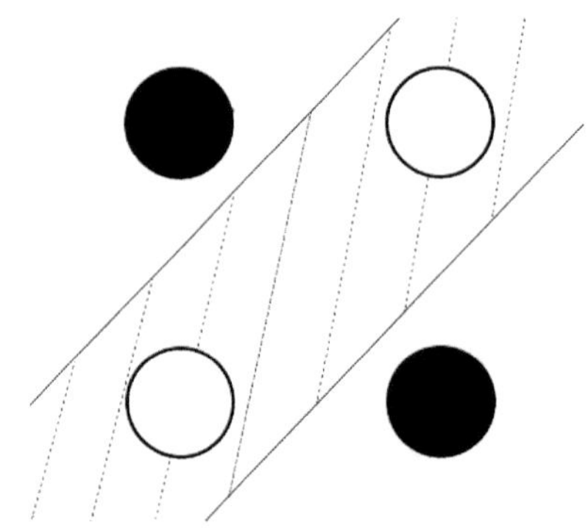

图 24.16　两层神经网络解决异或问题的决策边界

(Grid Search)。

接下来我们要学习神经网络的训练过程。

在 McCulloch 和 Pitts 所提出的 MP 神经元模型中，参数 $w_1$，$w_2$，$w_3$ 的值是确定的，不能被调整，因而该模型的预测能力不能被优化。在感知器模型中，模型中的参数可以被训练，但是使用的方法较为简单，并没有使用目前机器学习中通用的方法，这导致其扩展性与适用性非常有限。从两层神经网络开始，开始使用机器学习的优化技术，用大量的数据进行神经网络的训练。

在两层神经网络中使用的机器学习的优化技术与我们前面所学的优化技术是类似的，也是先定义一个损失函数，然后用梯度下降的算法求解最优值。

但是在神经网络模型中，由于结构复杂，每次计算梯度的代价很大。因此还需要使用反向传播（BackPropagation）算法。反向传播算法简称 BP 算法，它是利用了神经网络的结构进行的计算，不一次计算所有参数的梯度，而是从后往前。首先计算输出层的梯度，然后是第二个参数矩阵的梯度，接着是中间层的梯度，再然后是第一个参数矩阵的梯度，最后是输入层的梯度。计算结束以后，所要的两个参数矩阵的梯度就都有了。

反向传播算法可以直观的理解为图 24.17。梯度的计算从后往前，一层层反向传播。前缀 E 代表着相对导数的意思。

最后顺便提一下，在两层神经网络中，使用最多的激活函数已经不再是 sgn 函数，而是在 Logistic 回归算法章节中讲过的 Sigmoid 函数，也就是 Logistic 函数。但是到了多层神经网络时期，激活函数又发生了变化，我们后面会学习到。

| 思考：sigmoid 函数比 sgn 函数有什么优越之处？ |
|---|

我们前面讲过，两层神经网络是被 SVM 算法打败的。20 世纪 90 年代中期诞生的 SVM 算法，很快就在若干个方面体现出了对比神经网络的优势。但是，Hinton 等人并没有放弃对神经网络的研究，他和他的同事建立了多层的神经网络，深度学习

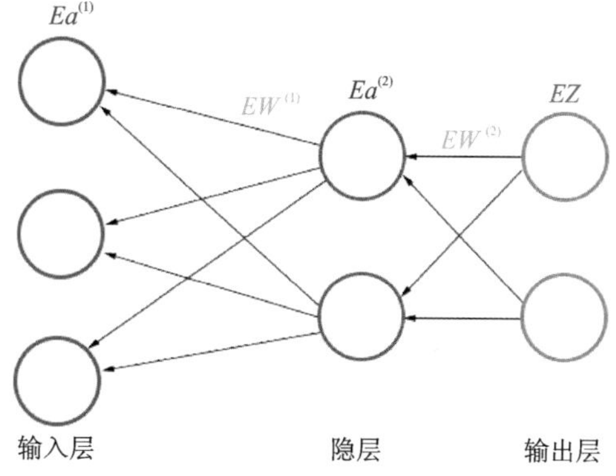


**图 24.17　反向传播算法**

的概念正式诞生。这样，在经历了三起三跌之后，神经网络终于迎来了属于它的真正的春天。

## 24.5　多层神经网络（深度学习）

在两层神经网络的基础上继续增加隐层的数量，即得到一个多层的神经网络，如图 24.18 所示。

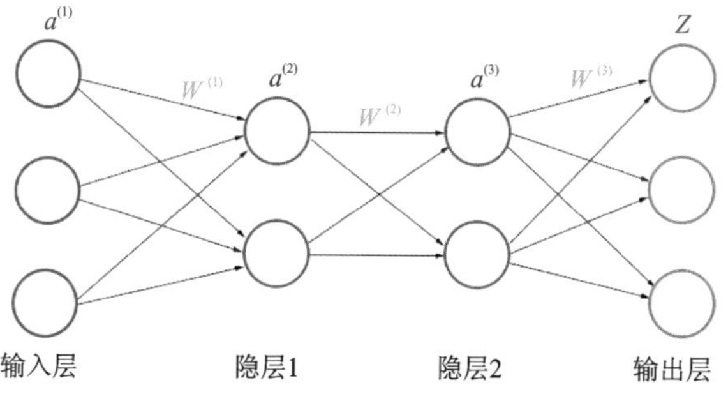


**图 24.18　多层神经网络（一）**

计算公式也是类似的：

$$\begin{cases} a^{(2)} = g(W^{(1)} * a^{(1)} + b^{(1)}) \\ a^{(3)} = g(W^{(2)} * a^{(2)} + b^{(2)}) \\ z = g(W^{(3)} * a^{(3)} + b^{(3)}) \end{cases} \tag{24.23}$$

多层神经网络中，输出也是按照一层一层的方式来计算。从最左边的层开始，算出所有单元的值以后，再继续计算下一层。这种计算有点像从左到右一层一层不断向前推进的感觉。所以这个过程叫做“正向传播”。

下面我们研究一下多层神经网络中的参数。

在图 24.18 中，很容易看出，$\boldsymbol{W}^{(1)}$ 是一个 $2\times3$ 的矩阵，$\boldsymbol{W}^{(2)}$ 是一个 $2\times2$ 的矩阵，$\boldsymbol{W}^{(3)}$ 是一个 $3\times2$ 的矩阵。所以该图总共有 $2*3+2*2+3*2=16$ 个参数（不考虑偏置项，下同）。

如果我们将第一个隐层的节点数量增加到 3 个，第二个隐层的节点数量增加到 4 个，则得到图 24.19。

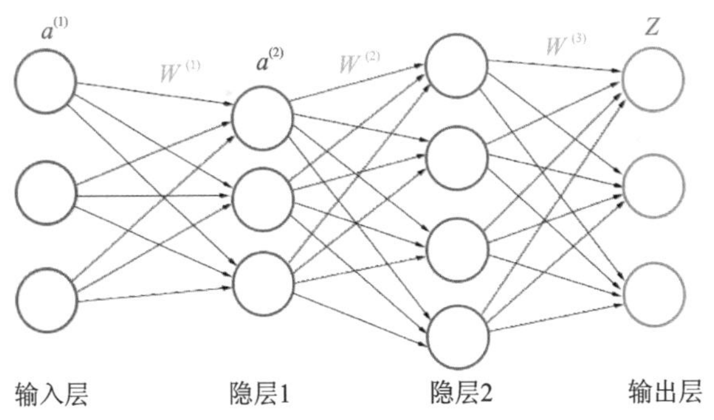


**图 24.19　多层神经网络（二）**

在该图中，$\boldsymbol{W}^{(1)}$ 是一个 $3\times3$ 的矩阵，$\boldsymbol{W}^{(2)}$ 是一个 $4\times3$ 的矩阵，$\boldsymbol{W}^{(3)}$ 是一个$3\times4$ 的矩阵。所以该图总共有 $3*3+4*3+3*4=33$ 个参数。

虽然仍然只有两层，但是第二个神经网络的参数数量却是第一个神经网络的接近两倍之多。

另外，同样数量的参数个数，我们也可以用不同深度的神经网络来表达，图 24.20 就是一个例子。在该图中总共有 4 个隐层，$\boldsymbol{W}^{(1)}$ 是一个 $2\times3$ 的矩阵，$\boldsymbol{W}^{(2)}$ 是一个 $3\times2$ 的矩阵，$\boldsymbol{W}^{(3)}$ 是一个 $2\times3$ 的矩阵，$\boldsymbol{W}^{(4)}$ 是一个 $3\times2$ 的矩阵，$\boldsymbol{W}^{(5)}$ 是一个 $3\times3$ 的矩阵。所以该图总共有 $2*3+3*2+2*3+3*2+3*3=33$ 个参数，与上一个神经网络是相同的。

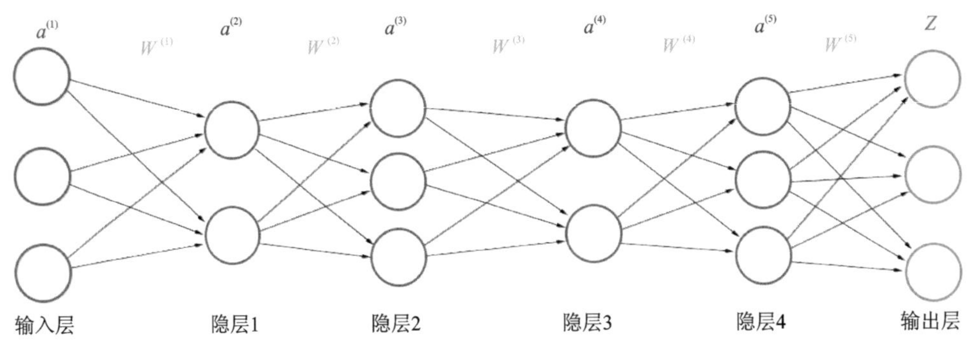


**图 24.20　多层神经网络（三）**

可以看出，与两层神经网络不同，多层神经网络可以有很多个隐层。多个隐层所带来的好处是，整个神经网络的表示特征的能力更强，这是由于在神经网络中，每一层神经元学习到的是前一层神经元值的更抽象的表示。例如第一个隐藏层学习到的是“边缘”的特征，第二个隐藏层学习到的是由“边缘”组成的“形状”的特征，第三个隐藏层学习到的是由“形状”组成的“图案”的特征，最后的隐藏层学习到的是由“图案”组成的“目标”的特征。通过抽取更抽象的特征来对事物进行区分，从而获得更好的区分与分类能力。

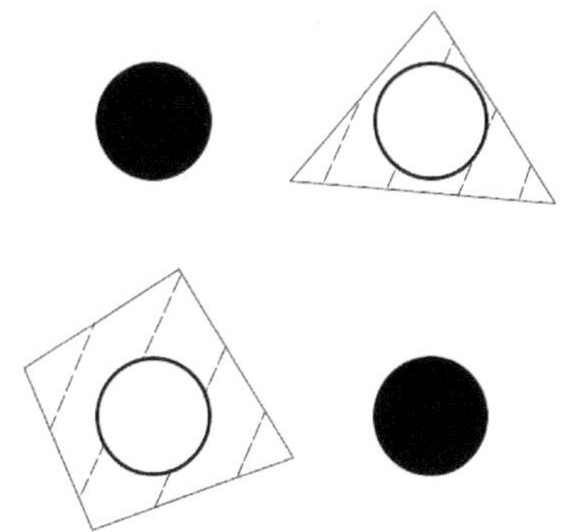

图 24.21　多层神经网络解决异或问题的决策边界

举一个例子来说，对于异或问题，两层神经网络可以获得图 24.16 所示的决策边界，而多层神经网络可以获得图 24.21 所示的决策边界。可以看出，与两层神经网络相比，多层神经网络表示特征的能力更强。

作为机器学习算法来说，表示特征的能力是非常重要的，例如对于如图 24.22 所示的复杂问题，两层神经网络可能无法对它进行正确地分类，而表示特征能力更强的多层神经网络却能够对它进行正确地分类，如图 24.23 所示。

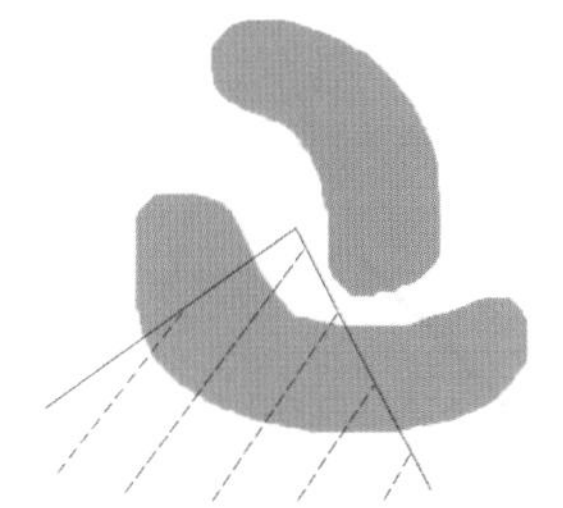

图 24.22　两层神经网络解决复杂问题的决策边界

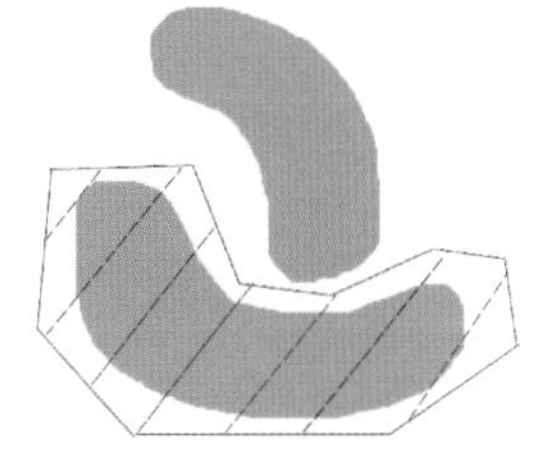

图 24.23　多层神经网络解决复杂问题的决策边界

不过另一方面，随着神经网络层次的增加和表示特征的能力的增强，也很容易带来另一个问题，就是过拟合现象，因此正则化技术就显得十分重要。目前，Dropout 技术，以及数据扩容（Data-Augmentation）技术是目前使用的最多的正则化技术。关于过拟合和正则化，我们在线性回归算法章节已经学习过了，下面我们讲一下 Dropout 技术。

如图 24.24 所示，左边是一个神经网络，它由一个输入层，两个全连接层和一个输出层组成。在使用 Dropout 技术时，我们在输入层和全连接层每次按一定比例随机地选择一些节点，强制地使这些节点无效，从而形成一个子网络，如图右边所示。注意每次选择的节点是随机的，也就是每次训练所选择的节点都不一样。Dropout

的这种做法能够适当地弱化神经网络“记住”训练集特征的能力，从而防止过拟合。

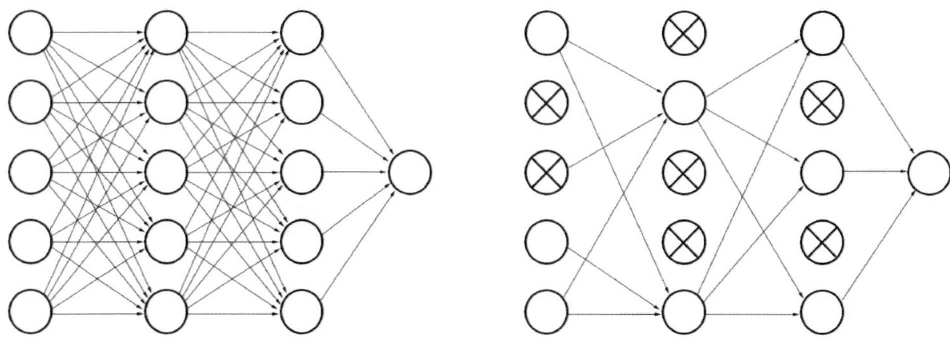

图 24.24 Dropout 技术

最后需要指出的是，在两层神经网络中通常使用 Sigmoid 函数作为激活函数，但是在多层神经网络中，由于使用了 BP 算法，随着神经网络层数的加深，梯度后向传播到浅层网络时，基本无法引起参数的扰动，也就是没有将 loss 的信息传递到浅层网络，这样就引起了所谓梯度消失的问题。因而在多层神经网络中，一般不再使用 Sigmoid 函数作为激活函数，而是采用 ReLU 函数。

ReLU 函数的表达式非常简单：$y=\max(0,x)$，其函数图形如图 24.25 所示。它所表达的含义是：当 $x>0$ 时，将输入保持不变输出，当 $x<0$ 时，则将输入屏蔽，不进行输出。

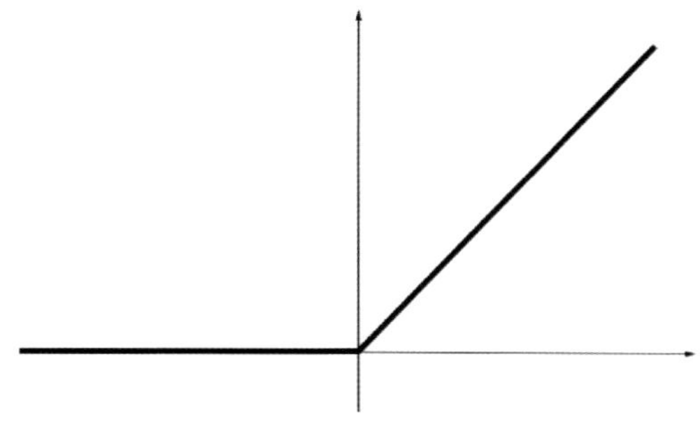

图 24.25 ReLU 函数

# 第 25 章 卷积神经网络

卷积神经网络（Convolutional Neural Networks，CNN）是主要运用于计算机视觉的深度神经网络，它在 2012 年被用于著名的 ImageNet 竞赛中，获得了极大的成功，从而引爆了深度学习，所以它是这一波神经网络即深度学习的引爆点。通过本章内容的学习，可以掌握：

- 卷积神经网络的结构；
- 卷积层所解决的问题；
- 卷积运算；
- 池化操作。

## 25.1 卷积神经网络的结构和卷积层所解决的问题

卷积神经网络是由卷积层、池化层和全连接层叠加构成的。它的结构是：

$$(\text{卷积计算层}+\text{可选的池化层}) * N+\text{全连接层} \ * M$$

它的含义是：卷积计算层后面可以跟一个池化层，也可以不跟，这两个层次会重复 $N$ 次，然后再跟 $M$ 个全连接层。这里的 $N > 1, M > 0$，也就是说，至少出现一个卷积计算层+可选的池化层，但是可以没有全连接层。

图 25.1 显示了一个典型的卷积神经网络的层次结构。

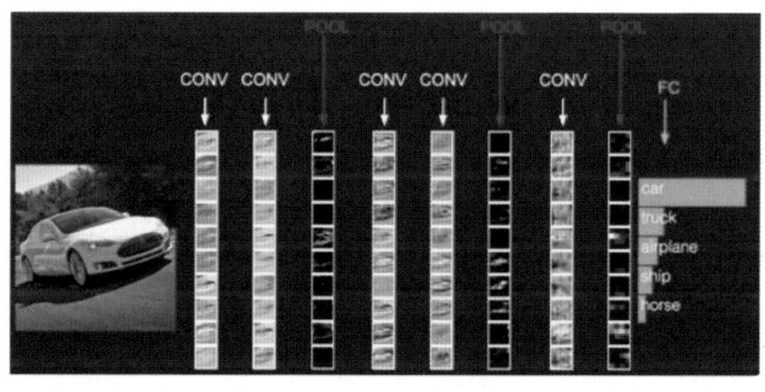


**图 25.1 全连接与局部连接**

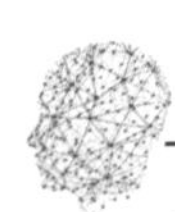



在卷积神经网络中，卷积层和池化层是矩阵，而全连接层是向量。那么，怎样在卷积层/池化层和全连接层之间做连接呢？方法是在最后一个卷积层/池化层做一个flatten操作。全连接层是向量，199最后一个全连接层是输出层，它可以是多个值，也可以是一个值，当输出是多个值时，实现的是分类任务；当输出是一个值时，实现的是回归任务。不过对于卷积神经网络来说，由于主要处理的是图像数据，所以基本上都是输出多个值的分类任务。

卷积神经网络的核心是在神经网络中加入了卷积层。那么，卷积层解决了什么问题呢？

前面我们学习的普通的神经网络，隐层和输出层都是全连接层。这种全连接层在处理图像数据时，会导致参数过多。举一个例子：假如一张图片是 $1000*1000$ 像素，在输入层的下一层有 $10^6$ 个神经单元，由于是全连接层，所以这一层的参数就有 $1000*1000*10^6=10^{12}$ 之多。这么多的参数会带来两个方面的问题：第一，这么多的参数是我们目前的计算机系统所无法承受的；第二，这么多的参数一定会带来模型的过拟合。

而卷积层的特点是，它与上一层不是全连接，而是局部连接。如图25.2所示，左边是全连接，全连接层的每一个节点都跟图像数据的每一个像素进行连接。右边是局部连接，每一个节点都只跟图像数据的一部分像素进行连接。假设每一个节点都只跟图像数据的 $10*10$ 个像素进行连接，那么在上面的例子中，这一层就只有 $10*10*10^6=10^8$ 个，减少到只有原来的万分之一。

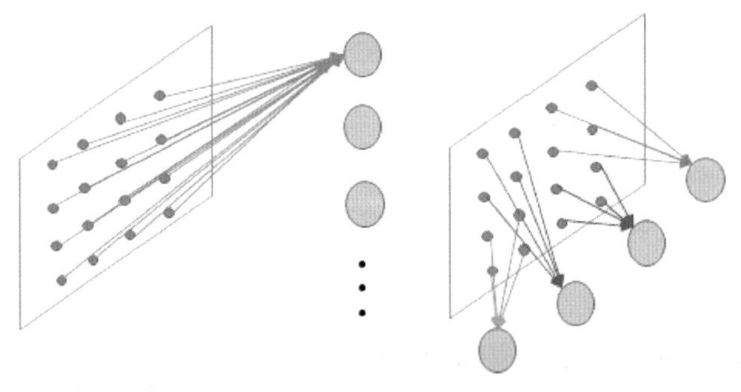

**图25.2　全连接与局部连接**

卷积层的另一个特点是它可以进行参数共享，所谓参数共享，是指不同的节点可以共用同一组参数，比如在图25.2中，右边的4个节点每个节点有 $10*10$ 个参数，它们进行参数共享之后，所有的参数也只有 $10*10$ 个，与节点的数目无关。所以在上面的例子中，如果所有的节点都进行参数共享，则参数的数量也只有 $10*10$ 个。这样，卷积层通过局部连接和参数共享，将参数的数目大大地减少了。

卷积层之所以能够进行局部连接和参数共享，是与图像数据的特征有关的。

首先，图像数据具有区域性。看图25.3所示的这幅图，爱因斯坦的额头、脸颊、胡须、衣服等部位都具有明显的区域性，也就是说，这些区域里的数据大部分都是相近的，具有很多的数据冗余，这使得卷积层的局部连接能够成立。

图 25.3 图像数据的区域性

其次，图像的特征与位置无关，比如一张爱因斯坦的脸，把它放在图像的正中间、左上角或者任意位置，脸部的特征都是相同的，这使得卷积层的参数共享能够成立。相反，如果没有参数共享，那么得到的模型会有这样的问题：当爱因斯坦的脸在特定位置时能够识别，但是移动到别的位置就不能识别了。

## 25.2 卷积运算

卷积是张量的一种运算，正如向量的点乘、矩阵的点乘、矩阵的叉乘一样，它们也是张量的一种运算。

如图 25.4 所示，卷积运算在输入图像和卷积核之间进行，输入图像和卷积核都是张量，卷积核的大小称为 Kernel_size，它一定小于输入图像的大小，运算的结果也是一个张量。

如图 25.5 所示，输入图像是一个 5＊5 的矩阵，卷积核是一个 3＊3 的矩阵。卷积运算的第一步，是将卷积核与输入图像的左上角对齐，计算每一个对应元素的乘积然后求和，从而得到输出的第一个元素的值。也就是说，1＊1＋2＊0＋3＊1＋6＊0＋7＊1＋8＊0＋11＊1＋12＊0＋13＊1＝28。

接下来第二步，如图 25.6 所示，将卷积核在输入图像的“窗口”向右移动 s 格，这里的 s 是 Stride 即“步长”，图中显示的步长为 1。移动之后再与卷积核做上述的运

输入图像

| 1 | 2 | 3 | 4 | 5 |
|---|---|---|---|---|
| 6 | 7 | 8 | 9 | 10 |
| 11 | 12 | 13 | 14 | 15 |
| 16 | 17 | 18 | 19 | 20 |
| 21 | 22 | 23 | 24 | 25 |

卷积 → 卷积核

| 1 | 0 | 1 |
|---|---|---|
| 0 | 1 | 0 |
| 1 | 0 | 1 |

= 输出

| ? | ? | ? |
|---|---|---|
| ? | ? | ? |
| ? | ? | ? |

**图 25.4 卷积运算**

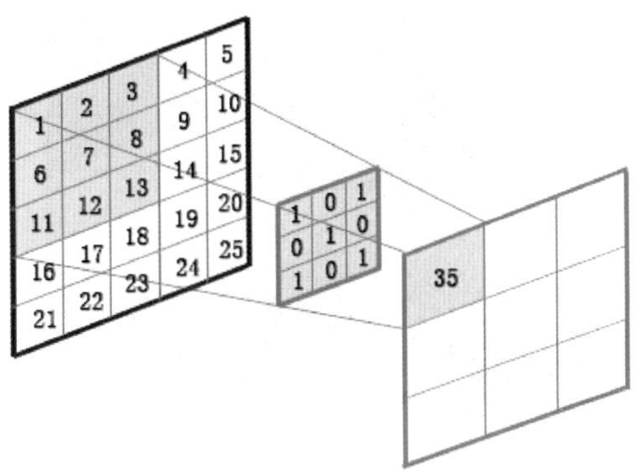


**图 25.5 卷积运算第一步**

算，从而得到输出的第二个元素的值，即 2＊1＋3＊0＋4＊1＋7＊0＋8＊1＋9＊0＋12＊1＋13＊0＋14＊1＝40。

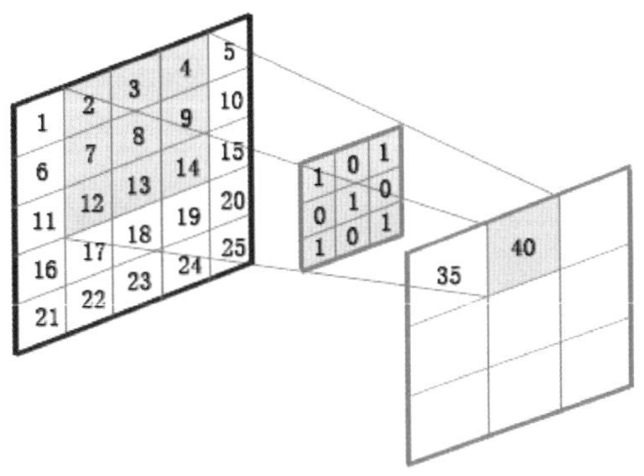


**图 25.6 卷积运算第二步**

> 卷积核大小 Kernel_size 和步长 Stride 都是超参数。
> 关于超参数的内容参见第 16 章第 3 节。

将上述的运算进行下去，直至算出输出矩阵的最后一个值，如图 25.7 所示。

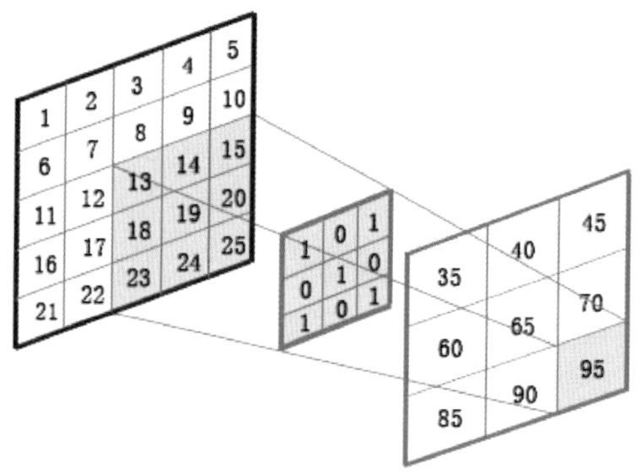


图 25.7　卷积运算最后一步

可以看出，输出矩阵的大小是由输入图像的大小，卷积核的大小和步长决定的。一般地，如果原始图像的大小是 $n*n$，卷积核的大小是 $f*f$，步长是 $s$，则最后得到的图像大小是

$$\left(\frac{n-f}{s}+1\right)*\left(\frac{n-f}{s}+1\right) \tag{25.1}$$

这样做卷积运算的缺点是，每经过一个卷积层的卷积运算，图像的大小都会缩小，经过多个卷积层之后，可能图像就缩小到只有一个像素了。另外图像的左上角的元素只被一个输出所使用，所以在图像边缘的像素在输出中采用较少，也就意味着你丢掉了很多图像边缘的信息，为了解决这两个问题，就引入了 padding 操作，也就是在图像卷积操作之前，沿着图像边缘用 0 进行图像填充。通过进行适当宽度的填充，就可以保证输出图像和输入图像一样大，如图 25.8 所示。

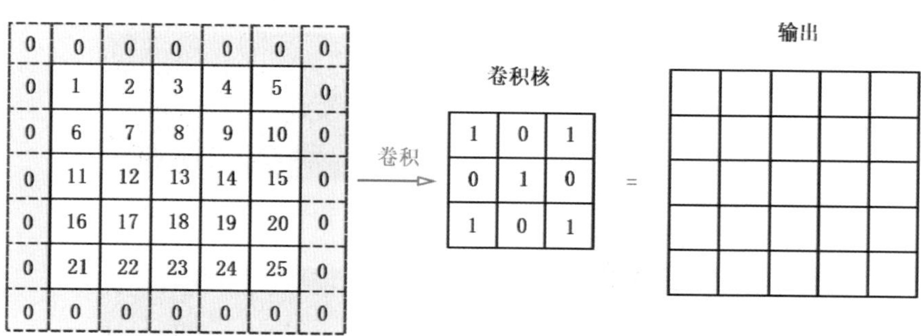


图 25.8　引入 padding 操作后的卷积运算

假如填充宽度是 $p$，则输出图像的大小是

$$\left(\frac{n+2p-f}{s}+1\right)*\left(\frac{n+2p-f}{s}+1\right) \tag{25.2}$$

在上面的例子中，图像是一个二阶张量也就是矩阵，因而卷积核也是一个矩阵。

但是大多数情况下，一幅图像的每个像素都有 3 个通道（比如 RGB 通道），因而它是一个三阶的张量。在这种情况下，卷积核也有 3 个通道，也是一个三阶张量，而每次的卷积运算也同样是将所有对应的元素相乘然后求和，因此每次卷积运算得到的都是一个值，所以一个卷积核对于一个三阶张量进行卷积运算之后，得到的仍然是一个二阶张量即矩阵，如图 25.9 所示。

将一幅 3 通道的图片卷积之后变成单通道当然是不合理的。实际上，我们很容易控制输出通道的数量，这只需要用多个不同的卷积核同时去对一幅图片做卷积运算就可以了，如图 25.10 所示。

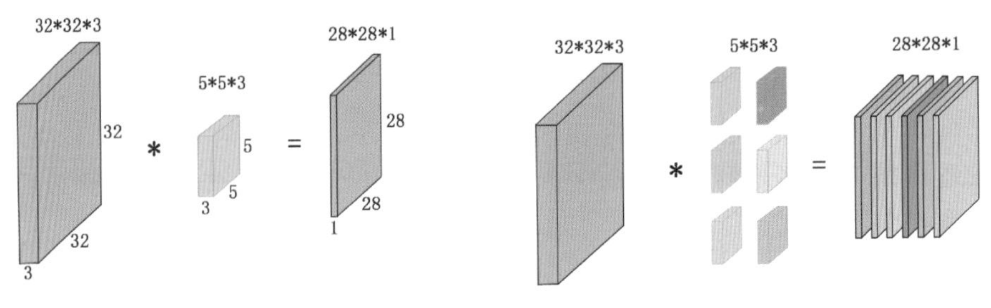


图 25.9　3 个通道的卷积运算

图 25.10　3 个通道的卷积运算，得到六通道的输出

## 25.3　卷积运算的作用

假如你有一张图 25.11 所示的图像，你想让计算机搞清楚图像上有什么物体，你可以做的事情是检测图像的垂直边缘和水平边缘。通过卷积计算可以得到图像的边缘。

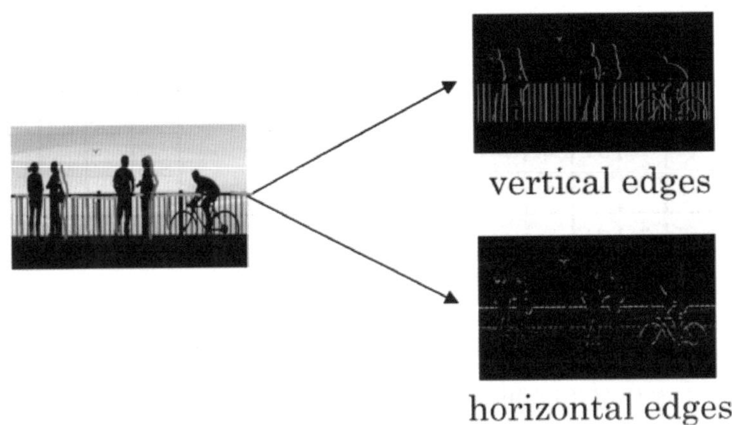


图 25.11　通过卷积计算得到图像的边缘

如图 25.12 所示，左边的矩阵中 0 表示图像暗色区域，10 为图像比较亮的区域，通过一个 3 * 3 过滤器对图像进行卷积，得到的图像中间亮，两边暗，亮色区域就对应图像边缘。这个卷积核就称为水平过滤器，通过它可以进行图像的水平边缘检测。

| | | | | | |
|---|---|---|---|---|---|
| 10 | 10 | 10 | 0 | 0 | 0 |
| 10 | 10 | 10 | 0 | 0 | 0 |
| 10 | 10 | 10 | 0 | 0 | 0 |
| 10 | 10 | 10 | 0 | 0 | 0 |
| 10 | 10 | 10 | 0 | 0 | 0 |
| 10 | 10 | 10 | 0 | 0 | 0 |

*

| | | |
|---|---|---|
| 1 | 0 | -1 |
| 1 | 0 | -1 |
| 1 | 0 | -1 |

=

| | | | |
|---|---|---|---|
| 0 | 30 | 30 | 0 |
| 0 | 30 | 30 | 0 |
| 0 | 30 | 30 | 0 |
| 0 | 30 | 30 | 0 |

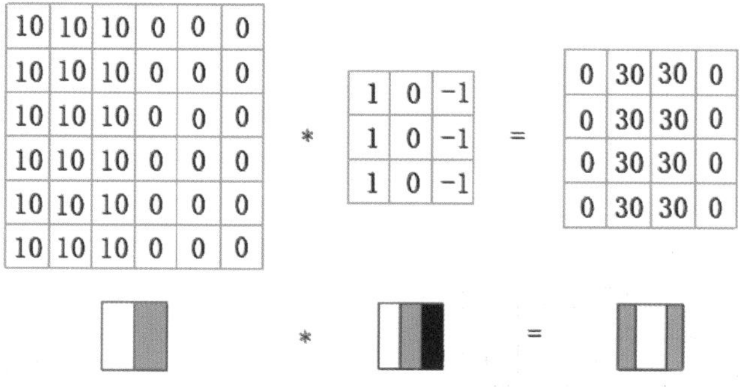

图 25.12　水平过滤器

同样，通过如图 25.13 所示的垂直过滤器，就可以进行图像的垂直边缘检测。

通过其他的一些卷积核，我们还可以得到图像的颜色，纹理等等信息，如图 25.14 所示。

| | | |
|---|---|---|
| 1 | 1 | 1 |
| 0 | 0 | 0 |
| -1 | -1 | -1 |

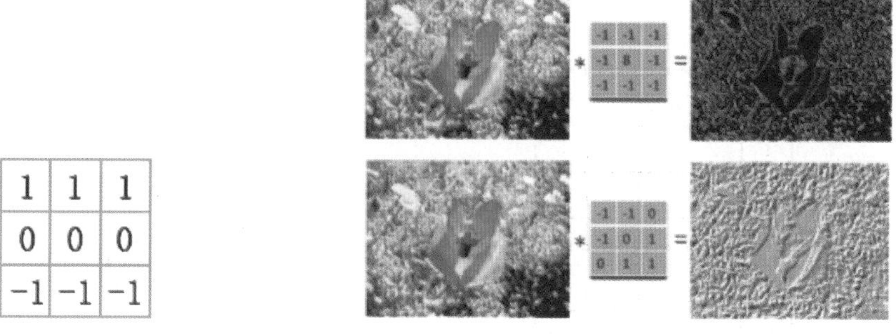

图 25.13　垂直过滤器

图 25.14　其他的卷积核

以上是我们用已知的卷积核对图像进行卷积运算之后得到的结果，但是，在卷积神经网络中，这些卷积核的值我们并不知道，这正是我们要学习的参数，卷积神经网络训练的目标就是去获得这些卷积核的值，这就是我们把这些卷积核称为 $w1, w2, \cdots$ 的原因。

## 25.4　池化层

池化层的池化操作（pooling）用于减少图像的尺寸，从而减少计算量。它通过两个超参数来进行（关于超参数的内容参见第 16 章第 3 节），分别是核大小 Pool_ size 和步长 Stride。但是池化操作比上面的卷积操作要简单得多，在这一层没有需要训练的参数。通常核大小 Pool_size 和步长 Stride 的数值是相等的（这样达到的效果是原始图像的数据不会重复使用）。池化操作有最大值池化和平均值池化两种。

最大值池化总是取当前窗口中的最大值，如图 25.15 所示，Pool_size＝2，第一个窗口的 4 个值是 1，2，6，7，最大值是 7，所以输出结果的第一个值是 7，Stride＝2，向右移动两格后的窗口的 4 个值是 3，4，8，9，最大值是 9，所以输出结果的第二个值是 9，继续往右移动不够一个窗口大小了，所以不再计算。这样计算出来的输出结果有 4 个值，分别是 7，9，17，19。

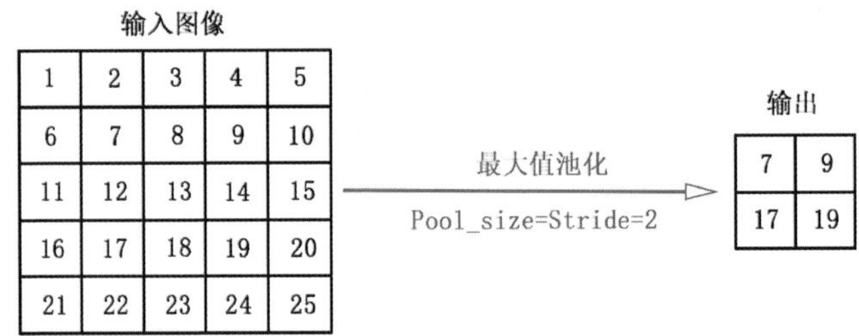


**图 25.15　最大值池化**

平均值池化与最大值池化的唯一区别是，每次不是取最大值而是取平均值，如图 25.16 所示，因而计算出来输出结果的 4 个值分别是 7，9，17，19。

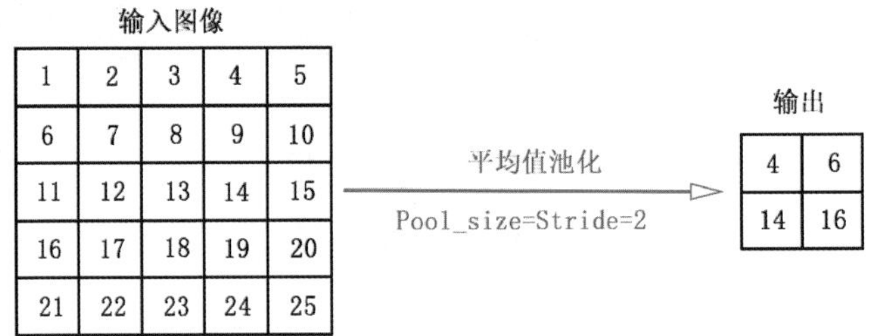


**图 25.16　平均值池化**

# 第 26 章

# 循环神经网络

循环神经网络（Recurrent Neural Network，RNN）是神经网络中的一种，如果说卷积神经网络是计算机视觉领域的一个必不可少的神经网络，那么循环神经网络则是自然语言处理领域的一个必不可少的神经网络。循环神经网络具有记忆性，非常擅长处理序列式问题，因而在自然语言处理领域例如语音识别、语言建模、机器翻译等方面应用非常广泛。

通过本章内容的学习，可以掌握：

- 变长文本的编码；
- 循环神经网络的网络结构；
- 循环神经网络的训练。

## 26.1 变长文本的编码

我们来考察神经网络怎样处理文本的问题。一个文本可以看做是一系列字符或一系列单词组成的数据，而神经网络的输入只能是由数组成的张量，所以为了将文本这一类数据输入到神经网络中，第一步是要将文本中的单词转化为数字，以让神经网络能够读取。

那么怎样把词语转化为数字呢？

一个方法是使用 One-hot 编码，One-hot 编码在机器学习领域非常常用，比如一个集合，只有 $A,B,C,D,E$ 这 5 个元素，我们就可以用一个 4 维的向量对它们进行编码：

$$A->(0,0,0,0,1)$$
$$B->(0,0,0,1,0)$$
$$C->(0,0,1,0,0)$$
$$D->(0,1,0,0,0)$$
$$E->(0,1,0,0,0)$$

也就是说，每个向量只有 1 个元素的值是 1，其他的都是 0，这也就是 One-hot 编码的含义。

下面我们看一下如果对文本中的单词进行 One-hot 编码会是什么情况。比如词典总共有 10000 个单词，则词典中的任何一个词都可以用一个 10000 维的向量来表示，这个向量只有 1 个元素是 1，该元素的位置由该词在词典中的索引决定，其他的元素都是 0。

但是 One-hot 编码是稀松向量，如果向量的维度很高，就非常浪费空间，所以在自然语言处理领域基本不用。取而代之的是 Dense embedding 方式，在这种方式中，一个词对应的不再是一个稀松向量，而是一个密集向量（比如 10 维或者 20 维的向量），向量中个元素的值也是由该词在词典中的索引决定的，它的初始值是随机的，在训练完之后确定它的最终值。（关于 Dense embedding 方式的更多内容，可以参见第 33 章。）

上面我们解决了文本的编码问题。我们知道，一个文本数据集中有成千上万个文本（比如如果我们要对一部电影的所有评论进行处理，那么每一个评论都是一个文本），这些文本的长度都是不同的，但是，神经网络输入的张量，其每一个维度都必须确定，所以就必须把这些长度不一样的文本转换成定长的文本，这就是变长的问题。

解决变长问题的方法是填充和截断。例如，如果目标维数是 10，而一个文本由 5 个单词组成，它的值是（3,2,5,9,1），那么其他维度都用 0 填充，所以填充完之后变成（3,2,5,9,1,0,0,0,0,0）。反之，如果要对一个维数大于 10 的向量进行转换，则需要进行截断操作，即将第 10 维之后的数据截断丢弃。这样，通过填充和截断操作，就可以将一个变长的输入变成一个定长的输入。

## 26.2 循环神经网络的网络结构

在人工神经网络和卷积神经网络中，输出仅仅只依赖于输入，如图 26.1 所示。

但是人工神经网络和卷积神经网络的这个特点在某些情况下并不符合事实。在循环神经网络的应用场景中，输出不仅依赖于输入，而且依赖于“记忆”。打个比方说，我们人类的学习，不仅依赖于新知识的输入，而且依赖于我们已有的知识。

循环神经网络的输入和输出如图 26.2 所示。

图中的虚线维护一个状态值 $s_t$，作为下一步的输入。而输入也输出也加了一个下标 $t$，表示某一步的输入和输出。也就是说，第一步输入是 $x_0$，经过一个 RNN 的 cell 之后，输出有两部分，一部分是 $y_0$，另一部分是虚线部分 $s_0$，第二步的输入除了 $x_1$ 之外，还有上一步的虚线部分 $s_0$，经过一个 RNN 的 cell 之后，还是有两部分的输出，…，一直这样循环下去直至结束。在 RNN 中，所有的 cell 都使用同一个权值矩阵 $\boldsymbol{W}$ 和相同的激活函数，这是 RNN 的另一个特点。

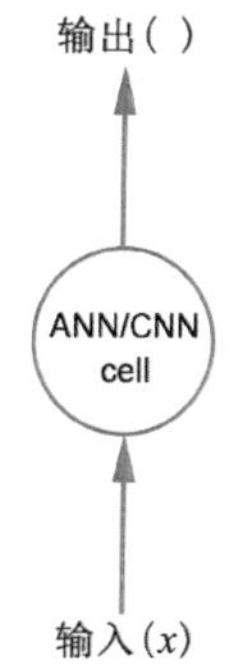


图 26.1　人工神经网络和卷积神经网络的输入和输出

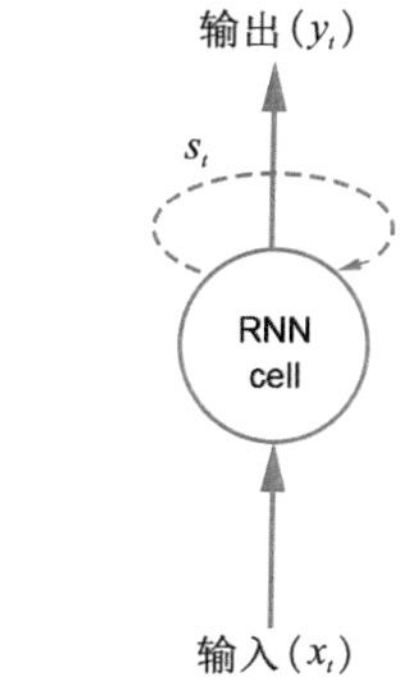


图 26.2　循环神经网络的输入和输出

如果我们写成公式，则是

$$s_t = f_W(s_{t-1}, x_t) \tag{26.1}$$

如果将权值矩阵和激活函数代进去，则是

$$s_t = \tanh(\boldsymbol{W} * s_{t-1}, \boldsymbol{U} * x_t) \tag{26.2}$$

注意对于所有的步骤，$\boldsymbol{W}$ 和 $\boldsymbol{U}$ 都是不变的。

图中 $y_t$ 的计算公式是

$$y_t = \mathrm{softmax}(V * s_t) \tag{26.3}$$

如果将图 26.2 展开，则得到循环神经网络的网络结构如图 26.3 所示。

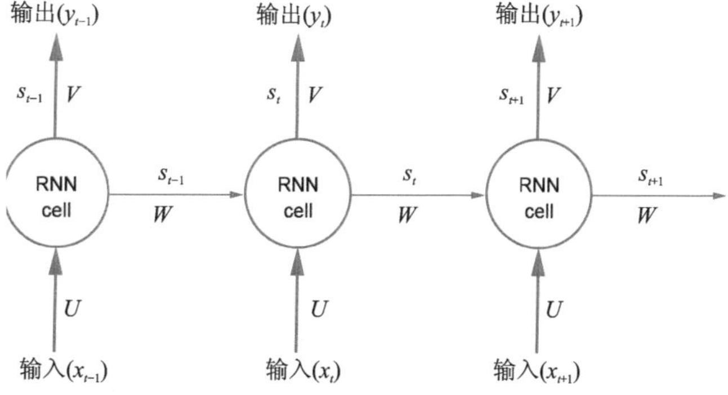


图 26.3　循环神经网络的网络结构

其中每个圆圈可以看作是一个单元，而且每个单元做的事情也是一样的。用一句话解释 RNN，就是一个单元结构重复使用。

以下是 RNN 网络结构中的一些细节：

➢ 可以把隐状态 $s_t$ 看作"记忆体"，它捕捉了之前时间点上的信息。

➢ 输出 $y_t$ 由当前时间以及之前所有的"记忆"共同计算得到。

➢ 实际应用中，$s_t$ 并不能捕捉和保留之前的所有信息（记忆有限）。

➢ 不同于 CNN，在 RNN 中这个神经网络都共享一组参数（U，V，W），这极大地减少了需要训练的参数量。

➢ 图中的 $y_t$ 在有些任务下是不需要的，比如文本情感分析，其实只需要最后的 output 结果就行。

以上是简单的循环神经网络的网络结构，在此基础之上，后来发展了双向循环神经网络（Bidirectional RNN，Bi-RNN）和长短期记忆网络（Long Short-Term Memory networks，LSTM），它们是在实践中常用的循环神经网络。

## 26.3 循环神经网络的训练

如前面我们讲的，如果要预测 $t$ 时刻的输出，我们必须先利用上一时刻（t－1）的记忆和当前时刻的输入，得到 $t$ 时刻的记忆：

$$s_t = \tanh(U * x_t + W * s_{t-1}) \tag{26.4}$$

然后利用当前时刻的记忆，通过 softmax 分类器输出每个词出现的概率（这里我们用 $\hat{y}_t$ 表示，以区分真实值 $y_t$）：

$$\hat{y}_t = \text{softmax}(V_{s_t}) \tag{26.5}$$

为了找出模型最好的参数 U，W，V，我们就要知道当前参数得到的结果怎么样，因此就要定义我们的损失函数，用交叉熵损失函数：

$$\text{t 时刻的损失 } E_t(y_t, \hat{y}_t) = -y_t \log \hat{y}_t \tag{26.6}$$

其中 $y_t$ 是 $t$ 时刻的标准答案，是一个只有一个元素是 1，其他元素都是 0 的向量，即 one-hot 向量；$\hat{y}_t$ 是我们预测出来的结果，与 $y_t$ 的维度一样，但它是一个概率向量，里面是每个词出现的概率。因为对结果的影响，肯定不止一个时刻，因此需要把所有时刻的造成的损失都加起来：

$$E_t(y_t, \hat{y}_t) = -\sum_t y_t \log \hat{y}_t \tag{26.7}$$

如图 26.4 所示，你会发现每个 cell 都会有一个损失，我们已经定义好了损失函数，接下来就是熟悉的一步了，那就是根据损失函数利用 SGD 来求解最优参数，在 CNN 中使用反向传播 BP 算法来求解最优参数，但在 RNN 就要用到随时间反向传播（BackPropagation Through Time，BPTT），它和 BP 算法的本质区别，也是 CNN 和 RNN 的本质区别：CNN 没有记忆功能，它的输出仅依赖与输入，但 RNN 有记忆功能，它的输出不仅依赖与当前输入，还依赖与当前的记忆。这个记忆是序列到序列的，也就是当前时刻收到上一时刻的影响，比如股市的变化。

因此，在对参数求偏导的时候，对当前时刻求偏导，一定会涉及前一时刻，我们用

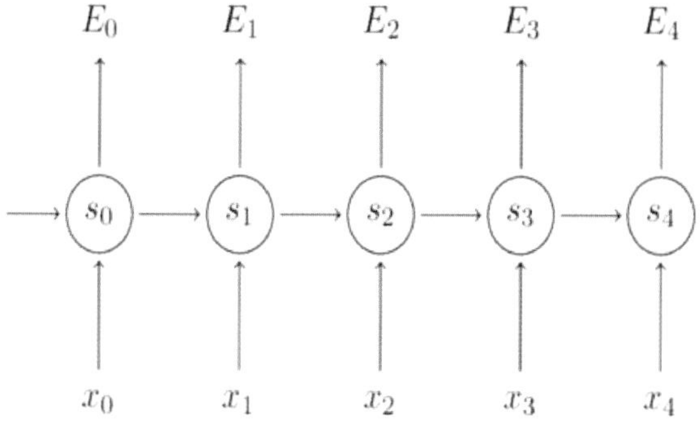


图 26.4　循环神经网络的损失

例子看一下，如图 26.5 所示。

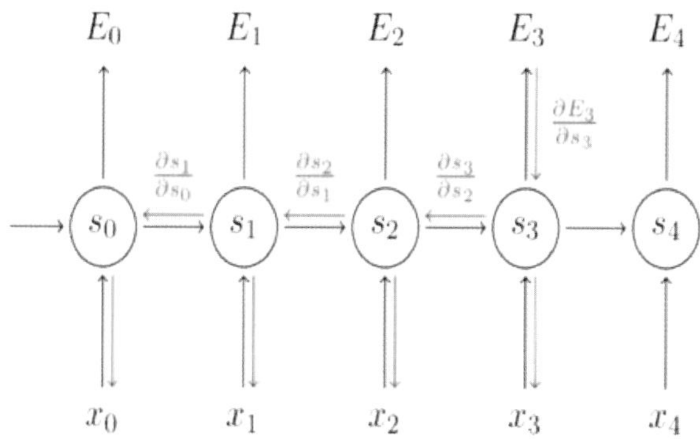


图 26.5　循环神经网络对参数求偏导

假设我们对 $E_3$ 的 $W$ 求偏导：它的损失首先来源于预测的输出 $\hat{y}_3$，预测的输出又是来源于当前时刻的记忆 $s_3$，当前的记忆又是来源于当前的输出和截止到上一时刻的记忆：

$$s_3 = \tan h(U_{x_3} + W_{s_2}) \tag{26.8}$$

因此，根据链式法则可以有：

$$\frac{\partial E_3}{\partial W} = \frac{\partial E_3}{\partial \hat{y}_3} \frac{\partial \hat{y}_3}{\partial s_3} \frac{\partial s_3}{\partial W} \tag{26.9}$$

但是，你会发现，

$$s_2 = \tan h(U_{x_2} + W_{s_1}) \tag{26.10}$$

也就是 $s_2$ 里面的函数还包含了 $W$，因此，这个链式法则还没到底，就像图上画的那样，所以真正的链式法则是这样的：

$$\frac{\partial E_3}{\partial W} = \sum_{k=0}^{3} \frac{\partial E_3}{\partial \hat{y}_3} \frac{\hat{y}_3}{\partial s_3} \frac{s_3}{\partial s_k} \frac{s_k}{\partial W} \tag{26.11}$$

我们要把当前时刻造成的损失，和以往每个时刻造成的损失加起来，因为我们每一个时刻都用到了权重参数 $W$。和以往的网络不同，一般的网络，参数是不同享的，但在循环神经网络，和 CNN 一样，设立了参数共享机制，来降低模型的计算量。

# 第 27 章

# AlphaGo 和强化学习概述

强化学习（Reinforcement Learning）是机器学习中的一个领域，如果从 1956 年 Bellman 提出了动态规划方法算起，强化学习也已经经历了几十年的时间。强化学习的理论在信息论、博弈论、自动控制等领域都有所讨论。2016 年，人工智能围棋程序 AlphaGo 击败李世石之后，融合了深度学习的强化学习技术大放异彩，成为这两年最火的技术之一。

在本章，我们以 AlphaGo 为实例，来初步探究强化学习的奥秘。

通过本章内容的学习，可以掌握：

➢ 强化学习的概念；

➢ 强化学习的基本要素；

➢ Q-learning 算法。

## 27.1 横空出世的 AlphaGo

在本章的内容开始之前，我们已经学习了很多机器学习的算法，这些算法可以分为监督学习和非监督学习两种，而监督学习又可以大致分为神经网络和非神经网络两大类，在神经网络的基础上发展起来了深度学习的技术。如果把这些技术画成一张图，大概是图 27.1 这样的。

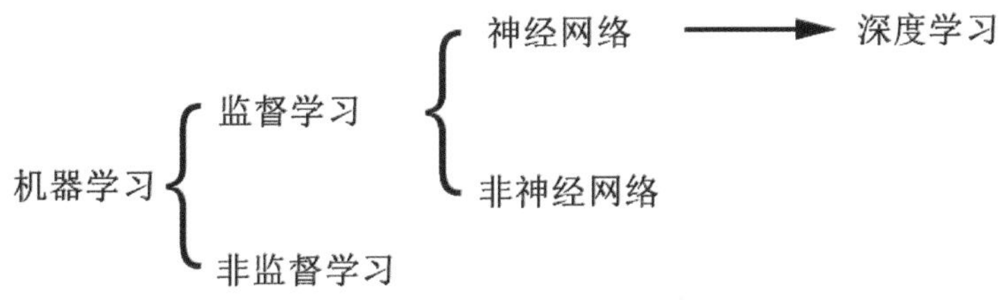


图 27.1 机器学习算法概貌

下面我们来考察的这样一个问题：如果我们用上面的机器学习算法写一个人工智能的围棋程序，会是什么效果呢？

事实上，AlphaGo 最开始就是这么做的。AlphaGo 用监督学习的方式训练了一

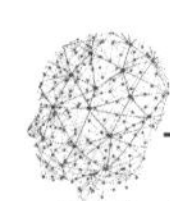


个策略网络，称为监督学习策略网络，并使用深度卷积神经网络来实现这部分功能。AlphaGo 的发明者 DeepMind 团队从在线围棋对战平台 KGS 获取了 16 万局人类棋手的对弈棋谱，以此作为训练的样本。可以想象，用此种方式训练的模型，它的下棋已经接近人类棋手的风格了。

然而，这样的模型是不可能打败顶尖的人类棋手的，原因就在于，用于学习的样本只关心了棋是怎样下的，并没有关心棋局最终是赢了还是输了。而且这些样本下棋的水平有高有低，所以这样学习的结果，只能是好的也学了，坏的也学了。所以它下的也只是“模仿棋”，只能达到业余高手的等级，碰到高水平的职业选手就不行了。

为了提高策略网络的棋力，AlphaGo 引入了强化学习技术，从而使得 AlphaGo 能够通过自我博弈来提升棋力，而不仅仅是局限于人类棋手的水平，2016 年打败李世石的 AlphaGo，正是引入了强化学习的版本，如果分析它的棋局就会发现，它的一些招法已经突破了目前人类对于围棋的认知。换句话说，如果“围棋上帝”存在的话，对围棋技术已经探索了 2000 多年的人类与这个“围棋上帝”还距离尚远，而横空出世的 AlphaGo 却已经超越了人类。

AlphaGo 一战成名之后，DeepMind 团队并没有沾沾自喜，他们随后推出了更强版的人工智能围棋程序- AlphaGo Zero。AlphaGo Zero 完全抛弃了人类棋谱的影响，而是完全通过自我博弈的强化学习算法来训练自己。AlphaGo Zero 在与 AlphaGo 的对弈中取得了 100 比 0 的胜利。随后，它在几大知名网络对弈平台化身 Master，以摧枯拉朽之势力克多位中日韩高手，取得惊人的 50 连胜。而在 2017 年乌镇围棋峰会上战胜世界冠军柯洁的围棋程序，也是这个 AlphaGo Zero。

完全使用强化学习进行自我训练的 AlphaGo Zero，已经不再向人类学习任何知识，而是摆脱人类的局限，直奔“真理”而去，在它的面前，人类已经显示出了自己的渺小。人工智能在自己的道路上究竟能走多远？我们不知道，但是 AlphaGo Zero 在强化学习领域的突破，不禁使我们对于人工智能的未来充满了憧憬和遐想。

## 27.2 强化学习技术概述

### 27.2.1 强化学习的概念

那么，什么是强化学习呢？

强化学习是一类机器学习算法，它是与监督学习和非监督学习并列的第三类机器学习算法。它最开始什么都不懂，通过不断地尝试，从错误中学习，最后找的规律，从而达到目标。

强化学习的学习思路和人比较类似，是在实践中学习，比如学习走路，如果摔倒了，那么我们大脑后面会给一个负面的奖励值，说明走的姿势不好。然后我们从摔倒状态中爬起来，如果后面正常走了一步，那么大脑会给一个正面的奖励值，我们会知道这是一个好的走路姿势。再举一个例子,一个小孩看到了一堆火,他向火走去,发现火很温暖,环境给了他一个正面的奖励值,于是他继续向火的方向走,结果发现火很烫,环境给了他一个负面的奖励值,于是他会往后撤。这些都是在实践中学习,根据环境的反馈获得知识的例子。

这个过程与监督学习是不同的,它们之间最大的区别是强化学习没有监督学习已经准备好的训练数据输出值。强化学习只有奖励值,但是这个奖励值和监督学习的输出值不一样,它不是事先给出的,而是在学习过程中逐步得到的,比如上面的例子里走路摔倒了才得到大脑的奖励值。同时,强化学习的每一步与时间顺序前后关系紧密。而监督学习的训练数据之间一般都是独立的,没有这种前后的依赖关系。

再来看看强化学习和非监督学习的区别。还是在奖励值这个地方,非监督学习是没有输出值也没有奖励值的,它只有数据特征。同时和监督学习一样,数据之间也都是独立的,没有强化学习这样的前后依赖关系。

## 27.2.2 强化学习的基本要素

如图 27.2 所示,大脑代表算法的执行个体(称为 Agent),我们可以操作个体来做决策,即选择一个合适的动作(Action)$A_t$。地球代表我们要研究的环境,它有自己的状态模型,我们选择了动作 $A_t$ 后,环境的状态(State)会改变,我们会发现环境状态已经变为 $S_{t+1}$,同时得到了我们采取动作 $A_t$ 的延时奖励(Reward)$R_{t+1}$。然后个体可以继续选择下一个合适的动作,然后环境的状态又会变,又有新的奖励值。这

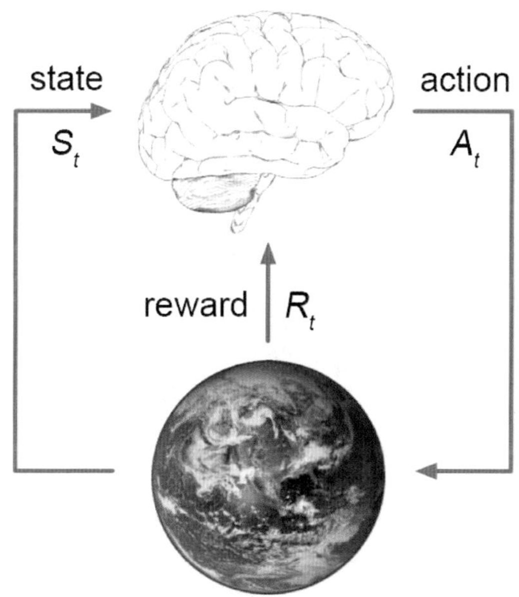


图 27.2 强化学习的基本要素

就是强化学习的思路。

因而，强化学习要素包括：

➢ 环境的状态 S，$t$ 时刻环境的状态 $S_t$ 是它的环境状态集中的某一个状态。

➢ 个体的动作 A，$t$ 时刻个体采取的动作 $A_t$ 是它的动作集中的某一个动作。

➢ 环境的奖励 R，$t$ 时刻个体在状态 $S_t$ 采取的动作 $A_t$ 对应的奖励 $R_{t+1}$ 会在 $t+1$ 时刻得到。

强化学习要解决的问题是，针对一个具体问题得到一个最优的策略（policy），使得在该策略下获得的 reward 最大。所谓的策略其实就是一系列 action。也就是 sequential data。

强化学习的特点在于：

(1) 没有监督者，只有一个 Reward 信号；

(2) 反馈是延迟的，不是立即生成的；

(3) 强化学习是序列学习，时间在强化学习中具有重要的意义；

(4) Agent 的行为会影响以后所有的决策。

### 27.2.3 强化学习的算法

强化学习问题的算法可以分为三类：基于值的算法、基于策略的算法和基于模型的算法。我们只介绍基于值的算法中一个最著名的算法-Q-learning 算法，以对强化学习的算法有一个初步的了解。

我们先来看一个简单的例子，见图 27.3，假设一个屋子有 5 个房间，我们希望从任意一个房间出发，最后能走出房间。图中的 0－4 表示房间的编号，5 表示走出了房间。

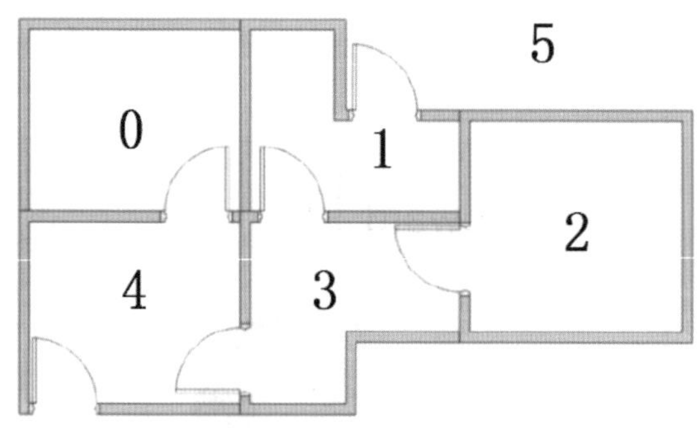


**图 27.3 走房间问题**

我们可以将这个问题抽象为图 27.4。在该图中，每个房间是一个节点，节点之间有连线表示它们之间是互通的。

我们将机器人放在任何一个房间，为了让他能够知道 5 号节点是目标，我们对于图中的每一条边，都设置一个奖励值：直接连到目标的边奖励值为 100，其他的边

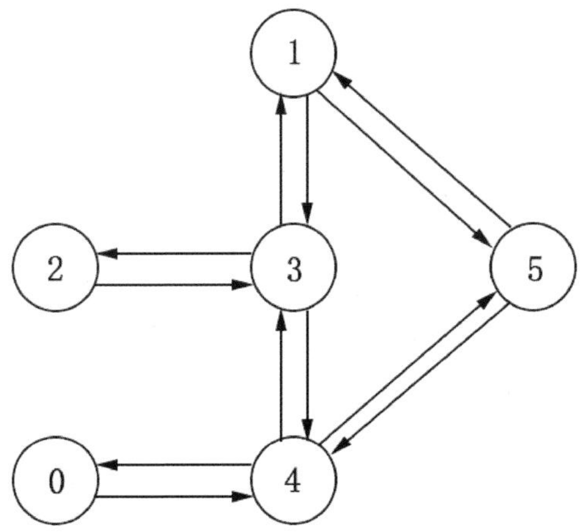


图 27.4　走房间问题的抽象

都设置为 0(对于不能互通的房间之间,设置奖励值为－1,在图中没有标出来)。注意 5 号房间有一个指向自己的箭头,奖励值也是 100,这样当机器人到达 5 号房间之后,它就会选择一直待在 5 号房间,这也称为吸收目标。如图 27.5 所示。

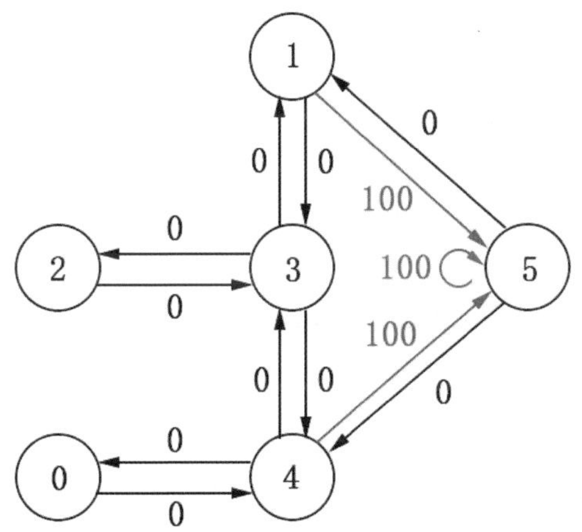


图 27.5　设置奖励值

Q-learning 中有两个重要的概念,一个是状态,一个是动作。在我们这个例子中,机器人目前在哪个房间(也就是图中的节点)就是一个状态,而机器人从哪个房间走到哪个房间(也就是图中的连线)就是一个动作。这样,图 27.5 就可以用一个矩阵来表示,称为奖励矩阵,或者 ***R*** 矩阵,如图 27.6 所示。

接下来我们设置一个矩阵,用来记录机器人通过与环境的交互学习到的每种状态下每种行动可能得到的奖励,这个矩阵称为 ***Q*** 矩阵。由于刚开始机器人对于环境一无所知,所以 ***Q*** 矩阵的初始值为全 0,如图 27.7 所示。

| | Action | | | | | |
|---|---|---|---|---|---|---|
| State | 0 | 1 | 2 | 3 | 4 | 5 |
| 0 | -1 | -1 | -1 | -1 | 0 | -1 |
| 1 | -1 | -1 | -1 | 0 | -1 | 100 |
| 2 | -1 | -1 | -1 | 0 | -1 | -1 |
| 3 | -1 | 0 | 0 | -1 | 0 | -1 |
| 4 | 0 | -1 | -1 | 0 | -1 | 100 |
| 5 | -1 | 0 | -1 | -1 | 0 | 100 |

$$\boldsymbol{R} = \begin{bmatrix} -1 & -1 & -1 & -1 & 0 & -1 \\ -1 & -1 & -1 & 0 & -1 & 100 \\ -1 & -1 & -1 & 0 & -1 & -1 \\ -1 & 0 & 0 & -1 & 0 & -1 \\ 0 & -1 & -1 & 0 & -1 & 100 \\ -1 & 0 & -1 & -1 & 0 & 100 \end{bmatrix}$$

图 27.6　奖励矩阵

| | 0 | 1 | 2 | 3 | 4 | 5 |
|---|---|---|---|---|---|---|
| 0 | 0 | 0 | 0 | 0 | 0 | 0 |
| 1 | 0 | 0 | 0 | 0 | 0 | 0 |
| 2 | 0 | 0 | 0 | 0 | 0 | 0 |
| 3 | 0 | 0 | 0 | 0 | 0 | 0 |
| 4 | 0 | 0 | 0 | 0 | 0 | 0 |
| 5 | 0 | 0 | 0 | 0 | 0 | 0 |

图 27.7　$\boldsymbol{Q}$ 矩阵

机器人通过不断地学习来更新 $\boldsymbol{Q}$ 矩阵。学习完成之后，根据 $\boldsymbol{Q}$ 矩阵的值来做决策。

那么，机器人怎样通过学习来不断更新 $\boldsymbol{Q}$ 矩阵呢？这就是 Q-learning 算法。

Q-learning 算法的状态转移公式是：

$$\boldsymbol{Q}(s,a)=\boldsymbol{R}(s,a)+\gamma max_{\tilde{a}}\{\boldsymbol{Q}(\tilde{s},\tilde{a})\} \tag{27.1}$$

其中 $s$，$a$ 表示当前的状态和行动，$\tilde{s}$，$\tilde{a}$ 表示在状态 $s$ 下采取行动 $a$ 之后的下一个状态和该状态对应的所有行动。参数 $\gamma$ 是一个值在 0 和 1 之间的一个常数，表示对未来奖励的衰减程度，形象的比喻就是一个人对于未来的远见程度。

该公式的含义是，机器人通过经验自主学习，不断地从一个状态转移到另一个状态并且不断地更新 $\boldsymbol{Q}$ 矩阵。$\boldsymbol{Q}$ 矩阵就像是机器人的大脑，它在不断地更新，学习得越多智能就越强。

下面给出 Q-learning 算法的整个流程：

（1）给定参数 $\gamma$ 和 $\boldsymbol{R}$ 矩阵。

（2）设置 $\boldsymbol{Q}$ 矩阵为全 0。

（3）设置训练的次数 episode，每一次训练都执行以下相同的步骤：

① 随机选择一个初始状态 $s$。

② 执行以下的步骤，直至到达目标状态：

a. 在当前状态的所有可能的行动中选择一个行动 $a$。

b. 根据行动 a 得到下一个状态 $\tilde{s}$。

c. 根据公式 27.1 计算 $\boldsymbol{Q}(s,a)$，这样，矩阵 $\boldsymbol{Q}$ 就得到了更新。

d. 令 $s=\tilde{s}$。

# 第 4 部分

# 人工智能的典型案例

# 导 读

在这一部分，我们将学习若干个人工智能的经典案例，这些案例涉及人工智能的三个最基础的领域：计算机视觉、语音识别和自然语言处理。通过这些案例的学习，你将会对人工智能在这几个方面的实现与应用增加一些感性的认识。

由于我们在前面几个部分所学的知识还比较基础，尚不足以支持从底层算法开始完整地去实现一个完整的案例，所以在这一部分内容里面，我们要使用几个著名的人工智能 Python 库，主要是计算机视觉领域的 OpenCV，语音识别领域的 Speech Recognition 和自然语言处理领域的 NLTK。熟悉这些著名的人工智能 Python 库，对于我们今后进一步的学习和研究也是非常有好处的。

# 第 28 章

# 计算机视觉

计算机视觉（Computer Vision）本身是一门独立的学科，它研究如何用摄影机和计算机代替人眼对目标进行跟踪、识别、分析、处理等。随着机器学习和深度学习的迅猛发展，计算机视觉与之紧密联系，产生了大量的技术成果，计算机视觉也成为目前人工智能领域落地最顺利的技术。

在本章，我们使用一个基于 BSD 许可（开源）发行的跨平台计算机视觉库-OpenCV 来进行学习。OpenCV 可以运行在 Linux、Windows、Android 和 Mac OS 操作系统上。它轻量而且高效—— 由一系列 C 函数和少量 C++类构成，同时提供了 Python、Ruby、Matlab 等语言的接口，实现了图像处理和计算机视觉方面的很多通用算法。

为在 Python 环境下使用 OpenCV，你需要下载和安装 OpenCV 相关的模块。如果你已经按照本书第二部分的内容安装了 Anaconda 环境，则你已经安装好了 OpenCV，可以直接运行本章的案例了。

本章第一节和第二节只涉及计算机视觉，第三节才涉及机器学习。

## 28.1 围棋子的识别

在这一小节，我们要用 OpenCV 来识别图片中的围棋子，如图 28.1 所示。

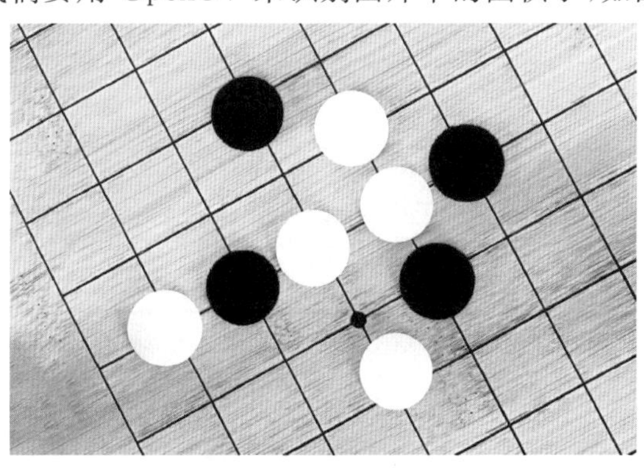

图 28.1 围棋子的识别

这个案例主要用了 Opencv 中的霍夫圆环检测来检测图片中的圆,霍夫圆环检测函数为:

```
HoughCircles(image,method,dp,minDist,circles = None,param1 = None,param2 = None,minRadius
             = None,maxRadius = None)
- image:8 位,单通道图像。如果使用彩色图像,需要先转换为灰度图像。
- method:定义检测图像中圆的方法。目前唯一实现的方法是 cv2.HOUGH_GRADIENT。
- dp:累加器分辨率与图像分辨率的反比。dp 获取越大,累加器数组越小。
- minDist:检测到的圆的中心,(x,y)坐标之间的最小距离。如果 minDist 太小,则可能导致检测
  到多个相邻的圆。如果 minDist 太大,则可能导致很多圆检测不到。
- param1:用于处理边缘检测的梯度值方法。
- param2:cv2.HOUGH_GRADIENT 方法的累加器阈值。阈值越小,检测到的圈子越多。
- minRadius:半径的最小大小(以像素为单位)。
- maxRadius:半径的最大大小(以像素为单位)。
```

以下是程序的代码:

```
import cv2
import numpy as np
from collections import Counter

def detect_go(img):
txt = 'black'
gray = cv2.cvtColor(img, cv2.COLOR_BGR2GRAY)
ret, threshold = cv2.threshold(gray, 100, 255, cv2.THRESH_BINARY)
c = Counter(list(threshold.flatten()))
print(c.most_common())
if c.most_common()[0][0] ! = 0:
txt = 'white'
return txt, threshold

img = cv2.imread('data/go.png')
img = cv2.medianBlur(img, 5)
gray = cv2.cvtColor(img, cv2.COLOR_BGR2GRAY)
circles = cv2.HoughCircles(gray, cv2.HOUGH_GRADIENT, 1, 20, param1 = 100, param2 = 25,
                           minRadius = 10, maxRadius = 50)
if circles is None:
exit( - 1)

circles = np.uint16(np.around(circles))
```

```
for i in circles[0, :]:
cv2.circle(img, (i[0], i[1]), i[2], (0, 255, 0), 2)
cv2.circle(img, (i[0], i[1]), 2, (0, 0, 255), 3)
x, y, r = i
crop_img = img[y - r: y + r, x - r: x + r]
txt, threshold = detect_go(crop_img)
print('颜色','黑色' if txt == 'black' else '白色')
cv2.imshow('detected GO', img)
cv2.waitKey(1500)

cv2.waitKey(0)
cv2.destroyAllWindows()
```

图 28.2 为运行结果。

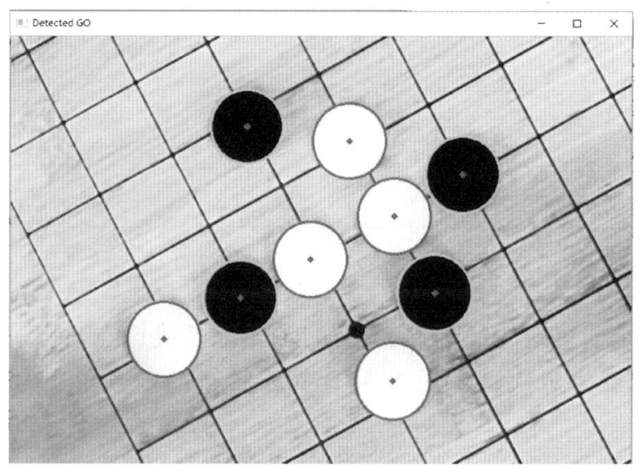


图 28.2　围棋子的识别运行结果

## 28.2　几何形状的识别与测量

在本小节，我们要用 OpenCV 来对图片中的几何形状进行识别与测量，包括判断几何形状的类型和颜色，测量其周长，面积，如图 28.3 所示。

为了理解本例中的程序，我们需要介绍 OpenCV 中的几个概念。

### 1. 轮廓(contours)

什么是轮廓？简单说轮廓就是一些列点相连组成形状。它们拥有同样的颜色。轮廓发现在图像的对象分析、对象检测等方面是非常有用的工具。在 OpenCV 中使用轮廓发现相关函数时要求输入图像是二值图像，这样便于轮廓提取、边缘提取等操作。轮廓发现的函数与参数解释如下：

图 28.3　几何形状的识别与测量(一)

```
findContours(image, mode, method, contours = None, hierarchy = None, offset = None)
- image 输入/输出的二值图像
- mode 返回轮廓的结构、可以是 List、Tree、External
- method 轮廓点的编码方式,基本是基于链式编码
- contours 返回的轮廓集合
- hieracrchy 返回的轮廓层次关系
- offset 点是否有位移
```

## 2. 多边形逼近

多边形逼近,是通过对轮廓外形无限逼近,删除非关键点、得到轮廓的关键点,不断逼近轮廓真实形状的方法,OpenCV 中多边形逼近的函数与参数解释如下:

```
approxPolyDP(curve,epsilon,closed,approxCurve = None)
- curve 表示输入的轮廓点集合
- epsilon 表示逼近曲率,越小表示相似逼近越厉害
- close 是否闭合
```

## 3. 图像几何距

图像几何距是图像的几何特征,高阶几何距中心化之后具有特征不变性,可以产生 Hu 距输出,用于形状匹配等操作,这里我们通过计算一阶几何距得到指定轮廓的中心位置,计算几何距的函数与参数解释如下:

```
moments(array,binaryImage = None)
- array 表示指定输入轮廓
- binaryImage 默认为 None
```

程序的代码如下:

```
importcv2 as cv
import numpy as np

defdraw_text_info(image):
globalshapes
c1 = shapes['triangle']
c2 = shapes['rectangle']
c3 = shapes['polygons']
c4 = shapes['circles']
cv.putText(image,"triangle: " + str(c1),(10,20),cv.FONT_HERSHEY_PLAIN,1.2,(255,0,0),1)
cv.putText(image,"rectangle: " + str(c2),(10,40),cv.FONT_HERSHEY_PLAIN,1.2,(255,0,0),1)
cv.putText(image,"polygons: " + str(c3),(10,60),cv.FONT_HERSHEY_PLAIN,1.2,(255,0,0),1)
cv.putText(image,"circles: " + str(c4),(10,80),cv.FONT_HERSHEY_PLAIN,1.2,(255,0,0),1)
return image


src = cv.imread("data/geometry.png")
result = np.zeros(src.shape,dtype = np.uint8)
result.fill(120) gray = cv.cvtColor(src,cv.COLOR_BGR2GRAY)
ret,binary = cv.threshold(gray,0,255,cv.THRESH_BINARY_INV | cv.THRESH_OTSU)
contours,hierarchy = cv.findContours(binary,cv.RETR_EXTERNAL,cv.CHAIN_APPROX_SIMPLE)

shapes = {'triangle': 0,'rectangle': 0,'polygons': 0,'circles': 0}

forcnt in range(len(contours)):
cv.drawContours(result,contours,cnt,(0,255,0),2)
epsilon = 0.01 * cv.arcLength(contours[cnt],True)
approx = cv.approxPolyDP(contours[cnt],epsilon,True)
corners = len(approx)
shape_type = ""
if corners = = 3:
count = shapes['triangle']
count = count + 1
shapes['triangle'] = count
shape_type = "三角形"
if corners = = 4:
count = shapes['rectangle']
count = count + 1
shapes['rectangle'] = count
shape_type = "矩形"
if corners > = 10:
```

```
count = shapes['circles']
count = count + 1
shapes['circles'] = count
shape_type = "圆形"
if 4 < corners < 10:
count = shapes['polygons']
count = count + 1
shapes['polygons'] = count
shape_type = "多边形"
mm = cv.moments(contours[cnt])
cx = int(mm['m10'] / mm['m00'])
cy = int(mm['m01'] / mm['m00'])
cv.circle(result,(cx,cy),3,(0,0,255),-1)
color = src[cy][cx]
color_str = "(" + str(color[0]) + "," + str(color[1]) + "," + str(color[2]) + ")"
p = cv.arcLength(contours[cnt],True)
area = cv.contourArea(contours[cnt])
print("周长：%.3f,面积：%.3f 颜色：%s 形状：%s" % (p,area,color_str,shape_type))

cv.imshow("Analysis Result",draw_text_info(result))
cv.waitKey()
cv.destroyAllWindows()
```

图 28.4 是程序的输出。

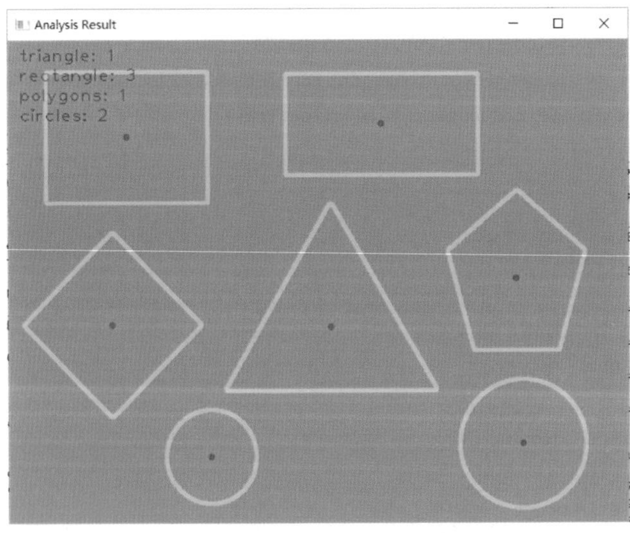


**图 28.4　几何形状的识别与测量结果（二）**

控制台打印的结果是：

```
周长：310.735,面积：6872.000 颜色：(0,0,255) 形状：圆形
周长：428.960,面积：13176.000 颜色：(0,0,0) 形状：圆形
周长：522.774,面积：17294.000 颜色：(76,177,34) 形状：矩形
周长：679.470,面积：20707.000 颜色：(0,0,255) 形状：三角形
周长：500.073,面积：15783.000 颜色：(232,162,0) 形状：多边形
周长：596.000,面积：19897.000 颜色：(0,0,0) 形状：矩形
周长：598.000,面积：22008.000 颜色：(204,72,63) 形状：矩形
```

## 28.3　人脸检测

在本小节,我们利用 OpenCV 来进行人脸检测,人脸检测（Face Detection）是指对于任意一幅给定的图像,采用一定的策略对其进行搜索以确定其中是否含有人脸,如果是则返回人脸的位置、大小和姿态。人脸检测是人脸识别（Face Recognition）系统中的一个关键环节。

为使用 OpenCV 进行人脸检测,需要下载人脸级联分类器 haarcascade_frontalface_default.xml,以下是下载地址：https://github.com/opencv/opencv/tree/master/data/haarcascades

```
importcv2


img = cv2.imread('doudou.jpg',1)
face_engine = cv2.CascadeClassifier('haarcascade_frontalface_default.xml')
faces = face_engine.detectMultiScale(img,scaleFactor = 1.3,minNeighbors = 5)
for (x,y,w,h) in faces:
img = cv2.rectangle(img,(x,y),(x + w,y + h),(255,0,0),2)
cv2.imshow('img',img)
cv2.waitKey(0)
cv2.destroyAllWindows()
```

图 28.5 和图 28.6 是两个运行的结果。

在下面这个例子中,我们实时捕获摄像头的数据,然后进行人脸检测,如图 28.7 所示。

```
importcv2


face_cascade = cv2.CascadeClassifier('haarcascade_frontalface_default.xml')
cap = cv2.VideoCapture(0)


while(True):
ret,frame = cap.read()
faces = face_cascade.detectMultiScale(frame,1.3,5)
img = frame
for (x,y,w,h) in faces:
img = cv2.rectangle(img,(x,y),(x + w,y + h),(255,0,0),2)

cv2.imshow('Face Recognizing',img)

ifcv2.waitKey(5) & 0xFF = = ord('q'):
break



cap.release()
cv2.destroyAllWindows()
```

图 28.5　人脸检测结果（一）

图 28.6　人脸检测结果（二）

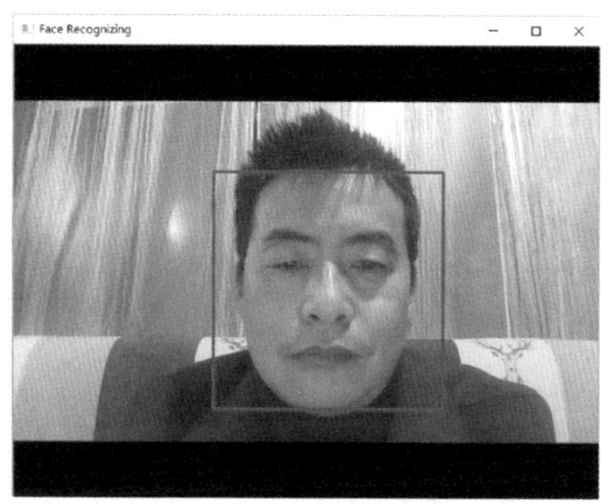


图 28.7　人脸检测结果（三）

# 第29章

# 语音识别

本章我们将学习人工智能在语音识别领域的经典案例。

## 29.1 语音识别技术介绍

语音识别技术就是让机器通过识别和理解过程把语音信号转变为相应的文本或命令的技术。语音识别的目的就是让机器赋予人的听觉特性,听懂人说什么,并作出相应的动作。

语音识别源于 20 世纪 50 年代早期在贝尔实验室所做的研究。早期语音识别系统仅能识别单个讲话者以及只有约十几个单词的词汇量。现代语音识别系统已经取得了很大进步,可以识别多个讲话者,并且拥有识别多种语言的庞大词汇表。

语音识别的首要部分当然是语音。通过麦克风,语音便从物理声音被转换为电信号,然后通过模数转换器转换为数据。一旦被数字化,就可适用若干种模型,将音频转录为文本。

大多数现代语音识别系统都依赖于隐马尔可夫模型（HMM）。其工作原理为:语音信号在非常短的时间尺度上（比如 10 毫秒）可被近似为静止过程,即一个其统计特性不随时间变化的过程。

语音识别技术的其他主流算法,还包括基于动态时间规整（DTW）算法、基于非参数模型的矢量量化（VQ）方法、基于人工神经网络（ANN）和支持向量机等语音识别方法。

## 29.2 使用 Speech Recognition 进行语音识别

在这一小节,我们使用谷歌公司的 Speech Recognition 语音识别软件包来实现语音向文本的转换。

为在 Python 环境下使用 Speech Recognition,你需要下载和安装 Speech Recognition 相关的模块。如果你已经按照本书第二部分的内容安装了 Anaconda 环境,则你已经安装好了 Speech Recognition,可以直接运行下面的案例了。

Speech Recognition 的核心是识别器类（Recognizer),总共有 7 个:

- descriptionrecognize_bing()：Microsoft Bing Speech；
- recognize_google()：Google Web Speech API；
- recognize_google_cloud()：Google Cloud Speech；
- recognize_houndify()：Houndify by SoundHound；
- recognize_ibm()：IBM Speech to Text；
- recognize_sphinx()：CMU Sphinx；
- recognize_wit()：Wit. ai。

我们使用其中的 recognize_google() 和 recognize_sphinx() 来学习。

语音识别的音频数据可以来自本地文件（Speech Recognition 支持 WAV、AIFF、AIFF-C 或者 FLAC 格式的文件），或者来自麦克风。

首先我们来看本地文件的方式，你可以自己录制一个 WAV 格式的文件，或者从 https://github. com/realpython/p speech-recognition/tree/master/audio _ files 下载 harvard. wav 这个文件。

以下是使用 recognize_google() 的程序代码：

```
importspeech_recognition as sr


r = sr.Recognizer()


harvard = sr.AudioFile('data/harvard.wav')


withharvard as source:
audio = r.record(source)


type(audio)


print(r.recognize_google(audio))
```

如果要使用麦克风，则需要事先按照以下的方式安装 pyAudio：

>pip installpyAudio

以下是程序的代码：

```
importspeech_recognition as sr


r = sr.Recognizer()


withsr.Microphone() as source:
print("Say something!")
```

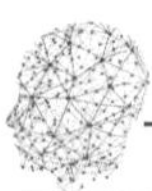



```
r.adjust_for_ambient_noise(source,0.2)
audio = r.listen(source)

type(audio)

print(r.recognize_google(audio,language = 'cmn - Hans - CN'))
```

上述方式需要在线使用，在 Speech Recognition 所提供的 7 个 Recognizer 中，只有 recognize_sphinx()是可以离线使用的。如果要使用 recognize_sphinx() 这个识别器，则需要按以下的方式安装 PocketSphinx：

> pip installPocketSphinx

如果不成功，可以用下面的命令进行安装：

> python-m pip install-upgrade pipsetuptools wheel
> pip install-upgradepocketsphinx

以下是使用 recognize_sphinx() 的程序代码：

```
importspeech_recognition as sr

r = sr.Recognizer()

harvard = sr.AudioFile('data/harvard.wav')

withharvard as source:
audio = r.record(source)

type(audio)

print("Sphinx thinks you said: " + r.recognize_sphinx(audio))
```

# 第30章

# 自然语言处理

自然语言处理（NLP-Natural Language Processing）是人工智能领域中的一个重要方向。它研究能实现人与计算机之间用自然语言进行有效通信的各种理论和方法。所谓自然语言，指的是人们日常使用的语言。实现人机间自然语言通信意味着要使计算机既能理解自然语言文本的意义，也能以自然语言文本来表达给定的意图、思想等。前者称为自然语言理解，后者称为自然语言生成。

下面我们来看自然语言处理的几个典型应用。

## 1. 机器翻译

机器翻译大家应该已经很熟悉了，它是不需要人类帮助的前提下将一种自然语言自动生成另一种自然语言的软件，比如谷歌翻译、百度翻译、搜狗翻译等都是机器翻译的代表。

## 2. 识别垃圾邮件

我们的电子邮箱通常都有垃圾邮件过滤的功能，它能够自动识别一封邮件是不是垃圾邮件，如果是，则将它自动放入到垃圾邮件箱（当然它有可能误判）。在识别垃圾邮件的技术中，我们前面学过的贝叶斯垃圾邮件过滤是备受关注的技术之一。它通过学习大量的垃圾邮件和非垃圾邮件，收集邮件中的特征词生成垃圾词库和非垃圾词库，然后根据这些词库的统计频数计算邮件属于垃圾邮件的概率，以此来进行判定。

## 3. 信息提取

信息提取是在文本中提取有效信息的方法，它显然有很重要的用途。现代的人工智能技术可以从一篇文章中分析出该文章中有哪些关键词，主要讲述了什么内容，并据此生成该文章的摘要和标题。信息提取实际上是试图让机器理解文本的内容。

## 4. 文本情感分析

文本情感分析实际上属于上面所讲的文本信息提取，不过它有其特殊的用途，比如分析用户对某个产品或者某部电影的评价信息，就可以知道用户对它的评价是好评还是差评。在本章，我们将用一个案例来展示文本情感分析的实现。

## 5. 自动问答

在互联网诞生之后，人们已经可以通过搜索引擎来获取他们所需要的信息。但是，有人工智能技术支撑的自动问答系统则在此基础上更进了一步。它能够自动回答用户所提出的问题以满足用户的需要。在回答用户问题时，首先要正确理解用户所提出的问题，抽取其中关键的信息，然后在已有的语料库或者知识库中进行检索、匹配，将获取的答案反馈给用户。

#### 6. 自然语言生成

自然语言生成是通过资料生成自然语言文本的过程，自然语言生成可以视为自然语言理解的反向：自然语言理解系统须要厘清输入句的意涵，从而产生机器表述语言；自然语言生成系统须要决定如何把概念转化成语言。在本书的"人工智能的应用场景"章节，我们讲到了一个会写诗的机器人"九歌"，就是一个自然语言生成的典型例子。

无论实现自然语言理解，还是自然语言生成，都远不如人们原来想象的那么简单，而是十分困难的。从现有的理论和技术现状看，通用的、高质量的自然语言处理系统，仍然是较长期的努力目标，但是针对一定应用，具有相当自然语言处理能力的实用系统已经出现，有些已商品化，甚至开始产业化。

在本章里，我们使用一个著名的 Python 自然语言处理工具- NLTK（Natural Language Toolkit）来进行学习。NLTK 由 Steven Bird 和 Edward Loper 在宾夕法尼亚大学计算机和信息科学系开发。它是一个开源的项目，包含：Python 模块，数据集和教程，用于 NLP 的研究和开发。

在进行接下来的学习之前，需要先安装 NLTK 和 NLTK 数据，对于 NLTK，如果你已经在本书的第二部分安装了 Anaconda，则你已经安装好了 NLTK。否则，可以参考 http://www.nltk.org/install.html 进行安装；对于 NLTK 数据，我们在每个案例用到的时候再进行安装。

## 30.1 识别性别

通过姓名识别性别是 NLP 中一个颇为有趣的例子。它的原理是，命名的末尾一个或者两个字母往往含有性别的信息，例如，如果某一个名字以"la"结尾，那么它很有可能是一个女性名字，如"Angela"或者"Layla"。另外，如果一个名字以"im"结尾，那么它很有可能是一个男性名字，例如"Tim"或者"Jim"。

NLTK 提供一个名为 names 的语料库，包含两个文件：female.txt 和 male.txt，分别包含了 5001 女性的名字和 2943 个男性的名字。

为运行本节的示例程序，你需要按照以下的步骤安装这个语料库：

```
>>>import nltk
>>>nltk.download('names')
```

在本例中，我们要判断 Leonardo，Amy，Sam 这三个人的性别。对于取姓名末尾的多少个字符，我们取 1,2,3,4 个都测试一遍。程序使用朴素贝叶斯分类器进行分类。

```
importrandom
from nltk.corpus import names
from nltk import NaiveBayesClassifier
from nltk.classify import accuracy as nltk_accuracy

#从输入的单词提取特征
defgender_features(word,num_letters = 2):
return {'feature': word[ - num_letters:].lower()}

if__name__ = = '__main__':
#从语料库提取已标记的姓名
labeled_names = ([(name,'male') for name in names.words('male.txt')] +
[(name,'female') for name in names.words('female.txt')])

#搅乱训练数据
random.seed(7)
random.shuffle(labeled_names)

#定义待测的姓名
input_names = ['Leonardo','Amy','Sam']

#分别取姓名末尾的 1,2,3,4 个字符进行预测
for i in range(1,5):
print('\nNumber of letters:',i)
featuresets = [(gender_features(n,i),gender) for (n,gender) in labeled_names]
#将数据分为训练数据集和测试数据集
train_set,test_set = featuresets[500:],featuresets[:500]
#用朴素贝叶斯分类器做分类
classifier = NaiveBayesClassifier.train(train_set)
#打印分类器的准确性
print('Accuracy = = >',str(100 * nltk_accuracy(classifier,test_set)) + str('%'))
#打印预测结果
forname in input_names:
print(name,' = = >',classifier.classify(gender_features(name,i)))
```

以下是程序运行的结果：

```
Number of letters: 1
Accuracy ==> 76.2 %
Leonardo ==> male
Amy ==> female
Sam ==> male

Number of letters: 2
Accuracy ==> 78.60000000000001 %
Leonardo ==> male
Amy ==> female
Sam ==> male

Number of letters: 3
Accuracy ==> 76.6 %
Leonardo ==> male
Amy ==> female
Sam ==> female

Number of letters: 4
Accuracy ==> 70.8 %
Leonardo ==> male
Amy ==> female
Sam ==> female
```

## 30.2 文本情感分析

情感分析是 NLP 最受欢迎的应用之一。情感分析是指确定一段给定的文本是积极还是消极的过程。有一些场景中，我们还会将“中性”作为第三个选项。情感分析常用于发现人们对于一个特定主题的看法。情感分析用于分析很多场景中用户的情绪，如营销活动、社交媒体、电子商务客户等。

这个例子将用 NLTK 的朴素贝叶斯分类器进行分类。在特征提取函数中，我们基本上提取了所有的唯一单词。然而，NLTK 分类器需要的数据是用字典的格式存放的，因此这里用到了字典格式，便于 NLTK 分类器对象读取该数据。

将数据分成训练数据集和测试数据集后，可以训练该分类器，以便将句子分为积极和消极。如果查看最有信息量的那些单词，可以看到例如单词“outstanding”表示积极评论，而“insulting”表示消极评论。这是非常有趣的信息，因为它告诉我们单词可以用来表示情绪。

NLTK 提供一个名为 movie_reviews 的电影评论语料库，为运行本节的示例程序，你需要按照以下的步骤安装这个语料库：

```
importnltk
nltk.download('movie_reviews')
```

以下是程序的代码：

```
importnltk.classify.util
from nltk.classify import NaiveBayesClassifier
from nltk.corpus import movie_reviews

defextract_features(word_list):
return dict([(word,True) for word in word_list])

if__name__ == '__main__':
#Load positive and negative reviews
positive_fileids = movie_reviews.fileids('pos')
negative_fileids = movie_reviews.fileids('neg')

features_positive = [(extract_features(movie_reviews.words(fileids = [f])),
'Positive') for f in positive_fileids]
features_negative = [(extract_features(movie_reviews.words(fileids = [f])),
'Negative') for f in negative_fileids]

# Split the data into train and test (80/20)
threshold_factor = 0.8
threshold_positive = int(threshold_factor * len(features_positive))
threshold_negative = int(threshold_factor * len(features_negative))

features_train = features_positive[:threshold_positive] + features_negative[:threshold_
negative]
features_test = features_positive[threshold_positive:] + features_negative[threshold_
negative:]
print("\nNumber of training datapoints:",len(features_train))
print("Number of test datapoints:",len(features_test))

# Train a Naive Bayes classifier
classifier = NaiveBayesClassifier.train(features_train)
print("\nAccuracy of the classifier:",nltk.classify.util.accuracy(classifier,features_
test))
```

```
print("\nTop 10 most informative words:")
for item in classifier.most_informative_features()[:10]:
print(item[0])

# Sample input reviews
input_reviews = [
"It is an amazing movie",
"This is a dull movie. I would never recommend it to anyone.",
"The cinematography is pretty great in this movie",
"The direction was terrible and the story was all over the place"
]

print("\nPredictions:")
for review in input_reviews:
print("\nReview:",review)
probdist = classifier.prob_classify(extract_features(review.split()))
pred_sentiment = probdist.max()
print("Predicted sentiment:",pred_sentiment)
print("Probability:",round(probdist.prob(pred_sentiment),2))
```

以下是程序运行的结果：

```
Number of training datapoints: 1600
Number oftest datapoints: 400

Accuracy of the classifier: 0.735

Top 10 most informative words:
outstanding
insulting
vulnerable
ludicrous
uninvolving
avoids
astounding
fascination
seagal
anna

Predictions:
```

```
Review: It is an amazing movie
Predicted sentiment: Positive
Probability: 0.61

Review: This is a dull movie. I would never recommend it to anyone.
Predicted sentiment: Negative
Probability: 0.77

Review: The cinematography is pretty great in this movie
Predicted sentiment: Positive
Probability: 0.67

Review: The direction was terrible and the story was all over the place
Predicted sentiment: Negative
Probability: 0.63
```

# 第 31 章

# 深度学习框架——TensorFlow

在第 24 章我们学习了神经网络和深度学习的一些基本概念和理论知识，本章我们学习一个深度学习框架——TensorFlow，从实战的角度加深对深度学习的了解，同时也为学习后续的两章做准备。

## 31.1 TensorFlow 简介

TensorFlow 是由谷歌人工智能团队谷歌大脑（Google Brain）开发的基于数据流图的深度学习库，可以用它完成现在绝大部分深度学习任务。它的初始版本发布于 2015 年 11 月，虽然历时不长，确是目前深度学习领域最知名和最常用的框架，没有之一。

TensorFlow 支持多种客户端语言下的安装和运行，包括 C、Python、JavaScript、C++、Java、Go 和 Swift 等。TensorFlow 的 Python 版本支持 Ubuntu 16.04、Windows 7、macOS 10.12.6 Sierra、Raspbian 9.0 及对应的更高版本。TensorFlow 同时也支持包括 GPU、CPU、移动设备在内的多种平台。

2019 年，谷歌发布了 TensorFlow 的 2.0 版本，它与之前的 1.x 版本有较大的区别。我们的课程是以 TensorFlow2.0 为基础的。

## 31.2 TensorFlow 的安装

假设我们已经安装好了 Anaconda，则只需要按照下面的步骤就可以安装好 TensorFlow：

(1) 以管理员身份运行 Anaconda Prompt；

(2) 在命令行中执行 conda create -n tensorflow python=3.6 numpy pip；

(3) 继续执行 conda activate tensorflow；

(4) 继续执行 pip install tensorflow；

(5) 继续执行 pip install spyder；

(6) 继续执行 pip install numpy；

(7) 继续执行 pip install matplotlib；

（8）继续执行 pip install scipy；

（9）继续执行 pip install pandas；

（10）继续执行 pip install sklearn。

安装结束之后，打开 Windows 的菜单，可以看到在 Anaconda3 下面新增了一个 Spyder(tensorflow)，如图 31.1 所示。我们就用它进行 TensorFlow 环境下的开发。

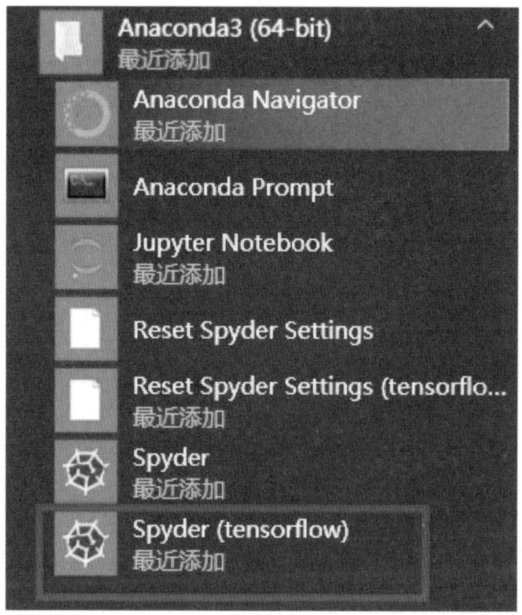


图 31.1　Tensorflow 环境的 Spyder

## 31.3　TensorFlow 的基本概念

### 31.3.1　数据流图

首先我们来讲一下图的概念。图(Graph) 是数学中的概念，数学中有一个分支，即图论 (Graph Theory)，就是以图为研究对象。所谓图，它是由若干给定的点及连接两点的线所构成的图形，这种图形通常用来描述某些事物之间的某种特定关系，用点代表事物，用连接两点的线表示相应两个事物间具有这种关系。图可以与队列、树联系起来理解，如图 31.2 所示 (其实队列和树也是图)。根据图中的连线是否有方向，图可以分为有向图和无向图。

数据流图是 TensorFlow 中的基本概念，TensorFlow 所执行的任务是用一个有向的数据流图来表示的。图中的节点表示对数据进行处理，而节点与节点之间的连线用来表示数据的输入和输出。所有输入和输出的数据都是张量。所以 Tensor-

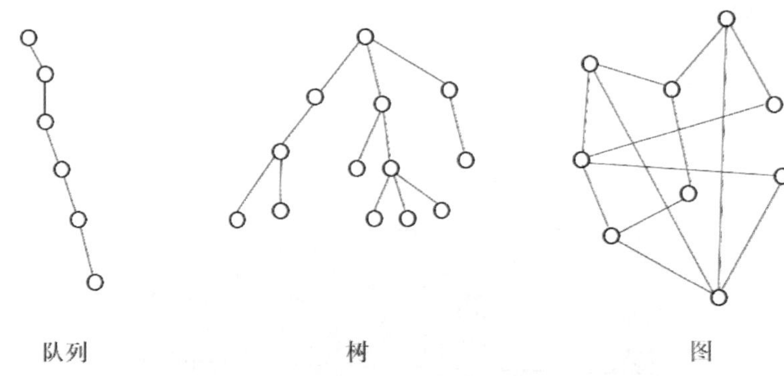


图 31.2　图的定义

Flow 中的数据流图可以形象地看作是张量的流动，这就是 TensorFlow 这个名称的由来。图 31.3 显示了一个 TensorFlow 图。

图 31.3 显示了一个 TensorFlow 图。

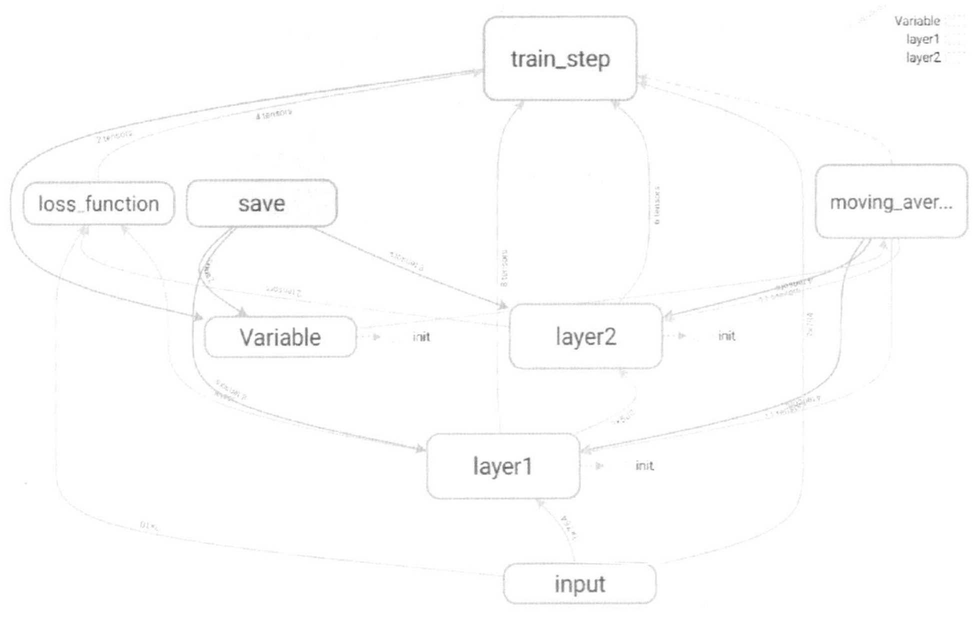


图 31.3　一个 TensorFlow 图

## 31.3.2　TensorFlow2.0 的架构

TensorFlow2.0 的架构如图 31.4 所示。它分为左边的训练（TRAINING）和右边的部署（DEPLOYMENT）两个部分。

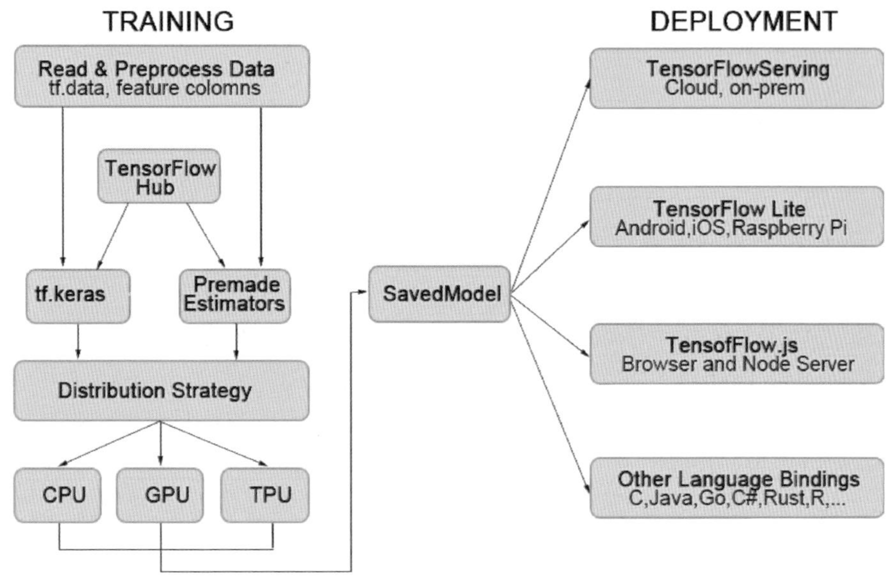


图 31.4　TensorFlow2.0 的架构

在训练时，首先调用 TensorFlow 的 API 进行数据的读取和预处理。然后调用 Keras 和 Premade Estimators 进行模型的构建。而 TensorFlow Hub 是管理这些模型的框架，它允许用户通过几行代码导入大型和流行的模型，或者托管自己的模型以供其他用户使用。这就是架构图左侧上部分所显示的内容。

在 TensorFlow 的数据流图中，节点表示对数据的处理，而每个节点的运算都可以放在不同的平台（比如 CPU，GPU，TPU 等）上进行，从而使 TensorFlow 可以分布式地处理一个计算任务，这项将节点分配到各个平台上的工作是由 Distribution Strategy 来完成的。

> GPU（Graphic Processing Unit，图形处理单元）和 TPU（Tensor Processing Unit，张量处理单元）都是提高机器学习和深度学习运算速度的利器，它们可以将运算速度提高上千倍甚至更高。但是本课程不涉及与它们相关的内容。

把训练好的模型保存下来之后，就可以在各个平台上进行部署，包括在服务器上部署，在 Android，IOS 等嵌入式平台上部署，通过 JavaScrpit 在浏览器和节点服务器进行部署，以及与其他语言进行绑定等。这就是架构图右侧部署部分所表示的内容。

我们作为学习者来说，一般不关心部署的问题，所以本章后面的内容只涉及到架构图左侧即训练部分的内容。

由上述的架构图我们也可以看出 TensorFlow2.0 的模型开发流程，总结如下：

（1）使用 tf. data 加载数据和进行数据预处理。

（2）使用 tf. keras 构建模型，也可以使用 premade estimator 来验证模型。

（3）使用分发策略来进行分布式训练。

（4）导出模型并保存。

（5）使用 TensorFlow Serving，TensorFlow Lite，TensorFlow. js 等来部署模型。

### 31. 3. 3　TensorFlow-keras

要了解什么是 TensorFlow-keras，我们首先要了解什么是 keras。

Keras 是 Francois Chollet 于 2014～2015 年编写的一套基于 Python 的高级神经网络 API，它不是一个完整的库，必须要有后端才可以运行，目前支持的后端包括 TensorFlow、Microsoft - CNTK 和 Theano。但是 Keras 的代码是不受后端影响的，也就是说，写好的 Keras 代码是可以切换不同的后端执行的，不需要更改。

Keras 的主要功能是进行深度学习模型的设计、调试、评估、应用和可视化。Keras 支持现代人工智能领域的主流算法，包括前馈结构和递归结构的神经网络，也可以通过封装参与构建统计学习模型。

接下来讲一下什么是 TensorFlow-keras。TensorFlow-keras 是在 TensorFlow 内部对 Keras 的 API 规范的实现，它实现在 tf. keras 空间下，是 TensorFlow 框架的一部分，它是依赖于 TensorFlow 才能运行的，其代码并不能直接在其他平台上运行。在 Keras 下写的代码可以通过导入的方式转为 tf. keras 程序，但是反过来不成立。

## 31. 4　用 TensorFlow 实现分类模型

我们使用 Keras 自带的 fashion_mnist 数据集，它总共有 70000 张图片，其中训练集 60000 张图片，测试集 10000 张图片，被分为 10 个类别，每张图片的大小是 28×28 像素。

我们首先把本例用到的模块导入：

```
importtensorflow as tf
import numpy as np
import pandas as pd
import gzip
from tensorflow. python. keras. utils. data_utils import get_file
from sklearn. preprocessing import StandardScaler
import matplotlib. pyplot as plt
```

然后加载数据集：

```
(x_train0,y_train0),(x_test,y_test) = keras.datasets.fashion_mnist.load_data()
```

如果由于网络的原因加载失败，则可以先手工下载数据集，包括以下的 4 个文件，把它们保存到本地的文件夹，比如 *D*:*datasets**fashionmnist*。

训练集的图像：60000，http://fashion-mnist. s3-website. eu-central-1. amazonaws. com/train-images-idx3-ubyte. gz

训练集的类别标签：60000，http://fashion-mnist. s3-website. eu-central-1. amazonaws. com/train-labels-idx1-ubyte. gz

测试集的图像：10000，http://fashion-mnist. s3-website. eu-central-1. amazonaws. com/t10k-images-idx3-ubyte. gz

测试集的类别标签：10000，http://fashion-mnist. s3-website. eu-central-1. amazonaws. com/t10k-labels-idx1-ubyte. gz

然后自己定义一个 load_data 函数并用该函数加载刚才保存的本地数据集：

```
defload_data():
base = "file:///D:/datasets/fashionmnist/"
files = [
'train - labels - idx1 - ubyte.gz','train - images - idx3 - ubyte.gz',
't10k - labels - idx1 - ubyte.gz','t10k - images - idx3 - ubyte.gz'
]

paths = []
for fname in files:
paths.append(get_file(fname,origin = base + fname))

withgzip.open(paths[0],'rb') as lbpath:
y_train = np.frombuffer(lbpath.read(),np.uint8,offset = 8)

withgzip.open(paths[1],'rb') as imgpath:
x_train = np.frombuffer(
imgpath.read(),np.uint8,offset = 16).reshape(len(y_train),28,28)

withgzip.open(paths[2],'rb') as lbpath:
y_test = np.frombuffer(lbpath.read(),np.uint8,offset = 8)

withgzip.open(paths[3],'rb') as imgpath:
x_test = np.frombuffer(
imgpath.read(),np.uint8,offset = 16).reshape(len(y_test),28,28)

return(x_train,y_train),(x_test,y_test)
```

```
(x_train,y_train),(x_test,y_test) = keras.datasets.fashion_mnist.load_data()
print(x_train.shape,y_train.shape,x_test.shape,y_test.shape)
```

上述代码的最后一行打印了 x_train，y_train，x_test，y_test 的 shape，打印的结果是：

```
(60000,28,28) (60000,) (10000,28,28) (10000,)
```

可以看出，x_train 有 60000 条数据，每条数据是 28×28 大小，y_train 是 60000 个数，x_test 有 10000 条数据，每条数据是 28×28 大小，y_test 是 10000 个数。

我们可以把训练集的第一张图片显示出来看一下：

```
plt.imshow(x_train[0])
plt.show()
```

图形见图 31.5，它是一双靴子。

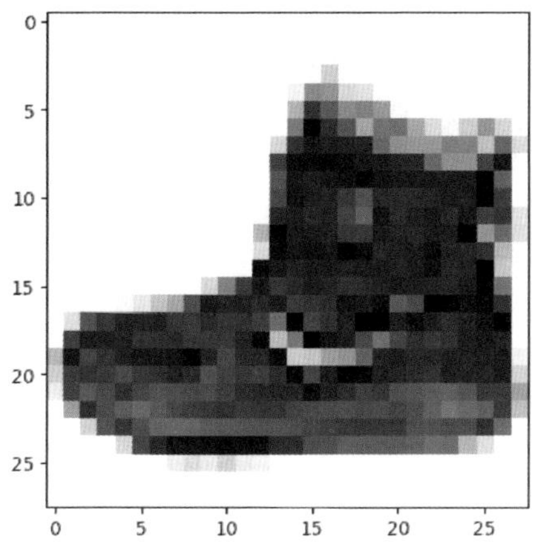


**图 31.5　训练集的第一张图片**

如果用

```
print(y_train[0])
```

打印训练集第一张图片的标签，会显示 9，这就是它的类别。

我们也可以用下面的代码将训练集的前 15 张图片按照 3 行 5 列显示出来，同时显示它们各自所属的类别：

```
class_names = ['T - shirt','Trouser','Pulllover','Dress','Coat','Sandal','Shirt','Sneaker',
               'Bag','Ankle boot']
n_rows = 3
n_cols = 5
```

```
plt.figure(figsize = (n_cols * 1.4,n_rows * 1.6))
for row in range(n_rows):
for col in range(n_cols):
index = n_cols  *  row + col
plt.subplot(n_rows,n_cols,index + 1)
plt.imshow(x_train[index],cmap = "binary",interpolation = 'nearest')
plt.axis('off')
plt.title(class_names[y_train[index]])
plt.show()
```

图形见图 31.6 所示。

**图 31.6　训练集的前 15 张图片**

下面我们对训练数据和测试数据进行归一化，代码如下：

```
scaler = StandardScaler()
x_train_scaled = scaler.fit_transform(
x_train.astype(np.float32).reshape( - 1,1)).reshape( - 1,28,28)
x_test_scaled = scaler.fit_transform(
x_test.astype(np.float32).reshape( - 1,1)).reshape( - 1,28,28)
```

该归一化使用如下的公式：

$$x=\frac{x-\mu}{std} \tag{31.1}$$

其中的 $\mu$ 是数据集的均值，$std$ 是数据集的方差。

其中的 fit_transform 函数进行归一化，它要求传入一个矩阵，但是 x_train 和 x_test 都是三阶张量，大小分别是（60000，28，28）和（10000，28，28），代码中的 reshape(−1,1) 的作用就是将（$x$，28，28）转化为（$x$，784），而代码中的 reshape（−1,28,28）是要将（$x$，784）转回（$x$，28，28）。注意 784＝28＊28。

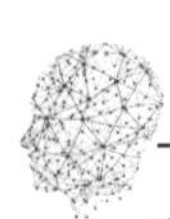



这里要讲一下机器学习中对于图片这种数据所进行的 Flatten 操作，也就是“拉平”操作。通常情况下图片数据都由 $m*n$ 个像素点组成，是二阶张量也就是矩阵，而 Flatten 操作就是将这些数据一行紧跟在上一行的后面（或者一列紧跟在上一列的后面，这个顺序并不重要，只要所有的数据安装同一种顺序进行就可以），从而把它们拼接成一个一阶张量也就是向量。这个 Flatten 操作在下面的代码中马上会再次用到。

接下来就要用 tf. keras 进行模型的构建，编译和训练了，代码如下：

```
model = tf.keras.models.Sequential([
tf.keras.layers.Flatten(input_shape = (28,28)),
tf.keras.layers.Dense(128,activation = 'relu'),
tf.keras.layers.Dense(10,activation = 'softmax')
])
model.summary()
model.compile(optimizer = 'sgd',
loss = 'sparse_categorical_crossentropy',
metrics = ['accuracy'])

model.fit(x_train_scaled,y_train,epochs = 10)
```

tf. keras. models. Sequential 函数用于构建模型，其中 Sequential 是最常见的模型架构，也就是我们前面学到的层级结构，从前往后一层一层地搭建。该函数需要输入所有的层次信息作为其参数。

tf. keras. layers. Flatten 是输入层，其中的 Flatten 的作用就是对输入数据进行上面刚刚讲到的 flatten 操作。

tf. keras. layers. Dense 是“全连接层”，所谓全连接层就是本层的所有节点与上一层的所有节点全部进行连接。

第一个 tf. keras. layers. Dense 调用定义了一个隐层，它有 128 个节点，所用到的激活函数是前面

讲到的 ReLU 函数。

第二个 tf. keras. layers. Dense 调用定义了输出层，它有 10 个节点（这是因为本问题是一个 10 分类问题），所用到的激活函数是 Softmax 函数。关于 Softmax 函数的内容我们在第 3 章第 6 节第 3.6.4 小节学习过。

> 总结：神经网络中常用的激活函数有：sgn 函数，Sigmoid 函数即 Logistic 函数，Softmax 函数，ReLU 函数，Tanh 函数。

这样构建的神经网络如图 31.7 所示，它是一个两层神经网络，其中输入层有 60000 个训练数据，另外有一个偏置节点，隐层有 128 个计算节点加一个偏置节点，

输出层有 10 个节点。

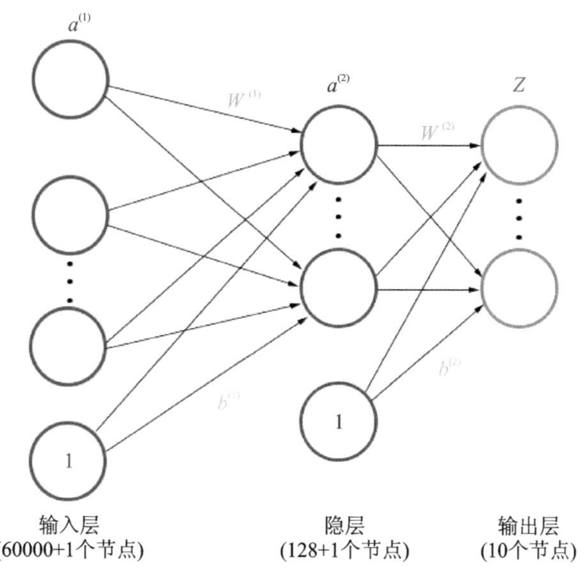


**图 31.7　fashion_mnist 数据集的分类神经网络**

代码中的 model.summary() 打印出模型的概要，它的输出结果是：

```
___________________________________________
Layer (type) Output Shape Param #
===========================================
flatten_35 (Flatten) (None,784) 0
___________________________________________
dense_87 (Dense) (None,128) 100480
___________________________________________
dense_88 (Dense) (None,10) 1290
===========================================
Total params: 101,770
Trainable params: 101,770
Non-trainable params: 0
```

这里主要列出了每一层的参数数量以及总的参数数量和可训练的参数数量，由于 $W^{(1)}$ 是一个 784 * 128 的矩阵，而于 $b^{(1)}$ 是一个 1 * 128 的矩阵，所以第一层的参数数量是 784 * 128＋1 * 128＝100480，同理可以求得第二层的参数个数是 1290，所以总的参数个数是 100480＋1290＝101770，可训练的参数个数也是 101770。

代码中的 model.compile 函数对模型进行编译，它的第一个参数 *optimizer*＝

*'sgd'*指明优化器是 sgd，所谓 sgd 就是随机梯度下降，随机梯度下降在第十五章第九节讲过。

第二个参数 *loss='sparse_categorical_crossentropy'*指明损失函数。下面对参数中的 sparse，categorical 和 crossentropy 分别进行说明。先讲 crossentropy，它就是交叉熵损失函数，该损失函数在第 17 章第 2 节讲过；categorical 表明该问题是一个分类问题。sparse 表明要先将标签数据转换为 one-hot 表示。所谓 one-hot 表示是将一个整数表示为一个向量。在我们的数据集中，标签数据（y_train 和 y_test）是类别，它是一个值为 0-9 的整数，one-hot 表示将这些整数分别转换为一个 10 维的向量，该向量只有一个数是 1，其他的数都是 0，转换结果如下：

0->[1,0,0,0,0,0,0,0,0,0]

1->[0,1,0,0,0,0,0,0,0,0]

2->[0,0,1,0,0,0,0,0,0,0]

3->[0,0,0,1,0,0,0,0,0,0]

4->[0,0,0,0,1,0,0,0,0,0]

5->[0,0,0,0,0,1,0,0,0,0]

6->[0,0,0,0,0,0,1,0,0,0]

7->[0,0,0,0,0,0,0,1,0,0]

8->[0,0,0,0,0,0,0,0,1,0]

9->[0,0,0,0,0,0,0,0,0,1]

第三个参数 *metrics=['accuracy']* 指明输出信息中包括精度信息。

接下来就是对该模型进行训练，指定使用 x_train_scaled 和 y_train 进行训练，共训练 10 次：

```
history = model.fit(x_train_scaled,y_train,epochs = 10)
```

训练输出的结果如下：

```
Train on 60000 samples Epoch 1/10
60000/60000 [==============] - 3s 51us/sample - loss: 0.5385 -
accuracy: 0.8107
Epoch 2/10
60000/60000 [==============] - 3s 44us/sample - loss: 0.4070 -
accuracy: 0.8553
Epoch 3/10
60000/60000 [==============] - 3s 45us/sample - loss: 0.3726 -
accuracy: 0.8677
```

```
Epoch 4/10
60000/60000 [==============] - 3s 45us/sample - loss: 0.3504 -
accuracy: 0.8751
Epoch 5/10
60000/60000 [==============] - 3s 45us/sample - loss: 0.3334 -
accuracy: 0.8813
Epoch 6/10
60000/60000 [==============] - 3s 45us/sample - loss: 0.3201 -
accuracy: 0.8864
Epoch 7/10
60000/60000 [==============] - 3s 46us/sample - loss: 0.3081 -
accuracy: 0.8905
Epoch 8/10
60000/60000 [==============] - 3s 45us/sample - loss: 0.2987 -
accuracy: 0.8941
Epoch 9/10
60000/60000 [==============] - 3s 45us/sample - loss: 0.2891 -
accuracy: 0.8971
Epoch 10/10
60000/60000 [==============] - 3s 44us/sample - loss: 0.2813 -
accuracy: 0.8989
```

可以看出，随着训练的进行，损失是在下降的，而精度是在提升的。

我们也可以把训练的历史数据用图形显示出来，代码是：

```
pd.DataFrame(history.history).plot(figsize = (8,5))
plt.grid(True)
plt.gca().set_ylim(0,1)
plt.show()
```

显示的图形如图 31.8 所示。

从图中也可以看出，随着训练的进行，损失是在下降的，而精度是在提升的。

最后我们可以用 x_test_scaled 和 y_test 数据对训练好的模型进行评估，代码是：

```
model.evaluate(x_test_scaled,y_test)
```

评估的结果是：

```
- 0s 37us/sample - loss: 0.2354 - accuracy: 0.8764
```

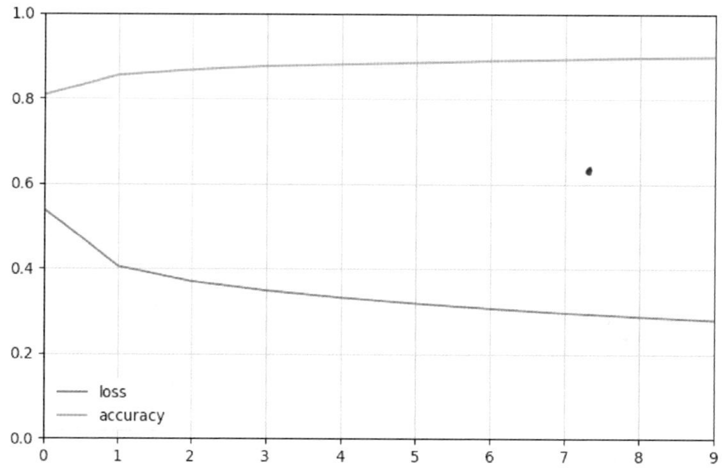


**图 31.8　训练历史数据**

注意由于我们使用的是随机梯度下降，每次输入的样本不同，所以上述程序每次运行的输出都是略有不同的。

从上面的结果可以看出，训练结束时模型的精度是 0.8989，但是在测试集上的精度是 0.8764，存在着过拟合现象。我们可以用 Dropout 技术来消除这种现象，方法是在构建神经网络时加入 tf.keras.layers.Dropout()函数，如下：

```
model = tf.keras.models.Sequential([
tf.keras.layers.Flatten(input_shape = (28,28)),
tf.keras.layers.Dense(128,activation = 'relu'),
tf.keras.layers.Dropout(0.5),
tf.keras.layers.Dense(10,activation = 'softmax')
])
```

其中的 0.5 表示会丢掉 50% 的节点。

再次运行程序，训练过程的输出是：

```
Train on 60000 samples Epoch 1/10
60000/60000 [====================] - 3s 53us/sample -
loss：0.7047 - accuracy：0.7557
Epoch 2/10
60000/60000 [====================] - 3s 50us/sample -
loss：0.5181 - accuracy：0.8160
```

```
Epoch 3/10
60000/60000 [====================] - 3s 47us/sample -
loss: 0.4777 - accuracy: 0.8302
Epoch 4/10
60000/60000 [====================] - 3s 50us/sample -
loss: 0.4501 - accuracy: 0.8413
Epoch 5/10
60000/60000 [====================] - 3s 49us/sample -
loss: 0.4304 - accuracy: 0.8460
Epoch 6/10
60000/60000 [====================] - 3s 48us/sample -
loss: 0.4203 - accuracy: 0.8501
Epoch 7/10
60000/60000 [====================] - 3s 50us/sample -
loss: 0.4066 - accuracy: 0.8555
Epoch 8/10
60000/60000 [====================] - 3s 47us/sample -
loss: 0.3968 - accuracy: 0.8581
Epoch 9/10
60000/60000 [====================] - 3s 49us/sample -
loss: 0.3875 - accuracy: 0.8607
Epoch 10/10
60000/60000 [====================] - 3s 50us/sample -
loss: 0.3863 - accuracy: 0.8619
```

而评估的结果是：

```
0s 41us/sample - loss: 0.2741 - accuracy: 0.8649
```

可以看出，过拟合现象已经几乎不存在了。

# 第32章

# 卷积神经网络之图像分类

我们仍然用上一章所用到的 fashion_mnist 数据集来实现一个卷积神经网络的案例，与上一章的代码相比，只有两个地方的代码是不一样的，分别是归一化操作中的参数和构建神经网络的代码，这两部分的新的代码如下：

```
scaler = StandardScaler()
x_train_scaled = scaler.fit_transform(
x_train.astype(np.float32).reshape( - 1,1)).reshape( - 1,28,28,1)
x_test_scaled = scaler.fit_transform(
x_test.astype(np.float32).reshape( - 1,1)).reshape( - 1,28,28,1)

model = tf.keras.models.Sequential([
tf.keras.layers.Conv2D(filters = 32,kernel_size = 3,
padding = 'same',activation = 'relu',input_shape = (28,28,1)),
tf.keras.layers.Conv2D(filters = 32,kernel_size = 3,
padding = 'same',activation = 'relu'),
tf.keras.layers.MaxPool2D(pool_size = 2),
tf.keras.layers.Conv2D(filters = 64,kernel_size = 3,
padding = 'same',activation = 'relu'),
tf.keras.layers.Conv2D(filters = 64,kernel_size = 3,
padding = 'same',activation = 'relu'),
tf.keras.layers.MaxPool2D(pool_size = 2),
tf.keras.layers.Conv2D(filters = 128,kernel_size = 3,
padding = 'same',activation = 'relu'),
tf.keras.layers.Conv2D(filters = 128,kernel_size = 3,
padding = 'same',activation = 'relu'),
tf.keras.layers.MaxPool2D(pool_size = 2),
tf.keras.layers.Flatten(),
tf.keras.layers.Dense(128,activation = 'relu'),
tf.keras.layers.Dense(10,activation = 'softmax')
])
```

在归一化的代码中，函数 reshape 的参数由－1,28,28 改为了－1,28,28,1，添加的参数 1 指明数据的通道数。

在构建神经网络的代码中，先添加了两个卷积层和一个最大值池化层，然后将这三个层重复了三次。代码中的 Conv2D 函数构建的就是卷积层，MaxPool2D 函数构建的就是最大值池化层。在所有这些层中，只有第一层有 input_shape 参数，后面所有的层的输入都是上一层的输出，因而没有 input_shape 参数。在 Conv2D 函数的参数中，filters 指明卷积核的数量，注意每经过一个池化层之后，filters 的数量就要翻倍，这是由于池化层会导致数据的大量减少，filters 的数量翻倍可以抵消部分这种减少带来的影响。kernel_size 指明卷积核的大小。padding='same' 是对输入进行 padding 操作，使得输出的大小等于输入。activation 指明激活函数。MaxPool2D 函数只有一个参数 pool_size，它指明 Pool_size 的大小，而步长参数与 Pool_size 是相同的，不需要指定。在这些层之后，紧跟一个 Flatten 层，将矩阵拉平成一个向量。后面再跟一个 ReLU 激活函数的全连接层。最后是输出层，它的激活函数仍然是 Softmax 函数。我们打印出该神经网络的 summary 如下：

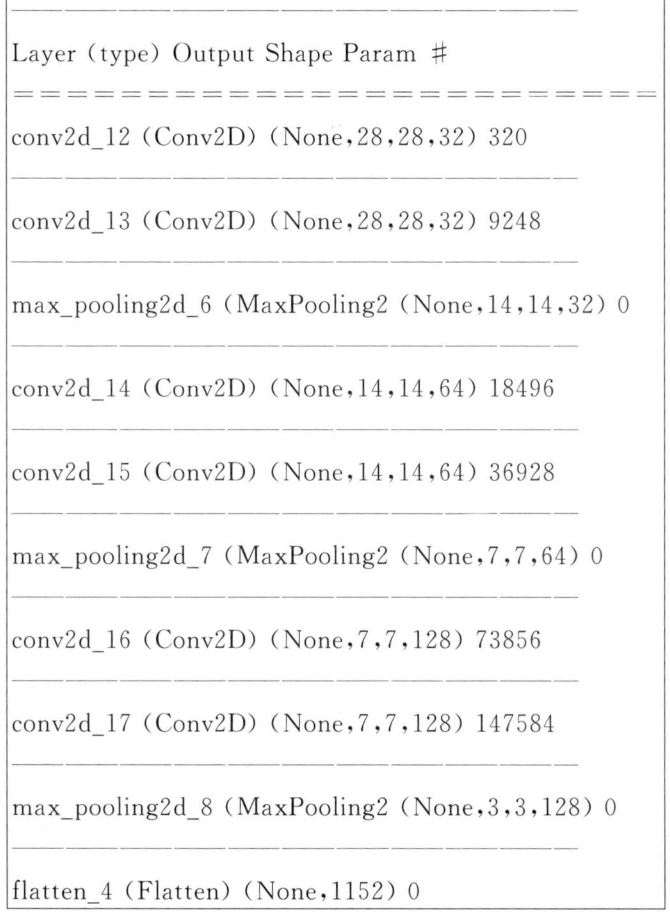

```
________________________________________
Layer (type) Output Shape Param #
==========================================
conv2d_12 (Conv2D) (None,28,28,32) 320
________________________________________
conv2d_13 (Conv2D) (None,28,28,32) 9248
________________________________________
max_pooling2d_6 (MaxPooling2 (None,14,14,32) 0
________________________________________
conv2d_14 (Conv2D) (None,14,14,64) 18496
________________________________________
conv2d_15 (Conv2D) (None,14,14,64) 36928
________________________________________
max_pooling2d_7 (MaxPooling2 (None,7,7,64) 0
________________________________________
conv2d_16 (Conv2D) (None,7,7,128) 73856
________________________________________
conv2d_17 (Conv2D) (None,7,7,128) 147584
________________________________________
max_pooling2d_8 (MaxPooling2 (None,3,3,128) 0
________________________________________
flatten_4 (Flatten) (None,1152) 0
```

```
————————————————————————————————————
dense_8 (Dense) (None,128) 147584
————————————————————————————————————
dense_9 (Dense) (None,10) 1290
==============================================
Total params: 435,306
Trainable params: 435,306
Non-trainable params: 0
```

我们运行程序，训练所花费的时间要比上一章的代码要长得多。以下是训练的结果：

```
Train on 60000 samples Epoch 2/10
60000/60000 [====================] - 210s 4ms/sample -
loss: 0.7586 - accuracy: 0.7253
Epoch 2/10
60000/60000 [====================] - 207s 3ms/sample -
loss: 0.4095 - accuracy: 0.8494
Epoch 3/10
60000/60000 [====================]- 208s 3ms/sample -
loss: 0.3464 - accuracy: 0.8716
Epoch 4/10
60000/60000 [====================] - 210s 4ms/sample -
loss: 0.3128 - accuracy: 0.8845
Epoch 5/10
60000/60000 [====================] - 208s 3ms/sample -
loss: 0.2882 - accuracy: 0.8931
Epoch 6/10
60000/60000 [====================] - 215s 4ms/sample -
loss: 0.2693 - accuracy: 0.9006
Epoch 7/10
60000/60000 [====================] - 215s 4ms/sample -
loss: 0.2525 - accuracy: 0.9062
Epoch 8/10
60000/60000 [====================] - 216s 4ms/sample -
loss: 0.2385 - accuracy: 0.9113
```

```
Epoch 9/10
60000/60000 [==============================] - 206s 3ms/sample -
loss：0.2260 - accuracy：0.9160
Epoch 10/10
60000/60000 [==============================] - 204s 3ms/sample -
loss：0.2115 - accuracy：0.9212
```

把训练的历史数据用图形显示出来，图形如图 32.1 所示。

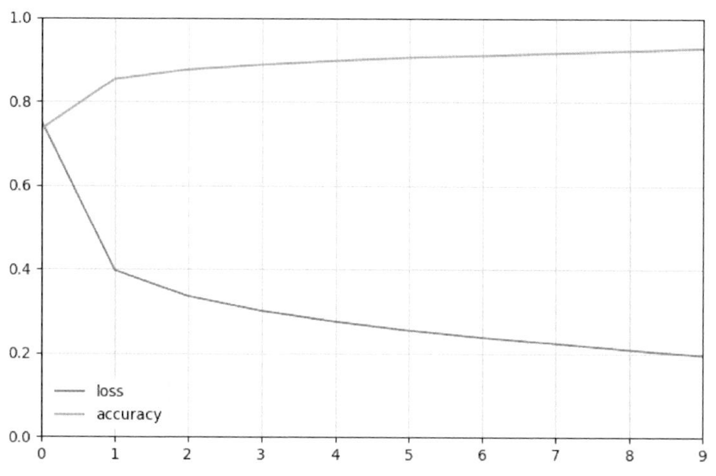


**图 32.1　训练历史数据**

对模型进行评估的结果是：

```
- 7s 717us/sample - loss：0.1673 - accuracy：0.9099
```

本章案例的完整代码如下：

```
import tensorflow as tf
from tensorflow import keras
import numpy as np
import pandas as pd
import os
import gzip
from tensorflow.python.keras.utils.data_utils import get_file
from sklearn.preprocessing import StandardScaler
import matplotlib.pyplot as plt


defload_data():
base = "file:///D:/dataset/fashionmnist/"
```

```
files = [
'train - labels - idx1 - ubyte.gz','train - images - idx3 - ubyte.gz',
't10k - labels - idx1 - ubyte.gz','t10k - images - idx3 - ubyte.gz'
]

paths = []
for fname in files:
paths.append(get_file(fname,origin = base + fname))

withgzip.open(paths[0],'rb') as lbpath:
y_train = np.frombuffer(lbpath.read(),np.uint8,offset = 8)

withgzip.open(paths[1],'rb') as imgpath:
x_train = np.frombuffer(
imgpath.read(),np.uint8,offset = 16).reshape(len(y_train),28,28)

withgzip.open(paths[2],'rb') as lbpath:
y_test = np.frombuffer(lbpath.read(),np.uint8,offset = 8)

withgzip.open(paths[3],'rb') as imgpath:
x_test = np.frombuffer(
imgpath.read(),np.uint8,offset = 16).reshape(len(y_test),28,28)

return(x_train,y_train),(x_test,y_test)

(x_train,y_train),(x_test,y_test) = load_data()



#class_names = ['T - shirt','Trouser','Pulllover','Dress','Coat','Sandal','Shirt','Sneaker',
               'Bag','Ankle boot']
#n_rows = 3
#n_cols = 5
#plt.figure(figsize = (n_cols * 1.4,n_rows * 1.6))
#  for row in range(n_rows):
#for col in range(n_cols):
#      index = n_cols  *  row + col
#      plt.subplot(n_rows,n_cols,index + 1)
#      plt.imshow(x_train[index],cmap = "binary",interpolation = 'nearest')
#      plt.axis('off')
#      plt.title(class_names[y_train[index]])
#plt.show()
```

```
scaler = StandardScaler()
x_train_scaled = scaler.fit_transform(
x_train.astype(np.float32).reshape(-1,1)).reshape(-1,28,28,1)
x_test_scaled = scaler.fit_transform(
x_test.astype(np.float32).reshape(-1,1)).reshape(-1,28,28,1)

model = tf.keras.models.Sequential([
tf.keras.layers.Conv2D(filters = 32,kernel_size = 3,
padding = 'same',activation = 'relu',input_shape = (28,28,1)),
tf.keras.layers.Conv2D(filters = 32,kernel_size = 3,
padding = 'same',activation = 'relu'),
tf.keras.layers.MaxPool2D(pool_size = 2),
tf.keras.layers.Conv2D(filters = 64,kernel_size = 3,
padding = 'same',activation = 'relu'),
tf.keras.layers.Conv2D(filters = 64,kernel_size = 3,
padding = 'same',activation = 'relu'),
tf.keras.layers.MaxPool2D(pool_size = 2),
tf.keras.layers.Conv2D(filters = 128,kernel_size = 3,
padding = 'same',activation = 'relu'),
tf.keras.layers.Conv2D(filters = 128,kernel_size = 3,
padding = 'same',activation = 'relu'),
tf.keras.layers.MaxPool2D(pool_size = 2),
tf.keras.layers.Flatten(),
tf.keras.layers.Dense(128,activation = 'relu'),
tf.keras.layers.Dense(10,activation = 'softmax')
])

model.summary()

model.compile(optimizer = 'sgd',
loss = 'sparse_categorical_crossentropy',
metrics = ['accuracy'])

history = model.fit(x_train_scaled,y_train,epochs = 10)

pd.DataFrame(history.history).plot(figsize = (8,5))
plt.grid(True)
plt.gca().set_ylim(0,1)
plt.show()

model.evaluate(x_test_scaled,y_test).
```

# 第 33 章

# 循环神经网络之文本分类

在本章,我们要使用 TensorFlow 的循环神经网络来实现一个文本分类问题。在本例中,我们使用一个 Keras 自带的数据集 imdb。imdb 是一个电影评论网站,上面收集了很多对于电影的评论,这些评论被分为两类:好评和差评。我们要对这个数据集做一个二分类的文本分类。

首先导入程序要用到的模块:

```
import tensorflow as tf
from tensorflow import keras
import numpy as np
import pandas as pd
import os
import gzip
from tensorflow.python.kcras.utils.data_utils import get_file
from sklearn.preprocessing import StandardScaler
import matplotlib.pyplot as plt
```

然后加载词典:

```
imdb = keras.datasets.imdb
word_index = imdb.get_word_index()
print(word_index)
print(len(word_index))
```

打印结果内容很多,下面是打印结果的一部分:

```
'fawn': 34701,'tsukino': 52006,'nunnery': 52007,'sonja': 16816,'vani':
63951,'woods': 1408,'spiders': 16115,'hanging': 2345,'woody': 2289,
'trawling': 52008,"hold's": 52009,'comically': 11307,'localized': 40830,
'disobeying': 30568,"'royale": 52010,"harpo's": 40831,'canet': 52011,
'aileen': 19313,'acurately':52012,"diplomat's": 52013,'rickman': 25242,
'arranged': 6746,'rumbustious': 52014,'familiarness': 52015,"spider'":
52016,'hahahah': 68804,"wood'": 52017,'transvestism': 40833,"hangin'":
```

```
34702,'bringing': 2338,'seamier': 40834,'wooded': 34703,'bravora':
52018,'grueling': 16817,'wooden': 1636,'wednesday':16818,"'prix":
52019,'altagracia': 34704,'circuitry': 52020,'crotch': 11585,'busybody':
57766,"tart'n'tangy": 52021,'burgade': 14129,'thrace': 52023,"tom's":
11038,'snuggles': 52025,'francesco': 29114,'complainers': 52027,
'templarios':
...
...
...
88584
```

可以看出，词典的内容是各个单词以及它们在词典中的索引。词典总共有 88584 个单词。

再加载数据集：

```
vocab_size = 10000
index_from = 2
(train_data,train_labels),(test_data,test_labels) = imdb.load_data(
num_words = vocab_size,index_from = index_from)
print(train_data[0])
print(train_labels[0],train_labels[1])
print(len(train_data[0]),len(train_data[1]))
print(train_data.shape,train_labels.shape)
print(test_data.shape,test_labels.shape)
```

打印的结果是：

```
[1,13,21,15,42,529,972,1621,1384,64,457,4467,65,3940,3,172,35,255,
4,24,99,42,837,111,49,669,2,8,34,479,283,4,149,3,171,111,166,2,335,
384,38,3,171,4535,1110,16,545,37,12,446,3,191,49,15,5,146,2024,18,
13,21,3,1919,4612,468,3,21,70,86,11,15,42,529,37,75,14,12,1246,3,
21,16,514,16,11,15,625,17,2,4,61,385,11,7,315,7,105,4,3,2222,5243,
15,479,65,3784,32,3,129,11,15,37,618,4,24,123,50,35,134,47,24,1414,
32,5,21,11,214,27,76,51,4,13,406,15,81,2,7,3,106,116,5951,14,255,3,
2,6,3765,4,722,35,70,42,529,475,25,399,316,45,6,3,2,1028,12,103,87,
3,380,14,296,97,31,2070,55,25,140,5,193,7485,17,3,225,21,20,133,
475,25,479,4,143,29,5534,17,50,35,27,223,91,24,103,3,225,64,15,37,
1333,87,11,15,282,4,15,4471,112,102,31,14,15,5344,18,177,31]
```

```
1 0
218 189
(25000,) (25000,)
(25000,) (25000,)
```

先解释一下 imdb.load_data 函数的两个参数。num_words=10000 指定单词的数量为 10000,它会根据文章中出现的单词的词频进行排序,前 10000 个单词保留,剩下的单词作为特殊字符处理。index_from=2 指定文章中单词的索引大于 2 时,返回的最终索引要加 2 再返回,比如文章中某单词的索引是 11,则 load_data 返回的索引是 13。

再解释一下打印的结果。train_data[0] 是一个 128 维的向量。它实际上是一篇含有 128 个单词的文章,向量中的数值是这些单词在词典中的索引。而 train_data[1] 是一个 189 维的向量。说明这两篇文章的长度是不同的。train_labels[0] 的值是 1,表示它是一篇好评文章,train_labels[1] 的值是 0,表示它是一篇差评文章。train_data.shape 的值是 (25000,),表明训练集中有 25000 篇文章,但是每篇文章的长度不定。train_labels.shape 的值是 (25000,),表明它是一个 25000 维的向量。同样,测试集中也有 25000 篇文章。

接下来根据单词的索引得到索引所对应的单词:

```
word_index = {k:(v + index_from) for k,v in word_index.items()}
index_word = dict([(value,key) for key,value in word_index.items()])
index_word[0] = '<PAD>'
index_word[1] = '<START>'
index_word[2] = '<UNK>'
```

由于 imdb.load_data 返回的单词的索引是该单词在词典中的索引加上 index_from,所以上面代码的第一行要加上 index_from。接下来对 word_index 中的键值对进行键和值的互换,就生成了索引所对应的单词。这样的一个列表是没有 0,1,2 这 3 个索引的,所以后面 3 行对它们进行定义。

接下来定义一个函数,通过 index_word 将一个索引列表翻译成文章:

```
defdecode_remark(text_ids):
return ' '.join([index_word.get(word_id,"<UNK>") for word_id in text_ids])
```

我们调用这个函数看一下训练集的第一条记录是什么文章:

```
text = decode_remark(train_data[0])
print(text)
```

打印的结果是:

```
<START> this film was just brilliant casting location scenery story direction everyone's really suited the part they played and you could just imagine being there robert <UNK> is an amazing actor and now the same being director <UNK> father came from the same scottish island as myself soi loved the fact there was a real connection with this film the witty
remarks throughout the film were great it was just brilliant so much that i bought the film as soon as it was released for <UNK> and would recommend it to everyone to watch and the fly fishing was amazing really cried at the end it was so sad and you know what they say if you cry at a film it must have been good and this definitely was also <UNK> to the two little boy's that played the <UNK> of norman and paul they were just brilliant children are often left out of the <UNK> list i think because the stars that play them all grown up are such a big profile for the whole film but these children are amazing and should be praised for what they have done don't you think the whole story was so lovely because it was true and was someone's life after all that was shared with us all
```

接下来我们对 train_data 和 test_data 做填充截断操作：

```
max_length = 500
train_data = keras.preprocessing.sequence.pad_sequences(
train_data,
value = 0,
padding = 'post',
maxlen = max_length)
test_data = keras.preprocessing.sequence.pad_sequences(
test_data,
value = 0,
padding = 'post',
maxlen = max_length)
print(train_data[0])
```

其中的 value=0 表示用 0 填充，padding='post' 表示在后面填充（padding='pre' 表示在前面填充），maxlen=max_length 表示最大长度（如果原来的数据超过该长度，则会做截断操作）。从打印结果可以看出，train_data[0] 后面添加了很多 0，如下：

```
[ 1 13 21 15 42 529 972 1621 1384 64 457 4467 65 3940
3 172 35 255 4 24 99 42 837 111 49 669 2 8
34 479 283 4 149 3 171 111 166 2 335 384 38 3
171 4535 1110 16 545 37 12 446 3 191 49 15 5 146
2024 18 13 21 3 1919 4612 468 3 21 70 86 11 15
42 529 37 75 14 12 1246 3 21 16 514 16 11 15
625 17 2 4 61 385 11 7 315 7 105 4 3 2222
5243 15 479 65 3784 32 3 129 11 15 37 618 4 24
123 50 35 134 47 24 1414 32 5 21 11 214 27 76
51 4 13 406 15 81 2 7 3 106 116 5951 14 255
3 2 6 3765 4 722 35 70 42 529 475 25 399 316
45 6 3 2 1028 12 103 87 3 380 14 296 97 31
2070 55 25 140 5 193 7485 17 3 225 21 20 133 475
25 479 4143 29 5534 17 50 35 27 223 91 24 103
3 225 64 15 37 1333 87 11 15 282 4 15 4471 112
102 31 14 15 5344 18 177 31 0 0 0 0 0 0
0 0 0 0 0 0 0 0 0 0 0 0 0 0
0 0 0 0 0 0 0 0 0 0 0 0 0 0
0 0 0 0 0 0 0 0 0 0 0 0 0 0
0 0 0 0 0 0 0 0 0 0 0 0 0 0
0 0 0 0 0 0 0 0 0 0 0 0 0 0
0 0 0 0 0 0 0 0 0 0 0 0 0 0
0 0 0 0 0 0 0 0 0 0 0 0 0 0
0 0 0 0 0 0 0 0 0 0 0 0 0 0
0 0 0 0 0 0 0 0 0 0 0 0 0 0
0 0 0 0 0 0 0 0 0 0 0 0 0 0
0 0 0 0 0 0 0 0 0 0 0 0 0 0
0 0 0 0 0 0 0 0 0 0 0 0 0 0
0 0 0 0 0 0 0 0 0 0 0 0 0 0
0 0 0 0 0 0 0 0 0 0 0 0 0 0
0 0 0 0 0 0 0 0 0 0 0 0 0 0
0 0 0 0 0 0 0 0 0 0 0 0 0 0
0 0 0 0 0 0 0 0 0 0 0 0 0 0
0 0 0 0 0 0 0 0 0 0 0 0 0 0
0 0 0 0 0 0 0 0 0 0 0 0 0 0
0 0 0 0 0 0 0 0 0 0]
```

接下来就要定义我们的模型了。在本例中我们定义 3 个版本,可以分别使用。第一个版本我们使用单个的简单循环网络层,代码如下:

```
embedding_dim = 16
model = keras.models.Sequential([
keras.layers.Embedding(vocab_size,embedding_dim,
input_length = max_length),
keras.layers.SimpleRNN(units = 32,return_sequences = False),
keras.layers.Dense(32,activation = 'relu'),
keras.layers.Dense(1,activation = 'sigmoid')
])
```

embedding_dim=16 定义词向量的维度为 16,神经网络的第一层是 Embedding 层,它的输出是一个 batch_size * 10000 * 16,其中的 batch_size 是每次训练时输入的样本数量(在下面的代码中我们把它设置为 128)。第二层是简单的循环网络层,这里我们只使用了一个循环网络层。最后一层是输出层,由于是一个 2 分类问题,所以输出层节点数为 1,并且使用 Sigmoid 函数作为激活函数。

我们定义的第二个模型版本是两层的双向循环网络,代码如下:

```
embedding_dim = 16
model = keras.models.Sequential([
keras.layers.Embedding(vocab_size,embedding_dim,
input_length = max_length),
keras.layers.Bidirectional(keras.layers.SimpleRNN(units = 32,return_sequences = True)),
keras.layers.Bidirectional(keras.layers.SimpleRNN(units = 32,return_sequences = False)),
keras.layers.Dense(32,activation = 'relu'),
keras.layers.Dense(1,activation = 'sigmoid')
])
```

实现双向的 RNN 只需要将简单的 RNN 层进行一个 Bidirectional 的封装就可以了。而实现两个双向 RNN 只需要进行拷贝,并且将前面的 return_sequences 设置为 True(因为它后面还是一个 RNN 层,所以需要返回一个序列)。

我们定义的第三个模型版本是单层的双向 LSTM 循环网络,代码如下:

```
embedding_dim = 16
model = keras.models.Sequential([
keras.layers.Embedding(vocab_size,embedding_dim,
input_length = max_length),
keras.layers.Bidirectional(keras.layers.LSTM(units = 32,return_sequences = False)),
keras.layers.Dense(32,activation = 'relu'),
keras.layers.Dense(1,activation = 'sigmoid')
```

它的定义很简单，只需要将上面的 SimpleRNN 替换成 LSTM 就可以了。

接下来对该模型进行编译，这里我们使用了一个新的优化器 adam，它在神经网络中也经常被使用：

```
model.compile(optimizer = 'adam',loss = 'binary_crossentropy',
matrics = ['accuracy'])
```

接下来进行训练，画出损失和精度的历史数据曲线，并用测试数据对模型进行评估：

```
history = model.fit(train_data,train_labels,epochs = 10,batch_size = 128)
pd.DataFrame(history.history).plot(figsize = (8,5))
plt.grid(True)
plt.gca().set_ylim(0,1)
plt.show()
model.evaluate(test_data,test_labels,batch_size = 128)
```

第三个模型训练的结果是：

```
Train on 25000 samples
Epoch 1/10
25000/25000 [====================] - 190s 8ms/sample -
loss: 0.5237 - accuracy: 0.7187
Epoch 2/10
25000/25000 [====================] - 186s 7ms/sample -
loss: 0.2786 - accuracy: 0.8920
Epoch 3/10
25000/25000 [====================] - 184s 7ms/sample -
loss: 0.2128 - accuracy: 0.9255
Epoch 4/10
25000/25000 [====================] - 183s 7ms/sample -
loss: 0.1753 - accuracy: 0.9380
Epoch 5/10
25000/25000 [====================] - 188s 8ms/sample -
loss: 0.1485 - accuracy: 0.9498
Epoch 6/10
25000/25000 [====================] - 187s 7ms/sample -
loss: 0.1220 - accuracy: 0.9610
```

```
Epoch 7/10
25000/25000 [====================] - 183s 7ms/sample -
loss: 0.1181 - accuracy: 0.9606
Epoch 8/10
25000/25000 [====================] - 182s 7ms/sample -
loss: 0.0956 - accuracy: 0.9692
Epoch 9/10
25000/25000 [====================] - 181s 7ms/sample -
loss: 0.0878 - accuracy: 0.9729
Epoch 10/10
25000/25000 [====================] - 182s 7ms/sample -
loss: 0.0674 - accuracy: 0.9814
```

第三个模型训练的历史数据如图 33.1 所示。

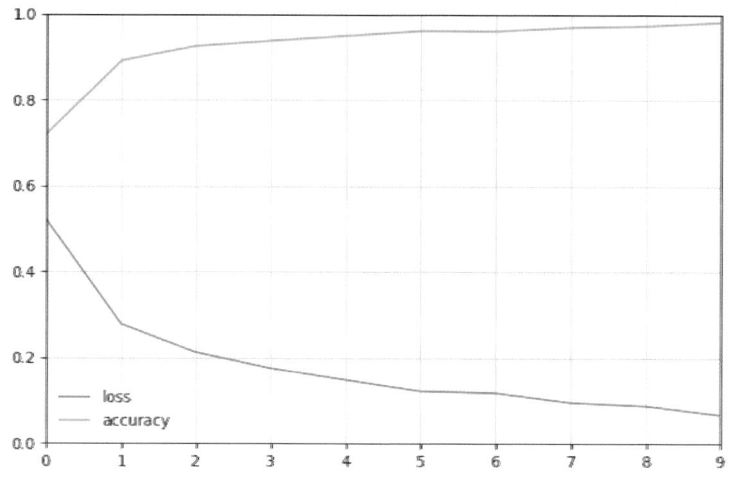


图 33.1　训练历史数据

第三个模型评估的结果是：

```
- 19s 744us/sample - loss: 0.5715 - accuracy: 0.8520
```

# 参考文献

[1] Introduction to gradient descent algorithm along its variants. https://www.analyticsvidhya. com/blog/2017/03/introduction-to-gradient-descent-algorithmalong-its-variants/.

[2] Visualizing K means clustering, https://www. naftaliharris. com/blog/visualizing-k-meansclustering/.

[3] THmen. 拉格朗日乘数法——通俗理解. https://blog. csdn. net/THmen/article/details/87366904.

[4] 杨澜访谈录——人工智能真的来了.

[5] 汤晓鸥,陈玉琨. 人工智能基础(高中版). 上海：华东师范大学出版社,2018.

[6] Bruceoxl. 人工智能杂记——人工智能简史. https://blog. csdn. net/u013162035/article/details/79535577.

[7] cchangcs. cv2 霍夫圆环检测（HoughCircle). https://blog. csdn. net/github_39611196/article/details/81128380.

[8] gloomyfish. OpenCV 中几何形状识别与测量. https://blog. 51cto. com/gloomyfish/2104134? lb.

[9] zouxy09. 语音识别的基础知识与 CMUsphinx 介绍. https://blog. csdn. net/zouxy09/article/details/7941585.

[10] AI 科技大本营. Python 语音识别终极指南. https://www. jianshu. com/p/0cc915a28de3.

[11] 计算机的潜意识. 神经网络浅讲：从神经元到深度学习. https://www. cnblogs. com/subconscious/p/5058741. html.

[12] 不死的钟情. 神经网络学习笔记（十二）：异或问题. https://blog. csdn. net/qq_18515405/article/details/42123697.

[13] Bird Steven Edward Loper and Ewan Klein (2009), Natural Language Processing with Python. O'Reilly Media Inc..

[14] 刘建平, Pinard. 强化学习（一）模型基础. https://www. cnblogs. com/pinard/p/9385570. html.